첨단 센서 기술로 탐험하는

물리학 실험
PHYSICS EXPERIMENTS

김충섭 · 전계진 · 이규행 지음

북스힐

저자 머리말

물리학은 광대한 우주에서부터 물질의 최소 단위인 극미의 소립자에 이르기까지 자연을 체계적으로 연구하는 학문이다. 물리학의 목표는 우주 또는 자연이 어떤 원리로 작동되는가를 논리적으로 이해하는 것이다. 물리학은 그 유래와 역사가 가장 긴 학문 가운데 하나이고, 물리학과 천문학이 구분이 없었던 시대까지 고려하면 가장 오래된 학문으로 볼 수 있다. 물리학은 자연 철학의 일부였지만, 17세기 과학 혁명 이후 엄밀한 이성적 논리를 바탕으로 하는 과학적 방법을 사용하여 관찰과 실험을 통하여 얻은 지식만을 다루게 되면서 자연 철학에서 분리되어 독립된 학문으로 자리 잡게 되었다.

물리학은 모든 자연 현상을 설명하는 이론적 토대가 됨으로써 특정 분야에 한정되지 않고 화학·생물·지구과학과 같은 자연과학의 기초가 될 뿐 아니라, 우리 생활의 편리함을 가져다주고 현대인의 생활 패턴에 지대한 영향을 미치고 있는 전기전자·정보통신·신소재·나노기술과 같은 첨단산업기술의 기반이 된다. 예를 들면, 0과 1의 신호만을 다루는 현재의 컴퓨터의 연산 한계를 극복하는 양자 컴퓨터와 양자통신의 개발과 발전은 20세기 초에 구축된 현대물리학의 근간인 양자 역학이 제공하는 물리적 개념과 이론적 토대가 없으면 상상도 할 수 없는 일이다. 이와 같이 물리학은 이공계 학문의 기초가 되므로, 자연과학을 전공하는 학생뿐 아니라 공학이나 응용과학을 전공하는 학생들에게 아주 중요하다.

물리학은 지금도 발전이 계속되고 있어서 이공학 분야를 전공하는 학생들이 각분야에 심화된 전공 과목의 공부를 시작하기 전에 전공교육의 기반이 되는 새로운 물리학 지식을 이론 강좌와 실험을 통하여 제공받는 것이 필요하다.

대학에서는 이공계 학생들을 대상으로 '일반 물리학 및 실험' 강좌를 개설하고 있는데, 이 강좌는 대학에서 필요로 하는 물리학의 기본 원리를 체계적으로 이해하고 탐구력을 증진하며 창의력을 계발하기 위한 필수적인 교과목이다. 물리학에서는 이론뿐 아니라 실험도 매우 중요하다. 왜냐하면 물리학 이론의 옳고 그름은 실험을 통하여 검증될 뿐 아니라, 새롭게 얻은 실험결과는 새로운 물리학 이론의 토대가 될 수 있기 때문이다. 실험을 통하여 익히고 경험하는 일은 물리학의 원리를 더 깊이 이해하기 위해서도 필요하다. 일반 물리학 실험에서 다루는 실험 내용은 물리학의 기초적인 내용과 실험으로 구성되지만 여기에서 조금 더 나아가면 심오한 의미를 내포하는 물리학의 세계에 접어들 수도 있다. 또한 실험을 통해서 익히게 될 실험 기술과 지식 그리고 자료 분석 능력 등은 앞으로 이공계 학생들의 전공심화 실험의 바탕이 될 기반을 제공하게 될 것이다. 이 책(센서를 활용한 일반물리학 및 실험)은 대학에서 이공계 전공 학생들이 필요로 하는 물리학 전반에 대한 기초적인 내용과 실험을 다룬다. 특히 물리학의 중요한 기초가 되는 실험을 통하여 물리학적 사고방식을 직접 체험할 수 있는 기회를 제공한다. 오늘날 우리 주변에는 수많은 센서들이 이용되고 있는 것을 볼 수 있다. 센서는 눈에 보이지 않는 곳에서 작동하고 있기 때문에 대부분의 사람들은 센서의 존재를 인식하지 못하지만 센서는 우리 생활 곳곳에 깊숙이 파고들어 있다. 어린이 장난감으로부터 텔레비전, 냉장고, 세탁기 등의 가전제품에 이르기까지 다양하게 쓰이고 있다. 센서는 제어기기의 총아로서 정보화 시대가 도래하면서 현대생활에 없어서는 안 되는 필수

기기가 되었고 앞으로도 우리 주변에서 더 많이 더욱 광범위하게 쓰이게 될 것이다. 센서기술은 눈부시게 발전하고 있으며 센서 응용기술은 각종 자동화 목적뿐 아니라, 지구 환경 개선과 에너지 활용 문제 등 센서는 물리학 실험에도 활용되고 있다. 특별히, 인공지능 로봇과 자율주행 차의 발전을 위해서는 각종 센서의 개발과 성능 향상이 필요하다.

물리학 실험에 센서 측정방식을 도입함으로써 물리량 측정이 더욱 간편해지고 더욱 정확해졌을 뿐 아니라 데이터를 기록하고 수집하는데 소요되던 시간을 줄이고, 실험 자체에 더욱 집중할 수 있게 되었다. 그동안 많은 학생들이 지루한 측정으로 이어지는 물리학 실험이 재미없어 하거나 데이터 측정에 대부분의 시간을 보내고 있었다. 물리학 실험 측정에 센서를 활용함으로써 측정이 손쉬워져서 실험에 흥미를 불러일으키고, 실험 자체에 더 집중할 수 있게 되어서 물리학 개념을 쉽게 이해하는 데 도움이 되고 있다. 물리학 실험에는 위치·속도·가속도·힘·온도·압력·기체 센서 등 온갖 종류의 센서가 활용될 수 있는데, 이러한 센서들은 원하는 물리량을 측정하는데 사용될 수 있을 뿐 아니라, 센서의 기본 특성을 연구하거나 센서를 통해서 얻어진 데이터를 종합 분석하는 소프트 웨어 개발 연구에도 활용될 수 있다. 우리는 이러한 추세에 맞추어 '센서를 활용한 일반물리학 실험' 교재를 편찬하고 개정하게 되었다. 이 책은 센서측정 방식을 도입한 물리학 실험을 소개하는데, 일반물리학 실험 수업에서 활용할 수 있는 각종 물리량 측정 센서와 이를 활용한 일반물리학 실험을 소개한다. 본 교재에서는 '일반 물리학' 강의 진도에 맞추어 수업에서 배운 중요한 물리 법칙과 개념들을 정리하였다. 실험 주제는 '기초실험', '역학', '열과 물성', '진동과 파동', '전자기학', '광학' 등 물리학의 기초가 되면서 이공학을 전공하는데 필요한 주제를 선정하도록 노력하였다. 그 동안 '일반물리학 실험' 수업에서 많은 학생들이 데이터 측정과 기록에 많은 시간을 사용하고 있었는데, 센서를 활용한 실험 수업을 통해 물리학에 대한 관심과 물리학 실험에 흥미가 고조되어 물리학 개념을 이해하는 데 도움이 되기를 바란다. 나아가 앞으로 4차 산업혁명 시대의 총아로 각광받고 있는 센서에 대하여 이해하고 활용에 도움이 됨으로서 4차 산업 혁명 시대에 필요로 하는 소양을 갖춘 인재로 성장하기를 바란다.

본 개정판은 두 학기용으로 내용을 구성하였고 1학기 내용은 역학을 중심으로, 2학기 내용은 전자기학 관련 실험을 중심으로 개정하였다. 가능하면 각 학기의 이론 수업 진도와 실험을 맞추는 데 역점을 두었다. 역학부분에서는 폭발, 탄성충돌, 완전비탄성 충돌에 대한 운동량 보존 법칙 실험을 추가하였고 전자기학 부분에서는 패러데이 법칙과 관련된 실험, 역학적에너지와 전기적에너지 간의 에너지 변환과정에서 에너지가 보존됨을 보는 실험 그리고 빛의 속도 측정 관련 실험이 첨가되었다. 앞으로도 학생들이 물리적 개념과 이론을 쉽게 이해할 수 있도록 유익한 실험을 보완하거나 추가시켜 나갈 예정이다.

끝으로 그동안 많은 어려움이 있음에도 불구하고 꾸준히 물리학 교재 편찬에 힘써 오시며, 이 책을 출판하여 주신 북스힐 조승식 사장님과 김동준 상무님, 그리고 북스힐의 모든 직원들께 감사드린다.

2024. 1. 20

차례

제I부

물리학 실험 총론

1. 물리학 실험

물리학(physics)은 물체의 운동, 물질의 구조 및 에너지의 전환 등과 같이 자연에 일어나는 모든 현상의 근원이 되는 것을 실험과 이론을 통해서 밝혀내어 원리와 법칙을 찾아내는 학문이다. 따라서 그 내용은 객관적 실증성을 지니고 있을 뿐만 아니라, 수학적인 엄밀성을 지니고 있는 것이 특색이다. 그러므로 물리학은 정밀과학(exact science)이라고 부를 수 있으며, 자연과학 중에서 가장 바탕이 되는 중요한 학문으로 다른 자연과학의 분야에 대한 기초가 되고 다른 과학 발전의 지침 역할도 한다.

1. 실험의 중요성

과학사를 연구하는 학자들은 과학은 BC 6C경 고대 그리스에서 태동했다고 한다. 그 당시 그리스인들은 자연현상을 신화적 관점에서 탈피하여 자연은 스스로의 법칙에 따라 운행되는 존재로 이해하기 시작하였고, 자연현상을 이성과 논리를 통하여 설명하기 시작했다고 한다.

하지만 자연과학을 이해하는 그리스 시대 사람들의 연구태도를 오늘날의 그것과 비교해 보면 매우 다르다. 그 당시 사람들의 학설은 사변적이고 정성적인 것으로 실험 사실에 입각한 객관적인 뒷받침은 거의 없었기 때문이다. 그들은 자연현상을 설명하기 위하여 '기질'이라는 것을 가정하였다. 즉 물체가 낙하하는 것은 땅이 그 물체를 낙하시키는 기질을 갖고 있기 때문이고, 또한 태양 주변을 돌고 있는 지구의 주기운동은 하늘이 그와 같은 운동을 유발하는 기질을 갖고 있기 때문이라고 각각 설명하였다. 이와 같이 객관성과 정량성이 없는 공허한 개념만으로는 사과의 낙하운동과 달의 회전운동 사이에 있는 공통성을 결코 발견할 수 없는 것이다.

17세기에 접어들면서 과학 연구에 혁명이 일어났다. 자연현상에 대한 탐구는 관찰만으로는 불충분하고 계획적인 측정을 수반하는 실험이 필요하다는 사실을 인식함으로써 자연 탐구에 대한 전환점이 마련되었다. 그 결과 오랫동안 진리라고 믿어지던 어떠한 이론도 실험의 지지를 얻지 못하면 사라지고, 새로운 과학적 이론이 나타나는 계기가 되었다. 이런 흐름 속에서 실험의 중요성과 측정의 정확성, 그리고 정밀성은 재고되어 왔다. 물리학은 집적된 실험결과를 해석하여 이론이 세워지고, 세워진 이론은 다른 실험을 통하여 입증되면서 옳은 이론으로 지지를 받게 된다. 하지만 때로는 이론적으로 설명할 수 없는 새로운 실험결과가 나타나면서 새로운 이론이 등장하기도 한다. 물리학은 지난 수 백 년 동안 이런 과정이 되풀이 되면서 발전에 발전을 거듭해 왔다.

예를 들어, 사과가 땅으로 떨어지는 운동은 달이 지구 주위를 공전하는 운동과 아무런 연관이 없어 보이지만, 만유인력이라는 일반원리가 발견됨으로써 공통적으로 설명이 가능해졌다. 또한 당시로서는 수수께끼의 천체였던 혜성도 이 원리에 따라 태양계의 일원임을 알게 되었고, 당시까지 알려지지 않던 해왕성이나 명왕성 관측으로 발견하게 하였으며, 오늘날에는 인공위성의 운항까지 가능하게 하고 있다. 하지만 원자핵 속의 양성자와 중성자의 결합과 같은 미시적 현상은 만유인력으로는 설명할 수 없고 새로운 힘, 즉 핵력(강력)에 의해서만 가능하다. 이와 같은 예는 물리학이 실험과 이론의 상호작용을 거쳐 발전에 발전을 거듭

하고 있는 학문임을 말해주는 대표적인 사례의 한두 가지 사례에 지나지 않는다.

2. 실험 목적

과학에서 실험은 이론을 지지하거나, 논박하거나, 검증하기 위해 수행되는 절차라고 할 수 있다. 다시 말해 실험은 특정 요인을 조작할 때 어떤 결과가 발생하는지 보여줌으로써 인과 관계에 대한 통찰력을 제공한다. 실험은 목표와 규모면에서 크게 다르지만 항상 반복 가능한 절차와 결과의 논리적 분석에 의존한다.

물리학에서 실험이 차지하는 중요성에 비추어, 일반 물리학 실험의 목적은 다음 세 가지로 요약할 수 있다.

(1) 실험을 통해서 물리학의 강의에서 배운 기본 원리와 법칙을 체득하고, 나아가 물리적 자연관을 갖게 한다.

(2) 기초 실험에 익숙하도록 할 뿐만 아니라, 고급 실험에 대한 자신감을 배양하여 물리학에 대한 계속적인 연구 의욕을 고취한다.

(3) 물리 실험 보고서(laboratory report)의 작성법을 학습하며, 나아가서는 자연현상을 기술하고 표현하는 논문 작성법도 익힌다.

3. 실험 계획

어떤 물리현상을 확인하기 위하여 또는 어떤 물리량을 측정하기 위하여 실험을 계획하는 경우, 그 방법과 장치가 정해져 있지 않을 뿐만 아니라 결과도 모르고 있는 경우가 보통이다. 따라서 연구자 자신이 타당한 방법과 알맞은 장치를 선정하여야 한다. 즉,

(1) 최종적으로 어떠한 양을 얻으면 되는 것인지를 고찰하고 측정대상을 명백히 한다.

(2) 그러기 위해서는 어떤 물리량을 어느 정도 정확하게 측정하여야 할 것인가를 고찰할 필요가 있다.

(3) 이 목적을 위해서는 어떠한 측정법을 채택할 것인가, 또 어떠한 측정기가 필요한가를 고찰한다. 필요한 기기가 학교에 없거나 시판되고 있지 않은 경우에는 측정기의 개발부터 착수해야 한다.

측정기의 종류에 대해서, 이를테면 어떤 대상물의 온도를 측정하고자 할 때, 액체온도계를 사용할 것인지 아니면 열전대를 사용할 것인지 선별하여야 한다. 만일 열전대를 사용할 경우에는 milli- voltmeter, 직류전위차계와 직류증폭기 등이 필요하게 된다.

정확도에 대해서는 요구하는 정확도(정밀도)에 부응하는 측정기를 준비한다. 이를테면 길이의 측정에 있어서 (1/10) mm까지 측정하고자 할 때에는 '자'로써 (1/10) mm까지 읽을 수 있는 '아들자(부척)'가 달린 것을 사용하여야 한다. 10 m 정도의 길이를 1% 정도의 정밀도에서 측정하는 경우에는 1 mm의 눈금이 다 있는 자는 불필요하다. 측정기의 정밀도를 문제삼을 때에는 기차와 공차도 관계하게 된다. 기차는 각 기계의 눈금이 옳은 값에서 벗어나는 차를 말하며, 공차는 같은 종류인 기계의 눈금이 갖는 오차에 대한 허용범위를 말한다.

일반물리학 실험에 있어서는 실험목적·실험방법·실험장치가 미리 정해져 있기는 하나, 실험에 있어서 어떤 이유로 이와 같은 방법과 장치가 채택되었는지를 고찰해 보는 것을 잊어서는 안 된다.

4. 실험 과정

실험 수업은 실험을 시작하기 전에 미리 충분한 예습을 하는 것이 중요하다. 예습이 충분히 이루어지지 않은 채 성급하게 실험을 시작하게 되면, 종종 믿을 수 없는 실험 결과가 나오거나 실험 기기에 대한 작동 방법을 잘 몰라서 장비의 고장을 일으키는 경우가 발생한다.

다음은 실험 전후와 실험 중에 주의해야 할 사항이다.

(1) 실험 전에는 반드시 충분한 예습을 통해 실험 목적, 이론, 실험 방법, 실험에 사용되는 기기의 조작 방법에 대한 예비지식을 이해하도록 한다.

(2) 실험이 잘 안 되거나 문제가 발생할 경우 담당 조교의 도움을 받도록 하며 실험 장치의 주의 사항을 잘 숙지하여 임의로 실험 기기를 다루지 않도록 한다.

(3) 실험을 진행할 때는 반드시 실험 노트에 실험에 관련된 사항을 상세하게 기록해 둔다.

(4) 실험 중 주의할 사항은 각 실험의 주의사항을 참고하도록 한다.

(5) 실험이 끝나면 실험 결과를 다시 한번 잘 살펴 본 후, 문제가 없으면 담당 조교의 지도에 따라서 사용한 실험 기구를 정리하고 퇴실하도록 한다.

5. 실험 보고서

실험 수업 전과 후에는 보고서를 작성한다. 보고서는 일반적으로 예비 보고서와 결과 보고서로 나누어 작성하는데, 각 보고서에는 다음 사항이 포함된다.

> 예비 보고서 : 실험 목적, 실험의 이론(원리), 실험 기구, 실험 방법
>
> 결과 보고서 : 측정값, 계산 결과 및 분석(오차, 그래프), 결론 및 토의

예비 보고서는 실험하기 전에 작성하고, 결과 보고서는 실험이 끝난 후에 작성하되 다음 사항에 유의한다.

(1) 실험 목적과 이론은 실험 교재와 교과서 또는 그 밖의 참고 서적을 바탕으로 하여 충분히 이해한 후 간략하게 쓴다.

(2) 실험 기구의 사용법은 충분히 이해하도록 하고, 보고서에는 실험 장치와 실험 기구를 간단히 기록한다.

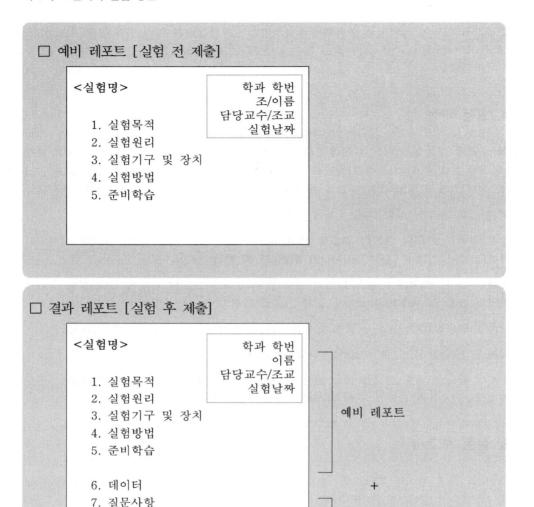

※ 보고값 = 평균 ± 표준오차 [【참고】 표준오차 = 표준편차/ $\sqrt{\text{표본의 크기}}$]

※ 상대오차 = $\dfrac{|\text{실험값} - \text{이론값}|}{\text{이론값}} \times 100(\%)$

(3) 실험 순서에 따라 실험 방법은 간단히 기록한다.

(4) 측정값과 계산값은 단위를 반드시 기록하고, 유효 숫자를 생각하여 보고서에 기록한다.

(5) 계산 결과에는 평균값과 오차를 계산한다.

(6) 실험 결과의 분석에는 측정값을 계산한 후에 예상한 결과와 잘 일치하는지 알아보고, 실험을 통해 얻은 결과를 바탕으로 결론을 이끌어 내도록 한다.

(7) 토의는 실험 결과와 참값을 비교한 후 오차의 원인을 분석해 보고, 오차를 줄일 수 있 는 개선 방법을 기록하며, 실험을 통해 중요하다고 느껴지는 점들을 기록한다.

2. 오차의 해석

측정(measurement)이란 장치나 어떤 것을 기준으로 하여 물리량(길이 ·질량 ·온도 ·압력 등)을 재거나 결정하는 것을 말한다. 이 때 측정의 대상이 되는 양을 **측정량**(measured quantity), 측정에 의해 얻어지는 수치를 **측정값**(measured value)이라 한다.

측정은 일정한 기준을 가지고 물건의 양을 수치화하는 작업으로, 단위를 정하여 비교한다. 측정은 자나 저울 같은 측정 장비를 통하여 이루어지는데, 이들 장비에는 도량형의 기준과 비교하도록 눈금이 매겨져 있다.

측정에는 가령 길이나 시간을 측정할 때처럼 그 측정량 자체를 표준량과 직접 비교 측정하는 **직접측정**과, 속도의 값을 구할 때처럼 이동거리와 시간을 각각 측정하고 그로부터 측정량을 간접적으로 유도해내는 **간접측정**이 있다.

1. 오차의 종류

어떤 측정에서든지 정확히 측정하는 것은 불가능하다. 그러므로 측정값의 착오가 발생하고 측정값과 참값의 차이를 오차로 정의할 수 있다. 한편 참값은 정확히 알 수 없는 양이므로 오차도 정확히는 알 수 없고 단지 추측할 수 있는 수치일 뿐이다. 일반적으로 오차는 부당오차, 계통오차, 우연오차, 확률오차 등으로 구분할 수 있다.

부당오차(mistake, blunder)는 계기조작 상 분명한 실수를 범하여서 측정값이 신빙성이 없는 경우에 생기는 오차이다. 길이를 재는데 한쪽 원점을 맞추지 않았다든지, 저항측정에서 원점을 확인하지 않는 경우 등이다. 이때에는 그 원인이 명백하므로 얻은 데이터를 무시하는 것이 보통이다. 이들을 포함시킨다면 다른 측정값들의 신뢰도를 떨어뜨리기 때문이다.

계통오차(systematic errors)는 측정 계기의 불비한 점에 기인되는 오차로서 그 크기와 부호를 추정할 수 있고, 부정할 수 있는 오차이다. 전압을 여러 번 측정하여 평균값을 얻었는데 확인 결과 사용한 전압계의 눈금이 원점에서 벗어나 있다든지, 어떤 자로 길이를 재었는데 온도에 따른 길이의 변화를 고려하지 않는 경우 등이다. 이때에는 계통오차를 추정할 수 있으므로 별도로 추정하여 결과적으로 얻은 측정값에 직접 반영할 수 있다.

우연오차(random errors)는 반복 측정할 때마다 상이한 결과를 얻게 되는 측정값들의 변동에 기인한다. 우연오차를 줄이는 문제가 실험결과를 향상시키는 제일 중요한 요소이다. 측정값의 정밀도는 이 우연오차를 어떻게 처리하고 분석하는가에 달려 있기 때문이다. 우연오차를 줄이는 방법은 주로 더 정밀한 측정계기를 사용한다든지 또는 이와 더불어 여러 번 반복 측정하는 것이다.

확률오차(probable errors)는 측정값을 얻을 때 추정되는 오차의 크기를 나타낸다. 예를 들면, 어떤 측정값이 $x = \bar{x} \pm \sigma$로 나왔다면 이는 x의 오차가 σ라는 의미가 아니다. 올바른 뜻은 결과가 틀리더라도 $x \pm \sigma$ 이상 벗어날 확률은 작다는 것을 의미한다. 따라서 σ는 측정값이 주어진 값 $\bar{x}$에서 어느 정도 벗어날 수 있는지 확률적 척도를 제시해 준다. 정상분포를 이루는 오차에서는 평균값의 표준편차를 σ_m 으로 나타내면 참값이 $\bar{x}+\sigma_m$ 와 $\bar{x}-\sigma_m$ 사이에 있을 확률이 약 68%임을 의미한다. 그러므로 $\sigma = 0.67\sigma_m$ 을 택하여 $\bar{x}+\sigma$ 와 $\bar{x}-\sigma$ 사이에 있을 확률이 50%가 되게 하는 σ 를 확률오차라고 부른다.

2. 측정값의 유효숫자

측정값은 숫자로 표시하여야 하지만 그 의미는 수학에서의 표기법과 다르다. 모든 측정값은 근사값이므로 무의미한 자릿수들을 나열할 필요가 없다. 그래서 효력이 있는 숫자, 즉 **유효숫자**만을 표시하여야 하는데 일반적으로 다음과 같이 정해진다.

(1) 0이 아닌 맨 왼쪽의 숫자가 최상 유효숫자이다.
(2) 소수점이 없을 경우에는 0이 아닌 맨 오른쪽의 숫자가 최하 유효숫자이다.
(3) 소수점이 있을 경우에는 맨 오른쪽의 숫자가 0이더라도 이 수가 최하 유효숫자이다.
(4) 최상과 최하 유효숫자간의 모든 숫자가 유효숫자이다.

보기로 아래에 열거한 숫자들은 오직 고딕체로 나타낸 부분만이 유효숫자이다.

914.38	23000	0.0094
4.000	700.	3.140×10^4

측정값들을 가감승제 할 때는 불필요한 계산시간의 낭비를 줄이기 위하여 다음의 요령으로 결과를 얻는다.

·덧셈과 뺄셈 : 보기로 4.5와 0.3352의 합을 계산하면

$$
\begin{array}{c}
4.5 \\
+\,)\,0.3352 \\
\hline
4.8352
\end{array}
\quad \rightarrow \quad
\begin{array}{c}
4.5 \\
+\,)\,0.3352 \\
\hline
4.83
\end{array}
\quad \xrightarrow{\text{반올림}} \quad
\begin{array}{c}
4.5 \\
+\,)\,0.33 \\
\hline
4.8
\end{array}
$$

숫자 4.5는 소수점 이하 두 자리에서는 유효숫자가 없으므로 0.3352도 그곳에서 자른 다음 두 숫자를 더하여 반올림하면 된다.

·곱셈과 나눗셈 : 보기로 4.5와 0.3352의 곱을 계산하면

$$4.5 \times 0.3352 = 1.5080 \Rightarrow 4.5 \times 0.335 = 1.5075 \xrightarrow{\text{반올림}} 1.5$$

숫자 4.5 는 유효숫자가 두 자리이므로 0.3352 는 0.335 에서 세 자리만 택하여 곱한 후 결과는 두 자리가 되도록 반올림하면 된다.

3. 표준 오차(standard error)

측정값들은 우연오차 때문에 매번 측정할 때마다 다른 값을 얻게 되고 어떤 분포를 이룬다. 이러한 측정값들의 분포특성을 기술하기 위하여 이들을 대표할 수 있는 수치와 분포된 정도를 나타내는 척도가 필요하다.

측정자료를 대표할 수 있는 수치로서는 최빈값, 중앙값 및 평균값 등을 사용한다. **최빈값**은 측정자료들을 나열했을 때 빈도가 가장 많은 측정값이고, **중앙값**은 이보다 작은 자료와 많은 자료가 똑같은 측정값의 분포에서 중앙에 위치한 측정값이다. **평균값**은 측정값의 산술평균이다.

측정값들이 $x_1, x_2, x_3, \cdots, x_N$과 같이 N개의 자료를 얻었으면 평균값은 다음과 같이 계산한다.

$$평균값 \quad \overline{x} = \frac{1}{N} \sum_{i=1}^{N} x_i$$

경우에 따라서는 구간을 설정하여 측정하기 때문에 $x_1, x_2, x_3, \cdots, x_N$에 대한 빈도가 각각 $f_1, f_2, f_3, \cdots, f_N$인 형태로 자료를 얻을 수 있다. 이 때문에 빈도를 가중치로 택하여 아래와 같이 평균값을 계산한다.

$$평균값 \quad \overline{x} = \frac{\displaystyle\sum_{i=1}^{N} f_i \, x_i}{\displaystyle\sum_{i=1}^{N} f_i}$$

측정자료들이 분포된 정도를 나타내기 위하여 편차를 $d_i = x_i - \overline{x}$를 사용하는 것이 편리하다. 이들을 평균하면 0이 되므로 그 절대값의 평균을 평균편차라 한다. 그러나 통계적으로는 다음과 같이 정의된 표준편차 σ가 더 중요한 의미를 갖는다.

$$\sigma^2 = \frac{1}{N-1} \sum_{i=0}^{N} (x_i - \overline{x})^2$$

σ^2 자체는 **분산(variance)**이라 불린다.

한 물리량을 1회에 N번씩 여러 차례 되풀이하여 측정하면 매회 얻어지는 측정값에 대한 평균값과 표준편차는 일반적으로 달라진다. 평균값 $\overline{x}$의 표준오차를 σ_m이라 하면 σ, σ_m, N 사이에는 다음과 같은 관계가 성립한다.

$$\sigma_m = \frac{\sigma}{\sqrt{N}} = \left\{ \frac{1}{N(N-1)} \sum_{i=1}^{N} (x_i - \overline{x})^2 \right\}^{\frac{1}{2}}$$

정확한 측정이 필요한 과학에서는, 측정값을 측정값과 오차 범위, 신뢰도를 사용하여 표현한다. 측정 자료들로부터 보고할 측정값은 다음과 같다.

$$x = \overline{x} \pm \sigma_m$$

오차를 표기하는 방법은 흔히 절대오차, 상대오차 및 퍼센트 오차의 세 가지가 있다.

$$절대오차 \qquad \sigma$$

$$상대오차 \qquad \frac{\sigma}{|\overline{x}|}$$

$$퍼센트\ 오차 \qquad \frac{\sigma}{|\overline{x}|} \times 100$$

상대오차는 측정값의 정밀도를 나타내므로 편리하고, 퍼센트 오차는 이와 관련하여 많이 사용된다.

4. 오차의 전파

직육면체를 가로, 세로 및 높이를 각각 열 번씩 측정하여 그 부피를 구하는 실험을 생각해 보자. 이들 데이터를 이용하면 1,000 개의 부피에 관한 데이터를 얻을 수 있고 이로부터 평균값과 표준편차를 구할 수 있다. 그러나 보다 합리적인 방법은 가로, 세로, 높이에 대한 각각의 평균값들을 먼저 구하고 이 평균값들을 곱하여 부피를 측정하는 것이다.

이 경우에 문제점은 부피의 오차를 측정하는 것이다. 한 가지 분명한 점은 각 변의 길이의 오차 때문에 부피의 오차가 생긴다는 것이다. 따라서 실제 측정상의 개별적 오차가 계산하고자 하는 물리량에 어느 정도 전파되는가를 알 필요가 있다.

구체적으로 어떤 물리량 z가 다른 물리량 x, y, $\cdots$의 $z = f(x, y, \ldots)$의 관계로 주어졌다고 하자. 그리고 x, y, $\ldots$의 측정값으로부터 $\overline{x}$, $\overline{y}$, $\ldots$의 평균값과 σ_x, σ_y, $\ldots$의 표준편차들을 얻었다고 하자. 그러면 z의 평균값은

$$\overline{z} = f(\overline{x}, \overline{y}, \ldots)$$

로 주어지며 z의 표준편차는 다음과 같다.

$$\sigma_z^2 = \left(\frac{\partial f}{\partial x}\right)_0^2 \sigma_x^2 + \left(\frac{\partial f}{\partial y}\right)_0^2 \sigma_y^2 + \ldots$$

여기서 $\left(\frac{\partial f}{\partial x}\right)_0$, $\left(\frac{\partial f}{\partial y}\right)_0$, $\cdots$ 는 평균값 $\overline{x}$, $\overline{y}$, $\cdots$에서 계산한 편도함수들을 의미한다. 위의 식을 오차전파의 공식이라고 한다.

실제로 다음과 같은 경우들은 간단한 실험에서 자주 나타나므로 익숙해 두는 것이 편리하다 (보기에서 a, b는 주어진 상수이다).

(1) $z = ax \pm by$ $\qquad\qquad$ $\sigma_z^2 = a^2\sigma_x^2 + b^2\sigma_y^2$

(2) $z = axy$ $\qquad\qquad\qquad$ $\dfrac{\sigma_z^2}{z^2} = \dfrac{\sigma_x^2}{x^2} + \dfrac{\sigma_y^2}{y^2}$

(3) $z = a\dfrac{x}{y}$ $\qquad\qquad\quad$ $\dfrac{\sigma_z^2}{z^2} = \dfrac{\sigma_x^2}{x^2} + \dfrac{\sigma_y^2}{y^2}$

(4) $z = ax^b$ $\qquad\qquad\qquad$ $\sigma_z = abx^{b-1}\sigma_x$

(5) $z = ae^{bx}$ $\qquad\qquad\qquad$ $\sigma_z = bz\sigma_x$

(6) $z = a\log bx$ $\qquad\qquad\quad$ $\sigma_z = \dfrac{a}{x}\sigma_x$

측정오차는 작을수록 좋다는 것은 자명하다. 그러나 제한된 시간에 주어진 장비로 최대한의 좋은 결과를 얻으려면 결과적으로 최종오차 σ_z 가 최소가 되도록 $x, y, \ldots$ 등의 오차들을 상대적으로 최적화하도록 실험을 계획하는 것이 바람직하다. 위의 공식들을 보면 덧셈과 뺄셈에서는 절대오차가 같은 정도의 크기가 되도록 하는 것이 좋다. 또한 곱셈과 나눗셈에서는 상대오차가 같은 정도가 되도록 하는 것이 합리적이다. 유효숫자를 다룰 때 숫자의 가감승제에서 이러한 오차전파의 공식이 반영되어 있음을 알 수 있다. 그리고 공식 (4), (5)에서 보듯이 멱함수의 경우에는 지수가 클수록 전파되는 오차량도 커지는 것을 알 수 있으므로 특히 정밀한 측정이 요구된다.

5. 최소 제곱법

물리학 실험은 두 개의 상호 작용하는 변수 사이의 관계를 연구하는 경우가 많다. 예를 들어 자유낙하 하는 물체의 속도는 시간에 따라 어떻게 변하는가를 알아보자. 실험을 수행함에 있어서, 독립변수인 시간을 점진적으로 변화시켜가며 이에 따라 종속변수인 속도를 일련의 실험을 통해서 측정한다. 이때 얻어진 데이터는 수표 또는 그래프 형식으로 표시한다. 수표는 얻어진 그대로의 데이터의 기록이 가능하지만 두 변수 상호간의 관계를 나타내기에는 불충분하다. 반면에 그래프로 표시하면 변수 상호간의 관계를 아주 돋보이게 나타낼 수 있다는 장점이 있다. 또한 그래프는 확률적인 실험오차를 지적하고 여러 번 관측한 양의 중간 값을 제공하기도 한다.

그래프는 눈금 종이에 작성하며 측정점(data points)이 분산되어 있는 경우, 측정점과 측정점을 바로 연결해서는 안 된다. 연속적으로 고르게 변화하는 물리량이 오차 때문에 분산된 것이라면 실험곡선(experimental curve fitting)을 그려 넣어야 한다. 이 때 각 측정점이 곡선의 양쪽에 공평하게 분리되도록 유의하여야 한다.

변수들의 관계를 표현할 수 있는 가장 유력한 형식은 수학적인 방정식이다. 이와 같은 방정식으로부터 다양한 수학적인 전개와 추가적인 정보를 추론할 수 있다. 예를 들면 그래프에서 직선은 쉽게 방정식으로 나타낼 수 있다. 실험곡선식을 얻는 가장 합리적인 방법은 최소제곱법이다.

제 I 부 : 물리학 실험 총론

　최소제곱법에 의한 곡선맞춤(curve fitting)의 기준은 간단하며 직접적으로 통계적인 개념에 그 기초를 두고 있다. 예를 들어 두 변수 x와 y의 선형관계를 생각하자. x를 독립변수로 y를 종속변수로 정의한다. 이들 상호간의 선형관계는

$$y = a + bx \qquad (1)$$

로 표시할 수 있다. 여기에서는 위와 같은 선형 최소 제곱법만 논의하기로 한다.
측정값 (x_i, y_i)의 집합에서 x_i에는 측정 오차가 없었다고 가정하고 y_i의 값에는 오차가 포함된다고 하면

$$y_i = a + bx_i + E_i$$

로 쓸 수 있으며 E_i는 측정 오차이다. 그러나 오차는 미지의 양이기 때문에 위식으로부터 a와 b를 구할 수 없다. 선형관계식 (1)이 성립한다고 가정할 때 측정값의 집합은 a와 b에 대한 근사치를 얻는데 사용할 수 있다. 이러한 근사치를 각각 α와 β라고 정의한다.
모든 측정치 y_i에 대응하여 방정식 (1)에서 주어진 $\alpha + \beta x_i$에 해당하는 예측된 값 $\hat{y}_i = \alpha + \beta x_i$가 있다. 측정치 y_i로부터 예측된 값 $\hat{y}_i$의 편차는 $y_i - \hat{y}_i = y_i - \alpha - \beta x_i$이며, 이 편차들의 제곱의 합은 아래와 같다.

$$\sum (y_i - \hat{y}_i)^2 = \sum (y_i - \alpha - \beta x_i)^2$$

구하고자 하는 근사치 α, β는 이 제곱들의 합을 최소로 만드는 측정값들의 함수이다. 이러한 최소제곱 근사치는

$$\alpha = \overline{y} - \beta \overline{x}$$

$$\beta = \frac{\sum (x_i - \overline{x})(y_i - \overline{y})}{\sum (x_i - \overline{x})^2}$$

으로 주어지며 $\overline{x}$ 및 $\overline{y}$는 각각의 산술평균이다. 따라서 실험곡선식은 다음과 같이 표현할 수 있다.

$$y \cong \alpha + \beta x$$

그러나 x와 y 사이의 선형관계에 관한 더 많은 추정을 하기 위해서 이런 근사치들을 사용하기 전에 분산 σ^2과 α, β의 표준분포의 분산에 대한 값을 얻어야 한다. 통계이론에 의하면 모든 x에 대하여 동일하다고 가정된 주어진 x에 대한 y의 분산은 평균평방편차에 의해서 불편적으로 측정되며 다음과 같다.

$$\sigma^2 = \frac{\sum (y_i - \alpha - \beta x_i)^2}{N - 2}$$

근사치 β의 추정된 분산 σ_β는 분산의 추정치 σ^2을 x에 대한 평방의 합으로 나눈 것이다. 즉,

$$\sigma_{\beta}^2 = \frac{\sigma^2}{\sum (x_i - \overline{x})}$$

근사치 α의 추정된 분산 σ_{α}는 더욱 복잡하며 다음과 같이 주어진다.

$$\sigma_{\alpha}^2 = \sigma^2 \left(\frac{1}{N} + \frac{\overline{x}^2}{v(x_i - \overline{x})^2} \right)$$

위에서 논의된 분산들로부터 근사치 α, β에 대한 표준편차의 계산은 쉽게 할 수 있다.

3. 센서와 측정

센서(sensor)는 인간의 감각을 대신하여 외계의 물리적 현상을 감지하는 검출기로서 첨단 과학 기술의 핵심 기술로 부각되고 있다. 센서란 무엇이고, 센서를 어떤 것들이 있는가? 이 장에서는 센서의 종류와 특성 등 센서에 대한 일반적인 내용을 알아보자.

1. 센서란 무엇인가?

센서는 무엇인가를 감지해서 전기신호를 발생시키는 것이며, 그 신호의 발생은 전압의 변화, 저항값의 변화, 스위치의 작용 등에 의한다. 이러한 전기신호를 컴퓨터가 받아들여 판단 후 액츄에이터를 작동시킨다. 컴퓨터와 센서를 조합한 기술은 로봇을 비롯하여 우주를 대상으로 하는 시스템까지 폭넓게 이용되고 있다. 다음 그림은 외부의 자극에 대한 생체와 기계의 반응을 사람과 로봇의 예로써 대비하여 모식화한 것이다.

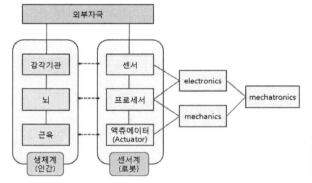

그림 1. 생체와 기계의 대응 관계.
외부의 자극에 대한 생체와 기계의 반응을 사람과 로봇의 예로써 대비하였다.

센서는 물리량에 관한 외부로부터의 정보를 검출하고 신호를 가하여 전기량으로 출력하는 장치로서 인간의 오감에 상당하는 동작을 한다. 자동 제어를 포함 기계·장치의 제어를 정확히 행하기 위하여 센서의 유효한 활용이 필요하다. 검출대상으로는 빛, 방사선, 음파, 전기, 자기, 기계적 변위, 압력, 속도, 온도, 습도, 화학성분, 농도 등이 있다. 센서를 통해서 얻어지는 정보는 어떤 형태로 연산 처리되어 우리들이 인식하기 쉬운 양으로 변환되거나 자동제어용으로 이용된다.

이상에서 살펴본 바와 같이 센서는 인간의 오감에 대응하는 인공의 오감으로 인간의 오감을 대신하여 그 역할을 수행하는 기기라고 간주할 수 있다. 하지만 센서는 단순히 인간의 오감을 대신하는 기기만은 아니다. 센서는 인간의 오감이 느낄 수 없는 현상, 이를 테면 인간의 귀로 들을 수 없는 음파인 저음파나 초음파를 감지할 수도 있고, 인간의 눈으로 볼 수 없는 마이크로파나 적외선 등의 전파를 검출할 수 있다. 또한 인간의 오감을 초월하는 현상까지도 검출할 수 있는 기기이다.

온도센서는 온도를 감지하는 센서이다. 온도센서는 가장 흔한 센서 중의 하나이다. 온도센서는 매우 폭넓게 사용되고 있으며 용도도 매우 다양해서 심지어 손목시계에 온도센서가 내장되기도 한다. 온도 센서는 용도에 따라 다양한 종류가 사용되고 있다. 바이메탈처럼 예부터 사용되는 센서에서 광섬유를 사용하는 새로운 센서까지 가장 광범위하게 활용되는 센서이다. 대표적인 것으로 열전대, 백금저항 온도 센서, 서미스터, 방사온도 센서 등이 있다. 또 다른 센서의 예로는 건물에 화재감시기로 쓰이는 광전식 연기 감지기를 들 수 있다. 일반적으로 건물의 천정에 부착되어 있으며 연기를 감지하는 센서가 내장되어 있어서 연기가 발생하면 경보음을 울린다.

그림 2. 광전식 연기 감지기. 연기를 감지하는 센서가 내장되어 있어서 연기가 발생하면 경보음을 울린다.

센서는 인간의 오감과 다르게 하나의 센서가 시각과 청각을 동시에 감지하는 것은 불가능하다. 거의 대부분의 센서는 오직 하나의 역할만 가능하게 되어 있다. 예를 들어 온도센서는 온도만을 감지하고 압력센서는 압력만을 감지한다. 이 때문에 하나의 센서는 한 가지 능력을 충분히 발휘할 수 있도록 만들어진다. 예를 들어 광센서에는 렌즈, 반사경, 광파이버, 색 필터 등으로 효과를 높이고 온도센서에서는 열을 잘 전달하기 위해 열 파이프를 사용하며 자기센서에는 자기 유도율이 높은 자성체로 센서의 효과를 높이고 있다. 그 밖에 그 센서가 측정하고자 하는 정보 외의 다른 정보가 혼합되지 않도록 설계하고 있다.

계측기와 센서

외부 자극에 대해 물리량이 변화하는 모든 소자는 계측기로 사용될 수 있다. 예를 들어 온도계는 온도에 따라 변하는 물질의 물리적 성질의 변화를 수치로 나타내는 계측기이다. 온도계의 종류는 매우 많다. 온도에 따라 변하는 물리적 성질이 다양하기 때문이다.

그림 3. 액체온도계. 액체 온도계는 부피의 팽창을 통해서 온도를 시각적으로 볼 수 있게 해주는 계기이나 전기신호를 발생키지 않으므로 센서가 아니다.

일상에서 널리 쓰이는 온도계는 액체 온도계이다. 액체온도계는 액체의 열팽창을 이용한다. 액체 온도계는 가는 유리관에 열팽창 효과를 나타내는 액체를 봉입하고 표면에 온도눈금을 새긴 것으로, 온도에 따라 액체의 부피가 달라져 액체 기둥의 높이가 변하여 온도를 나타낸다. 액체 온도계는 가격이 싸고 사용이 편하며, 비교적 정확한 측정이 가능하기 때문에 많이 이용되지만 액체 온도계는 그 변화를 전기신호로 내보내지 않으므로 센서가 아니다. 센서로 사용할 수 있는 온도계는 물질의 온도변화를 전기신호로 바꿀 수 있는 다음과 같은 온도계들이다.

저항온도계는 금속 또는 반도체의 전기저항이 온도에 따라 변화하는 특성을 이용한다. 백금선을 사용한 것은 조건이 나쁜 환경에서도 내성이 있어 측정용에서부터 공업용까지 널리 쓰인다. 반도체 재료를 사용한 서미스터는 저항값의 변화가 크고 소형이며 값이 싸서 가전제품이나 자동차용 온도센서로 대량 사용되고 있다.

열전온도계는 서로 다른 2종류의 금속 도체 양단을 단락하여 폐회로를 만들고 2개의 접속점 사이에 온도차가 발생하면 회로에 전류가 흐르는 제벡효과를 이용한 것이다. 이 전류를 발생시키는 기전력을 열기전력이라고 하는데 양단의 온도차만으로 정해진다. 조합하는 2종류의 금속에는 구리와 콘스탄탄, 크로멜과 알루멜, 백금과 백금로듐 등이 있다. 측정 가능한 온도 범위는 $-200\sim2000°C$이다.

복사온도계는 물체에서 발생하는 열복사를 적외선 센서로 측정한다. 측정대상에 직접 접촉하지 않고 계측할 수 있기 때문에 특정한 점을 측정하기보다 면적 별로 계측하는 것이 더 효과적이다. 예를 들면 제철소에서 노속의 온도 분포, 압연 공정의 철판 온도분포, 인공위성에서 지구 표면의 온도분포를 측정하는데 사용된다.

트랜지스터 온도계는 보통의 트랜지스터를 온도 센서로 하고 있다. 실리콘 트랜지스터의 베이스 이미터 사이에 전류가 흐르면 $1°C$ 마다 $-50\sim200°C$ 범위의 온도를 측정할 수 있다. 그 외에도 바이메탈, 감온페라이트, 유리온도계, 수정온도계, NQR 온도계 등 많은 종류가 있다.

센서와 트랜스듀서

센서는 최근에 널리 사용되는 기술용어이다. 센서는 오늘날 마이크로컴퓨터와 마찬가지로 메카트로닉스를 구성하는 중요한 요소의 하나이지만 센서라는 용어가 일반적으로 사용되게 된 것은 비교적 최근의 일이다. 센서라는 용어가 널리 사용되기 이전에는 검출기, 감지기, 변환기, 트랜스듀서 등의 용어가 사용되었다. 센서라는 용어가 처음 등장한 것은 1960년대 이후의 일이며, 1965년경까지도 문헌상에 나타나지 않는다.

센서와 비슷한 용어로 트랜스듀서(transducer)가 있다. 트랜스듀서는 "어떤 종류의 신호 또는 에너지를 다른 종류의 신호 또는 에너지로 변환하는 소자"를 의미한다. 센서가 감지기라면 트랜스듀서는 변환기를 의미한다. 예를 들어 외부의 빛이나 음 등을 감지해서 전기신호로 바꾸어주는 것은 센서이고, 태양에너지를 전기에너지로 바꾸는 태양전지는 에너지를 변환시키는 트랜스듀서이다.

트랜스듀서는 센서라는 용어가 사용되기 전에는 센서의 의미로도 쓰였지만, 오늘날 트랜스듀서는 엄밀한 의미에서는 센서와 구별된다. 하지만 때로는 센서와 트랜스듀서의 구분이 명확하지 않기 때문에 센서와 트랜스듀서가 혼용되는 경우가 대부분이다.

예를 들어 외부에서 얻어지는 정보는 온도, 압력, 변위, 속도와 같은 비전기적인 물리량이거나 성분, 농도 등과 같은 화학량인 경우가 많다. 센서는 이들을 전기신호로 내보내는 장치를 의미하지만 이 양들은 전기량이 아니다. 따라서 이와 같이 비전기적인 양들은 여러 가지 다양한 트랜스듀서를 이용하여 전기량으로 바꾸게 된다. 이러한 경우 감지기에 트랜스듀서를 포함시켜서 넓은 의미에서 센서라 한다.

2. 센서의 기능

오늘날 산업 현장에서는 생산성의 향상과 근로환경을 개선하기 위하여 자동화 기술을 많이 도입하고 있다. 자동화가 이루어지기 위해서는 각 시스템의 정보가 제공되어야 하는데 이를 위해서는 어떤 형태로든 계측이 이루어져야 한다. 생산 공정의 자동화는 그 과정에서 물리적 화학적 계측이 요구에 맞게 행해지고 이를 제어 기능과 연계시킴으로서 이루어지는데 이 때 계측의 중요한 역할을 담당하는 것이 센서이다.

▶ 센서의 기본 기능

센서의 기본 기능은 대상에 관한 정보를 바르고 정확하게 추출하여 유용한 신호로 전달하는 것이다. 따라서 센서의 성능은 이러한 기능을 담당하고 있는 정도를 항목별로 나누어 평가하게 된다.

센서는 외부로부터 자극이나 신호를 선택적으로 감지하는 본질적 기능과 이 감지된 신호를 유용한 전기신호로 변환하는 기능을 갖추고 있어야 한다.

센서는 기본적으로 우수한 감도(sensitivity), 선택도(selectivity), 안정도(stability), 복귀도(reversibility)를 갖추고 있어야 한다. 이것이 센서의 특성상 필수적으로 갖추어야 할 기본요건이다. 또한 이러한 기본요건 외에도 높은 기능성, 적용성, 규격성, 생산성, 보존성 등의 다양한 부대요건을 구비해야 한다.

이러한 기본요건과 부대요건을 우수하게 구비할수록 센서는 높은 신뢰성을 갖게 된다. 경우에 따라서는 비교적 단순한 요건만을 충족해도 환영받는 센서가 있는가하면 대단히 까다롭고 복잡한 요건을 구비해야 실용화될 수 있는 것이 있다. 대체로 화학센서나 바이오센서들이 물리센서들에 비해서 더 까다로운 구비요건을 충족해야 하며 높은 수준의 센서일수록 그 구비요건은 더욱 엄격해진다. 센서의 개발이 어렵고 센서기술의 혁신이 늦어진 이유의 하나도 이와 같은 센서의 기능과 특성상 요구되는 조건들이 복잡하고 엄격하기 때문이다.

센서의 감도는 측정치의 정밀도(precision) 혹은 정확도(accuracy)의 기초가 된다. 일반적으로 센서는 외계와의 인터페이스로서 외계에 직접 노출되므로 항시 가혹한 환경에서도 장시간 안정되게 동작하는 것을 요구한다.

▶ 센서의 선택

여러 가지 물리량에 대해서 적절한 센서를 선택할 수 있으면 다양한 물리량의 측정이 가능하다. 또 어떤 한 가지 물리량을 측정하는 경우에도 여러 가지 센서를 사용하는 것을 고려할 수 있고 어떤 센서가 적당한지 고심할 수도 있다. 이와 같은 경우에는 센서를 선정함에 있어서 측정대상의 상황을 파악함과 동시에 사용하는 센서의 원리와 특성, 사용법 등을 잘 알아야 한다.

센서를 선택하는데 있어서, 장치의 특성을 명확히 파악해야 한다. 기계 장치의 설계 단계에서 최적의 센서를 설계해 둘 필요가 있다. 선정기준 외에 센서를 채용할 때 센서의 안전성, 내구성, 내식성, 내후성, 노이즈, 신호의 신뢰도, 통일성 들을 고려해야 한다.

센서에는 수명이 있다. 주변 환경에 따라 변할 수 있으며, 센서의 기능이 반복할 경우에 필요한 정도가 유지 가능한 시간을 말하며 이것은 짧으면 보수유지와 고장이 빈번히 발생하게 된다.

센서 소자는 반도체의 집적정도에 따라 발전을 해왔다. 오늘날 반도체의 비약적인 발전으로 기억기능, 논리기능은 인간의 능력을 넘어서고 있지만 아직은 인간의 종합적으로 판단하는 감각기관의 능력은 능가하지 못하고 있다. 우리는 앞으로 센서분야에서 정보수집능력을 발전시킬 수 있는 연구가 더 많이 필요할 것이다.

3. 센서의 기본 특성

센서의 기본 기능은 측정대상에 대한 정보를 바르고 정확하게 추출하여 유용한 신호로 전달하는 것이다. 따라서 센서의 성능을 평가할 때는 이러한 기능을 수행하는 정도를 평가하게 된다. 센서의 기본특성으로서 감도, 신뢰성, 응답성 등을 들 수 있다.

▶ 감도

센서의 기본 특성 중 가장 중요한 것은 감도라고 할 수 있다. 감도(sensitivity)란 센서가 얼마나 민감한가를 나타내는 척도이다. 감도는 입력이외의 환경변화 등과 같은 주변 인자에 대한 민감성을 나타낼 때도 사용할 수 있다. 예를 들어 공급전원의 변화에 대한 출력의 변동이라든지 주변온도에 따른 감도 등이 그러한 경우이다.

감도는 흔히 두 가지 의미로 사용되는데 하나는 '감도지수'이고 다른 하나는 '감도한계'이다. '감도지수(감도계수)'는 입력신호의 단위변화에 대한 출력신호의 변화폭을 나타내는 지수이다. 다시 말해 센서의 감도지수 S는 입력 변화량에 대한 출력변화량의 비율로 정의된다. 즉,

$$S = \frac{(dy/y)}{(dx/x)}$$

여기서 x와 y는 각각 입력량과 출력량을, dx와 dy는 각각 입력량과 출력량의 변화량을 나타낸다.

만약 출력량이 입력량에 대해 고정되어 있으면 감도지수는 무차원이 되어 일반성을 갖는다. 하지만 일반적으로 센서 소자의 경우는 차원을 가지므로 이 양은 변환계수 또는 변환율이라는 용어가 더 적합하다. 또 입출력 간에 비례관계가 성립한다면 감도계수는 입력의 크기에 무관하게 된다. 예를 들어 로드셀의 감도지수가 $0.1\Omega/kgf$라면, 하중 $1kgf$에 대하여 로드셀의 내부저항이 0.1Ω가 변화되는 것을 의미한다.

'감도한계(검출한계, 분해능)'는 센서가 얼마나 미소한 입력량에 반응하는가를 나타내는 척도이다. 다른 말로는 '검출한계' 또는 '분해능'이라고 한다. 어떤 센서가 어느 정도까지의

미소한 양을 검출할 수 있는가 하는 것은 각 센서의 고유한 특성에 의존되는 동시에 센서가 놓인 환경에 크게 영향을 받는다. 즉 검출한계는 시간영역은 물론 공간영역의 잡음특성에 크게 의존된다고 할 수 있다.

센서의 본질적인 검출한계는 다음과 같은 양자역학적 불확정성 원리에 의해 설정된다.

$$\Delta x \Delta p \geq h/2\pi$$

여기서 h는 플랑크(Planck) 상수, Δx와 Δp는 각각 위치와 운동량의 불확정도를 나타낸다. 이와 같이 양자역학적 기원을 갖는 잡음을 양자잡음이라고 한다. 그런데 빛의 영역에서는 $h\nu \gg k_B T$ 이므로 항상 양자잡음이 지배적이지는 않다. 따라서 광섬유를 사용하여 검출광을 송출하는 경우는 광섬유 내의 밀도변화, 온도변화 등에 의한 열잡음에 기인되는 위상변화가 지배적이 된다.

▶ 센서의 신뢰성

센서에서 요구되는 기본적인 성능은 입력과 출력간의 1:1 대응 관계이다. 하지만 현실적으로 이런 일을 가능하지 않다. 그 이유는 잡음에 의해 야기되는 불확정성이나 시스템의 유한한 응답속도 등으로 인하여 이상적인 1:1 대응은 실현 불가능하기 때문이다. 이와 같은 불완전성은 센서를 설계하는 출발점이자 센서의 평가 기준이 된다.

센서의 출력을 가지고 입력에 의한 정보를 정확하게 알기 위해서는 센서를 바르게 교정하지 않으면 안 된다. 센서의 원리나 구성에 의해 자기교정이 가능한 것은 별도의 교정이 불필요하지만 대부분 사전에 교정해 놓을 필요는 있다. 한 번 교정된 결과는 시간의 경과와 함께 변화되므로 정기적인 교정이 필요하다. 센서를 지능화하는 목적은 이와 같은 교정 작업을 사람의 손으로 하지 않고 자동으로 하는 데 있다.

센서의 입력과 출력 사이의 **선형성**은 항상 요구되는 부분이다. 하지만 이것이 센서를 구성하는 모든 요소가 직선상의 비례 관계에 있어야 한다는 것을 의미하는 것은 아니다. 어떤 요소에서 입력 x와 출력 y 사이에 $y = f(x)$의 관계가 성립할 때 그 요소에 이어지는 요소가 그 역함수에 비례하면 전체로서 이 선형성이 유지된다.

▶ 응답성

센서의 1:1 입출력 관계를 방해하는 가장 큰 요인은 센서의 응답속도의 유한성이다. 대부분의 센서에는 측정량이 항상 일정하고 불변적인 크기로의 응답이 요구되므로 직류에 대해서 감도를 가지지 않으면 안 된다. 따라서 센서의 저역 필터 특성을 갖추고 있어야 한다.

4. 센서의 성능

모든 센서는 고유한 특성을 갖는다. 이러한 특성은 그 센서가 갖는 성능으로 그 센서가 갖는 한계이기도 하다.

이상적인 센서는 아무리 약한 신호가 들어와도 반응하여 출력신호를 내보내는 센서이다.

그리고 이상적인 센서는 신호가 입력되자마자 시간지연 없이 즉시 출력신호를 보내는 센서이다. 또 검출하는 신호의 범위도 매우 넓어서 아주 약한 신호에서부터 매우 강한 신호까지 모두 검출할 수 있어야 한다. 그리고 이러한 모든 신호의 크기에 비례하여 출력 신호를 내보내면 좋다. 그리고 아무리 오래 동안 측정을 반복해도 입력 신호가 동일하면 출력 신호가 동일하게 나오는 센서일 것이다.

하지만 실제의 센서는 그렇지 않다. 모든 센서는 측정에 있어서 어느 정도 한계를 갖는다. 이러한 한계가 바로 센서의 성능이 된다. 센서의 성능은 측정대상의 신호와 출력신호와의 관계에 의해 그 특성이 다음과 같은 성능지수로 표현될 수 있다.

▶ 레인지(range)와 스팬(span)

변환기의 레인지(range)는 입력이 변화할 수 있는 최대변위를 나타낸다. 이에 비해 스팬(span)은 입력의 최대값에서 최소값을 뺀 값이다. 예를 들어 하중을 측정하는 센서의 경우 레인지가 크다는 것은 저울에서 측정할 수 있는 최대치가 크다는 것, 즉 용량이 크다는 것을 의미하고, 스팬이 크다는 것은 최소 측정치에서 최대 측정치의 폭이 크다는 것을 의미한다. 일반 센서의 표현에서 힘을 측정하기 위한 로드셀은 레인지가 $0 \sim 100 kgf\,(kg중)$이고, 스팬은 $100 kgf\,(kg중)$라는 표현이 사용된다.

▶ 오차(error)

오차(error)란 계측하고자 하는 양의 계측 결과값과 그 실제 양의 차이를 말한다. 모든 계측기는 반드시 오차가 존재하기 마련인데 정확한 측정을 위해서는 오차의 크기를 줄이는 것이 필요하다. 이를 위하여 오차의 원인을 파악하고 이를 소거하는 과정이 필수적이다.

▶ 정밀도(accuracy)

정밀도(accuracy)란 계측 시스템의 최대오차를 말한다. 그러므로 센서에서 발생할 수 있는 모든 오차요인, 즉 센서의 보정오차, 온도차에 따른 오차, 신호처리에서 발생하는 오차 등 모든 오차요인을 포함한 오차의 총합이다. 예를 들어 로드셀에서 측정치가 $100 kgf$에 오차가 $\pm 0.1 kgf$ 라고 한다면 측정치의 참값이 $99.9 \sim 100.1 kgf$의 범위 안에 존재한다는 것을 의미한다.

▶ 이력오차(Hysteresis error)

일반적인 물리량의 변화는 증가와 감소에 따라 변형궤적이 달라지는 경우가 많다. 센서의 경우에도 이러한 현상이 발생되며, 이는 측정량의 증가에 따른 경로곡선과 감소에 따른 경로곡선이 달라져 측정 초기점과 최종점을 지나가는 하나의 폐곡선의 형태를 띠게 된다. 이러한 현상을 이력현상(hysteresis)이라고 한다. 이러한 이력현상은 센서의 출력오차로 나타나는데 이를 이력오차라고 한다.

▶ 비선형 오차

대부분의 센서는 레인지 내에서 입출력의 변화가 선형이라고 가정한 상태에서 동작한다.

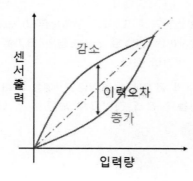

그림 4. 센서의 이력오차. 어떤 물리량의 변화는 증가할 때와 감소할 때 궤적이 달라서 하나의 폐곡선 형태를 띤다.

이는 센서를 구성하는 모든 요소가 직선성이 되어야 한다는 것을 의미하는 것은 아니다. 어떤 요소에서 입력 x와 출력 y 사이에 $y = f(x)$의 관계가 성립할 때 그 요소에 이어지는 요소가 그 역함수에 비례하면 전체로서의 선형성이 유지된다. 예를 들어 서미스터저항-온도특성이 지수적으로 변화되는 것을 이용하여 출력을 RC 충 방전회로에서 가하여 전체로서 선형화된 온도센서를 사용하고 있다.

비선형오차는 모두 계통적 오차에 해당하므로 보정에 의한 오차경향이 파악되면 일정한 신호처리를 통하여 선형화시킬 수 있다.

▶ 반복도(repeatability)와 재현도(reproducibility)

반복도(repeatability)와 재현도(reproducibility)는 모두 반복적인 입력에 대하여 동일한 출력을 내는 성능을 나타내는 척도이다. 반복적인 적용에 대한 오차는 주로 전체 레인지에 대한 백분율로 표시한다.

▶ 안정도(stability)

안정도(stability)는 센서의 동적인 특성으로 일정시간 동안 동일한 입력신호에 대한 출력신호의 떨림을 나타내는 정도이다. 특히 드리프트 시간에 대한 출력변화로서 자주 사용되는 용어로서 전체 출력 레인지에 대한 백분율로 나타내는 것이 일반적이다.

▶ 불감대(dead band)와 불감시간(dead time)

이상적인 센서는 아무리 약한 입력신호에도 반응하는 것이지만 실제의 센서는 그렇지 않아서 약한 입력 신호에 대해서 출력신호가 발생되지 않는 대역이 존재한다. 예를 들어 회전자를 사용한 유량 센서의 경우 회전자의 마찰에 의해 일정유량 이하에서는 작동이 되지 않는다. 이와 같이 어떤 특정 범위 이하의 입력에 대해서 반응하지 않는 입력 영역을 불감대(dead band)라 한다.

센서는 입력 신호에 바로 반응하는 것이 아니라 신호가 입력되고 나서 어느 정도 시간지연이 있은 후에 출력신호가 발생한다. 이와 같이 입력신호에 대해서 출력신호의 지연시간을 불감시간(dead time)이라고 한다.

▶ 분해능(resolution)

분해능(resolution)은 센서가 측정할 수 있는 최소눈금을 말한다. 분해능은 센서의 고유한 특성과 환경에 크게 영향을 받는다. 분해능을 표시하는 방법은 최소눈금의 크기를 직접 표시하는 방법과 레인지에 대한 백분율로 표시하는 방법이 있다.

디지털 센서는 출력 레인지에 대한 출력 비트수의 관계에서 결정된다. 예를 들어 출력 레인지가 R이고, 출력 비트수가 N 비트라면, 분해능은 전체 레인지를 눈금 수로 나눈 값이 된다. 이 경우 눈금의 수는 2^N개 이므로, 분해능은

$$분해능 = \frac{R}{2^N}$$

▶ 출력 임피던스(output impedance)

전기신호를 내는 센서가 전자회로에 인터페이스 될 때 센서의 임피던스가 회로와 직렬 또는 병렬로 결합되므로 출력 임피던스는 회로의 특성에 크게 영향을 미칠 수 있다. 따라서 회로의 특성을 고려하여 출력 임피던스를 조정하여 계측을 행한다.

5. 신호 처리

센서의 신호는 물리량을 측정하여 직류전압, 교류전압, 전기저항, 전하량 등과 같은 전기량으로 나타내는 것이 대부분이기 때문에 검출효율을 높이기 위하여 센서 소자의 특성에 맞는 변환과정이 필요하다.

센서로부터 나오는 출력전압은 보통 수 mV 이하의 매우 작은 신호이다. 이 때문에 계측용으로 사용하기 위해서는 수 V 단위로 증폭시킬 필요가 있다. 따라서 센서신호는 일정한 증폭작용이 필요하다.

자연계에 존재하는 모든 물리량은 아날로그 신호를 가진다. 여기에 반해 센서는 마이크로 프로세서를 활용하는 것이 목적이므로 연산 및 가공을 위해서는 디지털 신호로 변화하는 과정이 필수적이다.

다음은 센서의 기본 신호처리과정을 나타낸 것이다.

신호의 증폭

보통의 센서로부터 나오는 출력전압은 수 mV 이하의 매우 작은 신호이기 때문에 계측용으로 사용하기 위해서는 수 V 단위로 증폭시킬 필요가 있다. 따라서 센서신호는 일정한 증폭작용이 필요하다.

연산 증폭기는 대부분의 아날로그 신호조절 모듈에 기본적으로 채용된다. 연산증폭기는 통상적으로 이득이 100,000배 이상 되는 고이득의 반도체 직류증폭기이다.

그림 5. 센서 기구의 신호처리. 센서로부터 나오는 신호는 아날로그 신호이고 출력전압이 낮기 때문에 증폭과정과 디지털 신호로 변환하는 과정을 거친다.

신호의 변환

자연계에 존재하는 모든 물리량은 아날로그 신호를 가진다. 여기에 반해 센서는 마이크로 프로세서를 활용하는 것이 목적이므로 연산 및 가공을 위해서는 디지털 신호로 변화하는 과정이 필수적이다. 이 중 변환과정은 측정하고자 하는 신호의 물리적 화학적 성질에 의해 좌우되는 경우가 대부분이다.

▶ A/D 변환

A/D 변환이란 연속량(=아날로그 량)을 불연속의 숫자(=디지털 량)로 바꾸는 것을 말한다. 센서는 자연계의 양을 측정하기 때문에 출력이 전압, 전류, 온도, 습도, 압력, 유량, 속도, 가속도 등과 같은 아날로그 물리량의 형태로 나타난다. 따라서 컴퓨터를 이용하여 정보를 가공, 처리하여 제어시스템에 활용하기 위해서는 디지털 값으로 변환하는 과정이 필수적이다. 이러한 과정을 A/D 변환 또는 샘플링 과정이라고 한다. 이러한 기능을 수행하는 장치를 DAQ(Data Acquisition) 시스템이라고 한다.

A/D 변환은 크게 샘플링과 홀딩 2개의 과정으로 구성되며, 샘플링 주기 및 홀더의 종류에 따라 신호의 왜곡 및 오차가 발생되므로 주의하여 변환기를 선택하여야 한다. 또한 센서의 성능에 알맞은 변환기를 선택하기 위하여 분해능, 고유주파수, 잡음제거 성능 등을 고려하여야 한다.

▶ 샘플링(Sampling)

샘플링이란 연속신호를 일정한 주기마다 해당 시점에서의 값을 추출하여 연속 신호의 모양을 갖는 불연속적인 이산신호를 얻는 과정을 말한다.

6. 센서의 종류

센서가 감지할 수 있는 대상은 매우 많기 때문에 이미 개발된 센서도 매우 많고 종류도 다양하다. 그리고 센서의 종류가 무척 많다 보니, 센서를 분류하는 방법도 매우 많다. 여기서는 센서의 분류법을 알아보고, 어떤 종류의 센서가 있으며 어떤 특성이 있는지 알아본다.

센서는 여러 가지 관점에서 분류할 수 있다. 예를 들어 원리나 측정방식에 따라 물리, 화

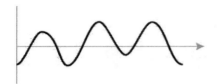
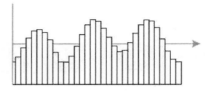

그림 6. A/D 변환. A/D 변환은 연속적인 아날로그 신호를 이산적인 디지털 신호로 변환하는 과정을 말한다.

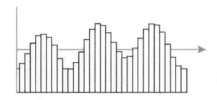

그림 7. D/A 변환. D/A 변환은 이산적인 디지털 신호를 연속적인 아날로그 신호로 변환하는 과정을 말한다.

□ 표 1. 센서의 기본적 분류

구분	센서
원리, 방식	물리 센서, 화학 센서. 생물 센서
효과, 현상	압력 센서, 초전 센서, 광전센서
재료	세라믹, 금속, 반도체, 고분자, 복합재료
검출신호	아날로그, 디지털 주파수형, 스위치형
구성	기본: 광, 음향, 가스, 압력, 습도, 바이오 조립: 유량, 유속, 속도, 거리, 위치, 변위, 중량, 가속도, 회전수, 회전각, 레벨, 두께 응용: 로봇용, 자동차용, 우주탐사선용, 방제용, 사무기기용
기능	전기, 속도, 습도, 자기, 가속도, 광, 변위, 유량, 방사선, 압력, 유속, 분석, 진동, 진공도, 바이오, 음향, 온도 센서
에너지 변환, 제어	에너지 변환형 에너지 제어형
용도별	계측용, 감시용, 검사용, 제어용
응용분야	민생 기기용, 자동차용, 사무 자동화용, 메카트로닉스, 연구용, 산업기기용, 농수산용 센서

학, 생물 센서로 구분할 수 있다. 또 무엇을 감지하느냐에 따라서 센서를 분류할 수도 있다. 기본적인 센서인 광센서, 온도센서, 자기 센서 이외에 압력센서, 습도센서, 가스센서 등의 센서가 있다.

센서를 분류하는 방법은 매우 다양하다. 센서는 센서의 원리나 검출신호, 검출대상, 검출방법, 감지 메커니즘 등에 따라 다양하게 분류할 수 있다.

① 구성방법에 의한 분류 : 기본센서, 조합센서, 응용센서

② 측정 대상에 의한 분류 : 광센서, 방사선 센서, 기계량 센서, 전자기 센서, 음파·초음

파 센서, 온도센서, 습도센서, 성분센서

③ 검출방법 : 역학적 센서, 전자적 센서, 광학적 센서, 전기 화학적 센서, 미생물학적 센서

④ 감지 메커니즘 : 구조형 센서, 물성형 센서

⑤ 검출량의 변환에 관계하는 형상 : 물리 센서, 화학 센서, 생물 센서

⑥ 구성재료의 종류 : 반도체 센서, 금속 센서, 세라믹센서, 고분자(유기) 센서, 효소 센서, 미생물 센서

⑦ 작용형식: 능동형 센서, 수동형 센서

⑨ 변환에너지 공급방식 : 에너지변환 형 센서, 에너지제어 형 센서

⑧ 출력형식 : 아날로그 형 센서, 디지털 형 센서

(1) 작용형식에 따른 분류

센서는 작용형식에 따라서 능동형과 수동형으로 분류할 수 있다. 다음은 수동형 센서와

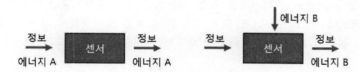

그림 8. 센서의 작동원리. 센서는 작용형식에 따라서 수동형(왼쪽) 센서와 능동형(오른쪽) 센서로 분류할 수 있다.

능동형 센서의 작동원리를 나타낸 것이다.

수동형 센서(passive sensor)는 전형적인 센서의 감지법으로 대상물에서 방출되는 전자파, 열방사, 자계 등을 센서를 통하여 검출하는 것이다. 예를 들어 지표에서 반사되거나 방출되는 전자기 복사량을 기록하는 것이다. 열전대, 포토다이오드, 포토트랜지스터 등이 이러한 센서들이다. 카메라와 비디오 레코더는 지표에서 반사된 가시광선과 근적외선 에너지를 기록하고 다중분광 스캐너는 지표에서 방출된 열복사속을 기록한다.

능동형 센서(active sensor)는 인공적으로 만들어진 전자기에너지를 쏘아 센서로 되돌아오는 복사속을 기록하는 형태이다. 마이크로파(레이다)와 음파탐지기가 해당된다.

(2) 변환에너지 공급 방식에 따른 분류

센서는 변환에너지를 공급하는 방식에 따라서 에너지 변환형(기전력 발생형)과 에너지 제어형(저항 변화형)으로 분류할 수 있다.

에너지 변환형(기전력 발생형)은 대상물 자신이 방출하는 정보를 그대로 이용하는 것이다. 외부의 입력신호를 받아서 센서 자신이 직접 에너지 변환되어 기전력을 발생하는 기능

을 가진 센서를 말한다. 수동형 센서라고도 한다. 에너지 변환형 센서는 측정계에 직접 관계된 것이 아니므로 정확한 결과를 얻을 수 있는 장점이 있지만 출력신호가 미약한 경우 잡음에 의한 영향이 큰 것이 단점이다.

에너지 제어형(저항 변화형)은 대상물에 가해지는 에너지의 상태변화를 검출하는 방식으로 외부 입력 신호를 받은 센서는 직접 열이나 빛으로 변환 되지 않고 센서 자신의 특성이 변하여 전원회로의 흐름을 제어하는 기능을 갖는다. 저항변화형 또는 능동형 센서라고도 한다. 에너지제어 형 센서는 구동전력이 부가된다. 이러한 종류의 센서는 온도에 의해 저항률이 변화하는 서미스터나 광량에 따라 저항률이 변하는 CdS 등과 같이 센서가 직접 변환된 전기신호를 출력하는 것이 아니라 센서 자체의 물성이 변화되고 이를 인가전원을 통하여 검출한다.

(3) 출력신호의 형식에 따른 분류

센서는 출력신호의 형식에 따라 아날로그 센서와 디지털 센서로 구분된다. 입력변수와 출력신호의 관계가 디지털 센서에서는 불연속적인데 대하여 아날로그 센서에서는 연속적으로 결정된다. 디지털 센서보다는 아날로그 센서가 훨씬 많은데 그 이유는 측정대상의 물리량은 원래 아날로그 양이 많기 때문이다.

아날로그 센서는 아날로그 신호를 출력신호로 하는 센서이다. NC 공작기계나 마이크로컴퓨터 응용기기 등이 보급됨에 따라 엔코더와 같은 디지털 신호를 출력신호로 하는 디지털 센서가 증가하고 있지만, 물리의 법칙이나 효과를 이용하는 센서로써는 아날로그 센서가 대부분이다.

디지털 센서(digital sensor)는 디지털 신호를 출력신호로 하는 센서이다. 입력변수와 출력신호의 관계가 아날로그 센서에서는 연속적인데 대해, 디지털 센서에서는 이산적으로 결정된다. 대표적인 디지털 센서로는 직선 변위나 각 변위를 계측하는 인코더가 있는데, NC공작기계나 로봇 등에 많이 사용되고 있다.

마이크로컴퓨터가 보급됨에 따라 디지털 센서의 편리성과 유용성이 증대되고 있지만, 물리량을 직접 디지털 변환하는 센서는 매우 적다. 출력신호나 표시가 디지털의 형식으로 되어 있는 경우에도 AD변환 등의 신호처리로 디지털 출력을 얻고 있을 뿐 본질은 아날로그 센서인 것이 많다. 기계 진동자나 표면탄성파 소자를 이용한 주파수 출력형 센서는 그 출력이 간단히 디지털 신호로 변환되기 때문에 디지털 센서라 불리는 경우가 있다. 그러나 주파수의 차원은 아날로그 양이기 때문에 이러한 것들도 본질적으로는 아날로그 센서이다.

(4) 측정대상에 따른 분류

센서는 측정하는 신호의 종류에 따라 분류할 수 있다. 다시 말해 센서가 어떤 양을 감지하느냐에 따라 분류할 수 있다. 센서가 감지하는 양은 공간량, 역학량, 열역학량, 전자기학량, 광학량, 화학량 등으로 구분할 수 있으며 보다 세부적으로는 힘을 측정하는 힘센서, 온도를 측정하는 온도센서, 압력을 감지하는 압력센서, 속도를 측정하는 속도센서, 변위를 측정하는 변위센서, 광량을 측정하는 광센서, 가스 농도를 측정하는 가스 센서 등으로 분류할 수 있다.

(5) 검출량의 변환에 관계하는 현상에 따른 분류

센서는 측정 또는 검출하고자 하는 양이 물리량이냐 화학량이냐에 따라 물리센서, 화학센

☐ 표 2. 센서의 분류 기준

구분	중구분	소구분
역학 센서	공간	거리, 각도, 위치(변위), 레벨, 면적, 부피, 변형, 곡률, 구조
	시간	시간, 시각, 주기, 수명, 연대
	운동	각속도, 가속도, 진동, 회전, 유속
	힘	힘, 압력, 토크, 충격
	기타	질량, 밀도, 비중, 탄성, 점성, 경도, 인성, 기동, 강도
전자기 센서	전기	전위, 전류, 전력, 전하, 전장, 전기분극, 전기력
	자기	자장, 자속, 자기력, 자기에너지
	전자파	진폭, 주파수
	기타	도전율, 저항률, 유전율, 투자율, 유전강도, 보자력, 자기저항, 분극률
광 센서	가시광	광도, 조도, 색, 편광, 간섭, 회절, 굴절, 반사
	적외선	적외선(원,근)
	자외선	자외선(원,근)
	영상	영상, 분해능, 색상,
	기타	형광
음향 센서	음파	강도, 고저, 위상, 반사, 굴절, 투과, 회절, 간섭, 음속, 파형
	초음파	강도, 진동수, 위상, 영상, 거리, 결함
	음성/소음	강도, 음색, 소음
	기타	특수합성음
열역학 센서	열량	반응열, 전도, 복사, 대류, 용량, 비열
	온도	상온, 고온, 저온
	기타	열전도율, 융점, 비점, 열팽창
화학 센서	가스	산소, 수소, 이산화탄소, 오존, 질소, 가연성가스, 독가스
	이온	양이온, 음이온, 가스 감응이온
	성분	기상성분, 액상성분, 이온질량, 광흡수성분, 발광성분, 용액전도율성분
	습도	상대/절대 습도, 습기, 결로
	분진/매연	부유분진, 강하분진, 매연, 탁도
	기타	복합가스, 특수 합성가스
생물 센서	생체물질	단백질, 핵산, 탄수화물, 지질, 비타민, 무기염류, 항생물질
	세포/조직	생체막, 세포기관, 세균, 균류, 바이러스
	생체기능	효소, 소화, 배설, 호흡, 순환, 호르몬, 면역
	기타	생물환경, 환경오염
기타 센서	다기능 복합센서	물화, 화생, 물생, 물화생 등

서, 생물센서 등으로 분류할 수 있다. 역학적, 열역학적, 전기적, 전자기적, 광학적, 전기화학적, 효소화학적, 미생물학적 변환작용으로 구분된다.

(6) 구성 재료의 종류에 따른 분류

센서는 센서를 구성하는 재료에 따라서 금속 센서, 반도체 센서, 세라믹 센서, 효소 센서 등으로 나눈다. 이것은 외계의 물리량이나 화학량을 측정 가능한 전기적 신호로 변환시킬 수 있는 기능을 갖춘 물질로서 어떤 것을 사용하느냐에 따라 구분하는 것이다.

반도체 센서가 다른 재료의 센서에 비해 현대기술사회에서 각광을 받게 된 이유는 반도체 재료가 갖는 특성들 때문이다. 응답속도가 빠르고 고감도 실현이 가능할 뿐 아니라 소형 경량화, 집적화, 기능화가 가능하며 경제적인 이점이 있다.

세라믹 재료의 기술 반전에 이해 많은 비금속 무기물질이 재료로서 사용되고 우수한 기능이 이용될 수 있도록 되었다. 세라믹 본래의 특성인 내열, 내식, 내마모성이 이들의 우수한 센서기능을 살리고 있다. 검출되는 정보도 전기, 자기, 열, 위치(속도, 가속도를 포함), 빛, 이온, 가스, 습도 등 다양하다.

(7) 센서의 구성방법에 따른 분류

센서는 센서의 구성방법에 따라 기본 센서, 조합센서, 응용센서로 구분한다. 예를 들어 온도 측정에 쓰이는 열전상은 기본센서이고, 건구와 습구의 온도를 검출하여 상대습도를 측정하는 조합센서이다. 그리고 신체의 표면온도의 분포를 음극선관 상에 표시하는 것은 응용센서이다.

(8) 감지 메커니즘에 따른 분류

센서는 감지메커니즘에 따라 구조형 센서와 물성형 센서로 구분할 수 있다. 구조형 센서는 운동의 법칙이나 전자기 유도의 법칙을 응용하는데, 다이아프램의 변위로 압력을 검지하고, 그 양에 따른 전기용량의 변화로 압력을 검출하는 압력계가 있다. 물성형 센서는 물질 고유의 물리특성을 이용하는데 반도체나 세라믹 등의 물리적 특성을 사용한 압력센서, 광센서, 자기센서, 가스센서, 습도 센서가 이에 해당한다.

구조형 센서는 정밀도와 신회성이 우수하므로 공업용 센서로서 폭넓게 사용되고 있다. 물성형 센서는 집적회로나 박막재료, 고도의 제조 기술을 활용하여 소형화와 대량생산으로 비용절감을 실현하고 있다. 가동부가 없고 신회성이 높으며 보수가 간편하여 가전제품, 자동차 등에 널리 쓰인다.

(9) 사용 용도에 따른 분류

센서는 사용 용도에 따라 공업용, 가전제품용, 의료용, 이화학용, 우주용 등으로 구분된다. 용도에 따라 각기 요구되는 정밀도가 다르다. 일반용은 1~10%의 정밀도 범위에서 사용되며, 대량생산이 가능하고 값이 싸야 하기 때문에 가스 검출 센서 같은 물성형 센서가 많이 사용된다. 공업용 가운데 철 또는 석유 화학 제품 등을 제조하는데 사용되는 프로세서 제어용 센서에는 0.1~1%의 정밀도가 필요하다. 이 이상의 고정밀도를 갖춘 센서는 정밀실험용이나 교정용으로 쓰이는데, 이것은 0.001~0.1% 범위의 정밀도를 가져야 한다. 특히 양자형 센서로 스퀴드(SQUID) 자속계가 있고, 주파수형 센서로 수정 온도계가 있다.

(10) 센서의 원리와 현상에 따른 분류

센서는 센서의 감지 원리나 현상에 따라 구분할 수도 있다. 센서를 동작 또는 현상에 따

□ 표 3. 센서 매트릭스

원리, 현상	전기저항	전기저항	전자기유도	정전기유도	광기전력광전도	열기전력	압전기일그러짐	자기일그러짐	전리들뜸	촬상관	트랜지스터	초음파로파	마이크로파	변형게이지	진동현상	회전수	토크	압력	변위	적외선적외선	광전적외선	적외선자외선흡수	광산란광투과	색	복사선	패러데이효과 초전효과	조셉슨효과	홀효과	열전도	갈바니전지	화학변화	이슬점	기화열	열팽창
빛, 레이저					○						○															○								
자외선					○																													
적외선	○				○	○					○															○		○						○
복사선																																		
온도	○				○	○	○																		○	○								○
힘 토크 중량				○			○	○						○	○																			
압력, 기압				○														○																
진공				○																									○					
진동				○	○									○								○												
음파, 초음파				○			○	○																										
습도, 수분	○	○											○												○							○	○	○
가스, 가스성분	○																														○			
액체성분		○																													○	○	○	
유량				○	○							○				○													○					
자기				○																						○	○		○					
탁도																							○											
밀도												○													○									
정성도														○				○																
레벨				○									○	○	○			○	○															
위치, 변위	○		○							○				○									○											
존재				○										○									○											

라 살펴볼 때 표와 같이 센서의 사용실태를 매트릭스로 나타내면 이해하기 쉽다. 다음 표를 보면 많은 원리와 현상이 센서에 이용되고 있음을 알 수 있다. 예를 들어 온도센서는 전기저항, 광기전력, 열기전력, 압전현상 등 8가지의 원리나 현상을 응용하여 사용하고 있다.

4. 데이터 수집 및 분석 소프트웨어(캡스톤)

센서에서 감지된 데이터를 수집하고, 화면에 표시하거나, 메모리에 저장하고, 데이터를 분석하는 센서 인터페이스 프로그램이 필요하다. 우리는 이 프로그램을 사용하여 물리학 실험을 수행하고 또 분석할 수 있다.

1. 데이터 스튜디오와 캡스톤

파스코에서 지원하는 데이터 수집 및 분석 프로그램으로는 데이터 스튜디오와 캡스톤이 있다.

데이터 스튜디오(DataStudio)는 USB 링크 또는 750 인터페이스에 연결된 센서에서 감지된 데이터를 저장하거나 그래프로 그리고 분석하는 소프트웨어이다. 이 소프트웨어는 파스코 인터페이스 및 센서와의 작업을 통해 데이터를 수집하고 분석한다.

데이터 스튜디오는 모든 사이언스 웍샵이나 패스포트 인터페이스를 통해 수집된 데이터를 제어하며 데이터를 다양한 방법으로 표시할 수 있다. 예를 들어 그래프, 테이블, 아날로그 미터, 디지털 숫자 표시, FFT, 오실로 스코프 또는 히스토그램 등을 사용하여 데이터를 표시하거나 분석할 수 있는 기능을 지원한다. 그 외에도 다음과 같은 데이터 분석 기능을 제공한다.

- 곡선근사(curve fitting)
- 적분(곡선 아래 면적 계산)
- 데이터에 대한 연산이나 계산 수행
- 통계 분석

캡스톤(Capstone)은 파스코에서 최근에 새로 개발한 데이터 수집 및 분석 프로그램이다. 캡스톤은 센서가 연결되면 자동으로 센서를 인식하여 사용자가 설정할 수 있는 페이지를 보여준다. 파스코에서 지원하는 센서들과 캡스톤 프로그램을 이용하면 사용자들은 다양한 물리학 및 엔지니어링 기초 실험을 할 수 있다.

캡스톤은 PASCO USB 인터페이스와 함께 사용할 수 있으며, 모든 PASCO 센서들(ScienceWorkshop, PASPORT, Wireless)과 같이 작동하며 Windows와 Mac에서 모두 사용 가능하다. 사용자의 필요에 따라 그래프, 테이블, 오실로스코프, 바 미터, FFT 등의 다중 디스플레이와 딥 비디오 분석 도구 등으로 맞춤형 페이지를 구성할 수 있다.

물리학 실험실의 컴퓨터에는 기본적으로 캡스톤 프로그램이 설치되어 있지만, 만약 프로그램이 설치되어 있지 않거나 다시 설치해야 한다면 PASCO 홈페이지(www.pasco.com)에서 최신 버전을 다운로드 받아서 설치할 수 있다[1].

---

1) 이 프로그램은 라이선스를 입력하지 않아도 체험판으로 사용 가능하지만, 최초 설치 후 60일이 지나면 사용할 수 없으므로 입력하는 것이 좋다.

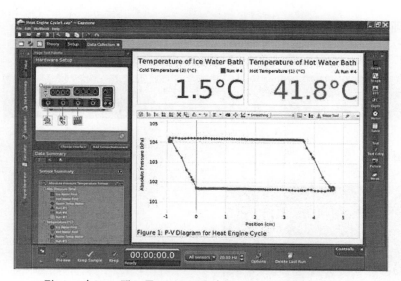

그림 1. 파스코 캡스톤 소프트웨어.

2. 캡스톤 프로그램 소개

캡스톤 프로그램을 실행하면 다음 화면이 나타난다.

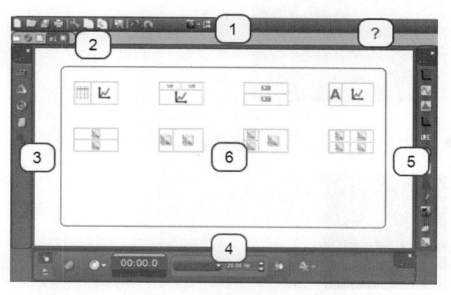

그림 2. 캡스톤의 기본 화면. ①메뉴와 툴바 ②페이지 툴 ③ 툴 팔레트 ④ 컨트롤 팔레트 ⑤디스플레이 팔레트 ⑥디스플레이 영역

화면 구성을 설명하면 다음과 같다.

(1) 메뉴 및 도구막대

초기 화면 상단에 나타나는 막대로서, 주 메뉴와 기능은 다음과 같다.

▶ 파일

▶ 편집

▶ 워크북

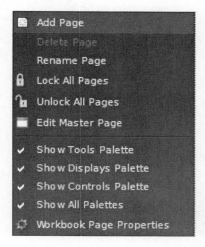

▶ 디스플레이

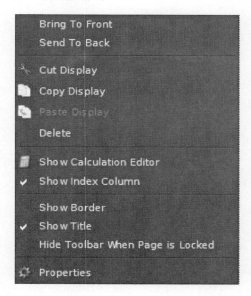

▶ 일지

▶ 도움말

(2) 워크북 페이지 도구

메뉴 및 도구 막대 아래 칸 왼쪽에 표시되며, 그 기능은 다음과 같다.

(3) 장치 도구

화면 왼쪽에 세로로 표시되는데, 그 기능은 다음과 같다.

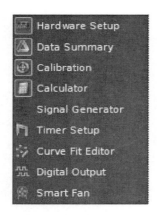

(4) 컨트롤 패널

측정화면 아래쪽에 표시되며, 그 기능은 다음과 같다.

	메뉴	설명
1	Recording Mode	기록 모드 사용하기
	Playback Mode	재생 모드 사용하기
2	Record	측정 데이터 기록하기
	Monitor	측정 데이터 관찰하기
3	Continuous Mode	현재 설정된 샘플링 속도로 지속적인 데이터 기록
	Keep Mode	수동으로 지정한 시점의 데이터 포인트 기록
	Fast Monitor Mode	빠른 샘플링 속도가 필요한 모드에서 데이터 기록 없이 관찰
4	Record Timer	데이터 기록 시간 및 상태 표시 창
5	Sampling Rate	샘플링 속도 조절
6	Recording Conditions	자동 중지 조건 설정
7	Delete Last Run	마지막 실행 항목 삭제
	Select Runs	모든 실행 항목 또는 특정 실행 항목 선택 삭제

(5) 디스플레이 팔레트

화면 오른쪽에 표시되는데, 그 기능은 다음과 같다.

메뉴	설명
Graph	그래프
Scope	오실로스코프
FFT	고속 푸리에 변환
Digits	숫자 표시기
Meter	아날로그 계측기
Table	표
Text Box	텍스트 상자
Text Entry Box	텍스트 입력 상자
Image	이미지 삽입
Movie	비디오 삽입 및 분석
Placeholder	빈 공간 삽입

3. 캡스톤 사용법

캡스톤 프로그램의 보다 자세한 사용법은 다음 유튜브 동영상에서 확인할 수 있다.
https://www.youtube.com/watch?v=Ha405XsPOhI

캡스톤 프로그램을 실행하는 방법은 다음과 같다.

(1) 먼저 설치된 캡스톤 프로그램을 실행한다.

캡스톤 프로그램을 실행하면 그림 5와 같은 화면이 나타나는데, 이 화면에서는 다음 8가
지 레이아웃 템플릿 중 하나를 더블클릭하여 선택할 수 있다.

(2) 다음에는 장치도구 팔레트에서 Hardware Setup 화면을 열고 센서를 연결한다.

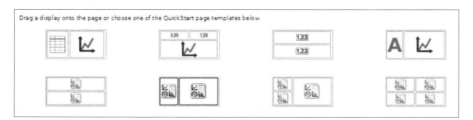

그림 3. 캡스톤의 레이아웃 템플릿. 기본적으로 8가지 템플릿을 제공한다.

센서는 이름순으로 나열된다. 그 중에서 원하는 센서를 선택하면 그 센서의 아이콘이 인
터페이스 그림의 채널 아래에 나타난다.

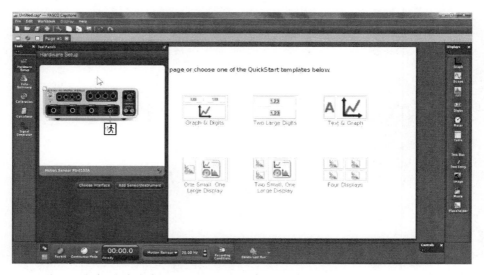

그림 4. 센서 연결하기. Motion Sensor가 연결된 경우

(3) 다음에는 디스플레이 윈도우에서 그래프를 선택한다.

또 다른 방법은 위 1에서 오른쪽 디스플레이 팔레트에서 원하는 유형의 디스플레이 아이콘을 디스플레이 영역에서 끌어서 내려놓는 것이다.

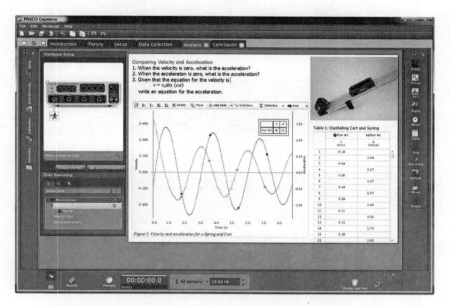

그림 5. 그래프와 테이블 만들기. 디스플레이 윈도우에서 그래프와 테이블을 선택한 경우이다.

그래프의 각 축에 Select Measurement 버튼을 누르면 원하는 표시값을 선택해준다.

▶ 인터페이스 연결

실험에서 사용할 센서를 550 인터페이스에 연결하고, 850/550 인터페이스의 USB 연결단자를 컴퓨터에 연결하고 Capstone 프로그램을 실행하면 자동으로 850/550 인터페이스를 인식한다.

기본적으로 850 인터페이스는 다음과 같은 4개의 디지털 센서 포트와 4개의 아날로그 센서 포트, 그리고 4개의 디지털/아날로그 어댑터 포트를 갖고 있다.

디지털 센서 포트 →  ← 아날로그 센서 포트

PASPORT 센서 및 디지털 / 아날로그 어댑터 포트

그림 6. 850 인터페이스의 포트.

만약, Capstone 프로그램이 850/550 인터페이스를 자동으로 인식하지 못할 경우에는

① 장치 도구 팔레트에서 'Hardware Setup' 버튼을 클릭한 다음

② 하드웨어 창에서 'Choose Interface' 항목을 선택한다.

③ 인터페이스 선택 창이 열리면 'Manually Choose' 항목을 선택한다.

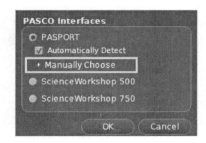

④ 인터페이스 목록에서 원하는 인터페이스를 모두 선택한다. (같은 유형의 인터페이스를 여러 개 사용할 경우 수량을 변경한다).

⑤ 인터페이스 연결이 완료되면 'Hardware Setup' 창에 해당 인터페이스가 표시된다.
인터페이스가 활성화 상태일 때에는 좌측 상단에 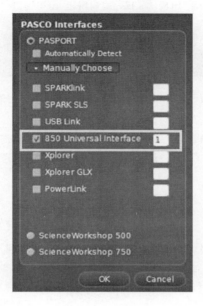 표시가 나타나며 인터페이스가 비활성화 상태일 때는 ⚠ 표시가 나타난다.

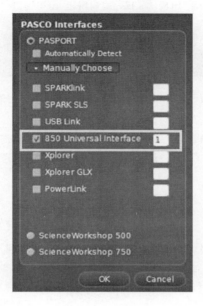

▶ 센서와의 연결

캡스톤과 850/550 인터페이스가 연결되면 550 인터페이스에 연결된 센서는 자동으로 인식된다. 만약, Capstone이 인터페이스에 연결된 센서를 자동으로 인식하지 못할 경우에는

① 'Hardware Setup' 창에 표시된 인터페이스의 포트를 클릭하여

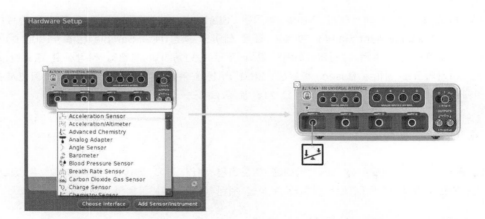

② 센서 목록이 표시되는데, 이 때 추가하고자 하는 센서를 선택하면 해당 포트에 센서 아이콘이 표시된다.

▶ 측정을 시작한다.

측정은 컨트롤 팔레트에서 'Record' 버튼(●)을 클릭하면 시작된다.

측정이 시작되면 'Record' 버튼(●)은 'Stop' 버튼(■)으로 전환되고, 'Ready' 디스플레이 위치에는 측정시간이 표시된다. 측정을 끝내려면 'Stop' 버튼을 누른다.

▶ 측정 조건 설정

(1) 센서의 조건, 보정

850/550 인터페이스의 그림에 연결된 센서 아이콘을 선택하면 해당 센서에 지원되는 옵션이 캡스톤 창 하단에 표시된다. (옵션은 해당 센서에서 지원되는 기능만 자동으로 표시된다.)

(2) 측정의 시작과 종료, 측정 방법

캡스톤 윈도우 하단의 'Recording Conditions' 버튼을 누르면 측정의 시작과 종료 방법을 설정하는 다음의 메뉴를 보게 된다.

'Start Condition' (Condition Type : None, Measurement Based, Time Based)

'Stop Condition' (Condition Type : None, Measurement Based, Time Based)

괄호 속에 표시한 부메뉴에서 'None' 항목은 'Start', 'Stop' 버튼만으로 시작하고 종료하는 것이고, 'Measurement Based' 항목은 빠른 데이터 측정(예 : Sample rate =1000Hz)에 사용되는 조건으로서 특정 채널의 데이터 값의 조건에 연동하여 측정을 시작하고 종료한다. 그리고 마지막으로 'Time Based' 항목은 'Start' 버튼을 누른 후 사용자가 설정한 지연시간이 경과한 후에 측정을 시작하여 지정한 시간에 종료하는 것이다.

4. 데이터 분석

캡스톤의 그래프 윈도우의 도구 막대를 이용하면 여러 가지 데이터 분석을 할 수 있다. 그래프 윈도우의 도구 막대에는 데이터 분석을 위한 여러 가지 기능의 버튼들이 있다.

그림 7. 그래프 윈도우의 도구 막대.

각각의 도구 막대의 기능은 다음과 같다.

Icon	Description
	Adjust y-axis scale to fit data
	Activate and control scope trigger
	Stop collection after one trace
	Automatically adjust sample rate based on time-axis scale
	Activate to view multiple runs; Select visible run(s)
	Increase trace offset
	Set trace offset value to zero
	Decrease trace offset
	Show data coordinates and access Delta Tool
	Creates a data set from active traces
	Increase number of data points in trace
	Decrease number of data points in trace
	Add new y-axis to scope display
	Remove active element or axis
	Allow rearrangement of axes
	Pin toolbar to display
	Properties
	Show or hide tools

5. 데이터 저장하기와 불러오기

캡스톤 프로그램의 데이터 파일은 *.cap 형식으로 저장된다.

▶ 파일 저장하기

① File > Export Data 를 선택한다.

② Text (*.txt) 또는 CSV (*.csv) 중 한 가지 형식을 선택한다.

▶ 저장된 파일 불러오기

저장된 파일을 불러올 때는 해당 파일을 마우스로 클릭하여 프로그램을 실행할 수도 있다.

만약 파일을 불러오지 못하는 경우에는 [File] 메뉴에서 [Open Experiment]를 클릭하여 불러올 수 있다.

제II부

기초 실험

5. 측정과 오차

기본 계측 장비인 버니어 캘리퍼(vernier calliper)와 마이크로미터(micrometer)의 사용법을 배우고, 정밀도가 서로 다른 2개 이상의 계측 장비를 사용하여 얻은 측정값으로부터 얻어진 결과값의 오차를 구하는 방법을 배운다.

우리는 주어진 금속 구의 반경을 버니어 캘리퍼로 측정하여 구의 부피를 계산하고, 양팔저울이나 전자저울을 이용하여 시료(구)의 질량을 측정한 다음 이 두 가지 양으로부터 시료의 밀도를 구하고, 그 측정오차를 계산하는 실험을 할 것이다.

1. 실험 목적

버니어 캘리퍼(vernier calliper)와 마이크로미터(micrometer)를 사용하는 방법을 배우고, 서로 다른 정밀도를 가진 측정 장비로부터 얻어진 측정값으로부터 원하는 결과값(유효숫자)을 도출하는 방법과 그 오차를 추정하는 방법을 배우고 실습한다.

2. 실험 원리

이 실험에서는 길이를 측정하는 두 가지 장비, 다시 말해 버니어 캘리퍼와 마이크로미터를 사용하는 방법을 배우고, 이를 이용하여 실제 시료를 측정해 볼 것이다.

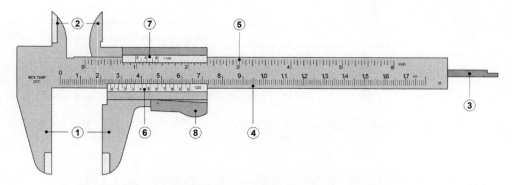

그림 1. 버니어 캘리퍼의 구조와 명칭. ① 외경 재기 ② 내경 재기 ③ 깊이 재기 ④ 주척(cm) ⑤ 주척(인치) ⑥ 부척(cm) ⑦ 부척(인치) ⑧ 슬라이더

(1) 버니어 캘리퍼(Vernier Calliper)

버니어 캘리퍼는 부척이 달린 캘리퍼로, 보통 눈금이 있는 자보다 더 정밀한 측정을 할 수 있어서 내부나 외부의 치수나 거리를 재는 도구로 사용된다. 부척은 1631년에 피에르 버니어(Pierre Vernier)가 고안하여 버니어(Vernier)라고도 불린다. 버니어 캘리퍼의 용도는

외경 재기(outside jaws)로 외경을 측정하고, 내경 재기(inside jaws)로 내경을 측정하고, 깊이 재기(depth bar)로 깊이를 측정할 수 있다.

버니어 캘리퍼는 부척의 눈금이 어떻게 만들어졌느냐에 따라 측정 정밀도가 다르다. 예를 들어, 자의 최소눈금을 $\frac{1}{10}$ 이상의 정밀도로 읽을 수 있도록 설계된 버니어 캘리퍼의 부척에는 주척의 9 눈금을 10 등분한 눈금이 새겨져 있는데, 부척의 한 눈금은 주척의 눈금보다 1/10 만큼 짧아서 주척의 첫 번째 눈금과 버니어의 첫 번째 눈금을 일치시키면 부척의 다음 눈금은 주척의 눈금의 1/10 만큼 앞쪽에 위치한다. 만약 부척의 n번째 눈금이 주척의 눈금과 일치하고 있으면, 부척의 첫 번째 눈금은 바로 앞에 위치한 주척의 눈금으로부터 $\frac{n}{10}$ 눈금만큼 떨어진 위치에 있게 된다.

부척의 눈금은 여러 가지로 만들 수 있으며 그에 따라 정밀도도 다르다. 만약 주척의 최소눈금을 $\frac{1}{n}$ 까지 정확하게 읽으려면, 주척의 (n-1)눈금을 n등분하거나 주척의 (n+1)눈금을 n등분한 눈금을 사용한다. 그림 2는 여러 가지 다른 눈금의 부척을 가진 버니어 캘리퍼의 예이다. (a)는 주척의 19눈금을 20등분하여 0.05mm까지 측정할 수 있고, (b)는 주척의 39 눈금을 20등분하여 역시 0.05mm까지 측정할 수 있으며, (c)는 주척의 49눈금을 50등분하여 0.02mm까지 측정할 수 있다.

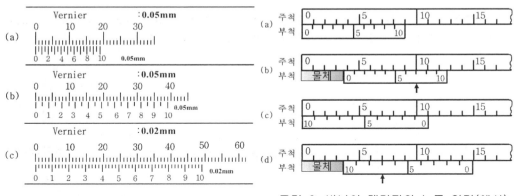

그림 2. 다양한 종류의 버니어 캘리퍼　　　그림 3. 버니어 캘리퍼의 눈금 읽기(예시)

그림 3은 부척이 다른 버니어 캘리퍼를 이용하여 물체의 길이를 측정한 예이다. (a)와 (b)는 주척의 9눈금을 10등분한 부척으로 물체의 길이를 측정한 예이다. 그림에서 화살표 (↑)가 가리키는 곳은 부척과 주척의 눈금이 일치한 위치이며, 이 물체의 길이는 3+7/10 = 3.7임을 알 수 있다. 또 그림 3의 (c)와 (d)는 주척의 11눈금을 10등분한 부척으로 물체의 길이를 측정한 것이다. 이때 부척의 눈금이 거꾸로 매겨져 있음을 주목하라. 이 물체의 길이는 3+7/10 = 3.7가 된다.

그림 4는 버니어 캘리퍼로 물체의 크기를 측정한 예를 보여주고 있으며, 그림 5는 버니어 캘리퍼의 올바른 사용법을 보여준다.

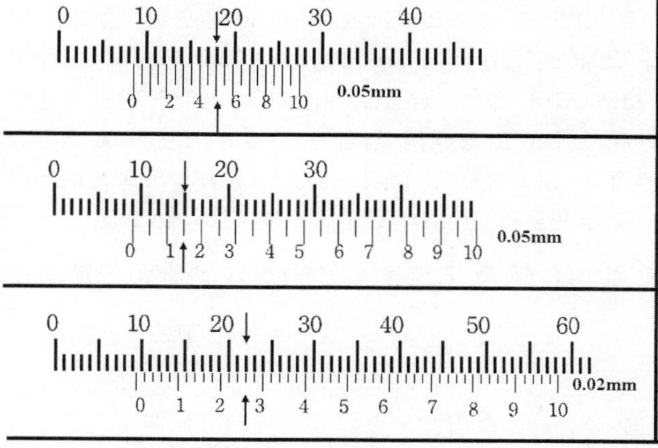

주척		:8mm
부척	(0.05×10)	: 0.50mm
읽기		:8+0.50=8.50mm
주척		:9mm
부척	(0.05×3)	0.15mm
읽기		:9+0.15=9.15mm
주척		:9mm
부척	(0.02×13)	:0.26mm
읽기		:9+0.26=9.26mm

그림 4. 버니어 캘리퍼를 이용한 측정의 예

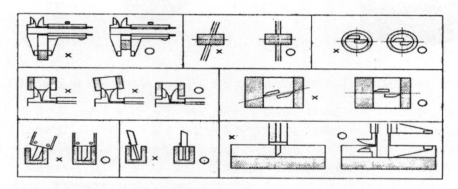

그림 5. 버니어 캘리퍼의 올바른 사용 예

(2) 마이크로미터(Micrometer)

마이크로미터는 나사의 원리를 이용하여 길이를 정밀하게 측정하는 도구이다. 나사를 1회 전시키면 1 피치(pitch) 만큼 움직인다. 1 피치는 나사에서 나사산 사이의 거리를 말한다. 나사의 피치가 1mm이면 나사를 1회전하면 1mm를 움직인다. 이 경우 나사머리의 원주 위에 눈금을 넣으면, 나사를 1 / 100 회전했을 때에는 나사머리에 있는 눈금은 한 눈금만 회전하고, 나사가 움직인 거리는 나사산 사이의 1 / 100=0.01mm(10㎛)가 된다. 이와 같이 나사머리의 원주 위에 눈금을 넣어서 나사의 회전각을 보면 나사가 화살표의 방향으로 어느 정도 움직였는가를 정밀하게 측정할 수가 있다.

그림 6은 마이크로미터의 구조를 나타냈다. 일반적으로 마이크로미터는 측정할 물체를 고 정면인 모루(anvil)와 스핀들(spindle)의 선단 사이에 끼우고 나사가 회전하는 눈금을 읽음으

로써 측정물의 길이를 측정하도록 되어 있다.

금속으로 만든 틀의 한쪽에 평면 금속편의 모루(anvil)가 달려있고, 반대쪽에는 표면에 mm의 눈금이 새겨지고 안쪽이 암나사로 되어 있는 슬리브(sleeve)가 붙어 있다. 슬리브 위에는 1/2mm 또는 1mm 피치(pitch)의 나사스핀들(screw spindle)이 끼워져 있으며, 모루와 스핀들의 단면은 평행하게 서로 마주보게 되어 있다. 딤블(Thimble)의 원추면에는 원주를 50등분 또는 100등분 한 눈금이 그어져 있고, 그 눈금의 영점은 모루와 스핀들의 단면이 서로 맞닿았을 때 딤블의 눈금의 영점과 일치하도록 되어 있다. 나사의 피치(Pitch)가 1/2mm인 것은 딤블을 2 바퀴 돌렸을 때 스핀들이 1mm씩 진행하도록 되어 있다.

앤빌과 스핀들 사이에 물체를 끼워 길이를 잴 때 압력을 일정히 하기 위해서 딤블의 오

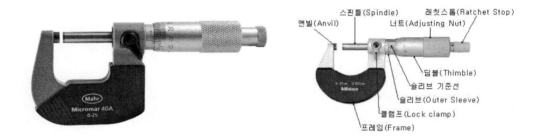

그림 6. 마이크로미터. 마이크로미터와 마이크로미터의 각 부분의 명칭을 표시하였다.

른쪽 끝에 돌리개(적당한 압력을 가하도록 된)가 붙어 있다. 이 돌리개는 용수철의 작용으로 앤빌과 스핀들 사이의 압력이 일정한 압력에 달하면 헛돌게 되어 있다. 대부분의 마이크로미터(micrometer) 나사의 피치(pitch)는 1/2mm이고, 딤블 표면의 눈금은 회전수가 아닌 mm수를 나타낸다. 딤블에는 50개의 눈금이 있으므로 이 눈금 하나는 1/50회전 또는 0.01mm만큼 C를 앞으로 나아가게 한다. 딤블의 눈금은 1/10까지 눈어림으로 읽어야 하므로 길이를 $\frac{1}{1000}$ mm까지 측정하게 된다.

그림 7(a)에서는 1cm를 20등분한 것으로 각 눈금은 1/2mm를 나타내거나, 딤블의 1회전을 표시하고 쉽게 식별하기 위하여 그림 7과 같이 약간 짧은 중간 눈금을 표시한다.

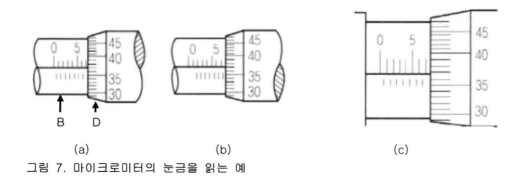

(a)   (b)   (c)

그림 7. 마이크로미터의 눈금을 읽는 예

그림 7(a)의 경우는 슬리브의 눈금은 7.0mm 고 딤플에서 눈금은 1mm의 $\frac{37}{100}$ 임을 알 수 있다. 그러므로 완전한 눈금은 7.0mm+0.37mm여서 7.37mm 가 된다. 7(b)의 경우는 슬리브의 눈금은 7.5mm이고 딤블에서의 눈금은 1mm의 $\frac{37}{100}$ 이다. 그러므로 완전한 눈금은 7.87mm가 된다. 7(c)는 (a)의 측정에서 딤블의 눈금을 더 자세히 관찰해본 경우인데 정확히 0.37mm가 아니라 눈대중으로 0.368로 읽어질 수도 있으므로 7.368mm로 읽을 수도 있다. 엔빌과 스핀들 사이에 틈이 없이 꼭 맞았을 때 마이크로미터가 영의 눈금을 가리키지 않으면 영점 오차를 가졌다고 하고, 이때의 눈금을 영점 눈금이라고 한다. 영점 눈금을 마이크로미터로 읽은 모든 눈금으로부터 대수적으로 빼어야 한다. 영점 눈금은 한 번만 잰 눈금보다는 여러 번 잰 눈금들의 평균치로부터 빼내어야 한다.

3. 실험 기구 및 장치

버니어 캘리퍼, 마이크로미터, 저울

내·외경을 측정 할 수 있는 원통, 철사(직경이 다른 것 여러 개), 종이

4. 실험 방법

버니어 캘리퍼(vernier calliper)와 마이크로미터(micrometer)를 사용하는 방법을 배우고, 주어진 시료의 길이, 높이, 두께 등을 측정하고 시료의 부피를 구한다. 다음에는 저울을 이용하여 시료의 질량을 측정하여 시료의 밀도를 구한다. 이 결과로부터 시료가 어떤 물질인지 추정한다.

버니어 캘리퍼와 마이크로미터를 이용하여 주어진 시료의 내경, 외경, 두께 등을 측정한다.

실험 1 버니어 캘리퍼 사용법

(1) 주어진 유리 원통의 내경과 외경, 깊이를 차례로 10회씩 측정하여 그들의 평균과 표준오차를 구한다. (측정치 기록 방법은 결과보고서 참조)

(2) 측정이 끝나면 반드시 고정나사를 죄어 버니어를 고정시킨다.

실험 2 마이크로미터 사용법

(1) 고정 걸쇠를 푼 다음 그림 6의 AC 사이에 아무 것도 끼우지 않고 T를 가만히 돌린다. AC가 접하면 E가 헛돈다. 이때의 B와 D로 영점을 정한다.

(2) 주어진 두 종류 철사의 직경과 종이의 두께를 차례로 10회씩 측정하여 0점을 보정하여 평균과 표준오차를 구한다.(측정치 기록방법은 결과보고서 참조)

(3) 측정이 끝난 후 고정 걸쇠를 잠근다.

5. 질문사항

(1) 버니어 캘리퍼의 고정나사의 역할은 무엇인가?

(2) 각 시료의 측정값이 일치하는가? 일치하지 않는다면 그 이유는 무엇 때문인가?

(3) 마이크로미터의 영점을 구하는 이유는 무엇인가?

측정과 오차

학 과		학 번		이 름	
실 험 조		담당 조교		실험 일자	

실험 1 버니어 캘리퍼 측정

(1) 원통 시료 측정

	내경(mm)	외경(mm)	높이(mm)	질량(g)
1				
2				
3				
4				
5				
6				
7				
8				
9				
10				
평 균				
표준 오차				
보고값				

부피 (V) =   질량 (m) =

밀도 (ρ) = 질량(m) / 부피(V) =   밀도의 표준오차 (σ_ρ) =

보고값 = 평균값 ± 표준오차

실험 2 마이크로미터 측정

(1) 철사 A, B의 직경과 종이의 두께

	철사 A 직경(mm)	철사 B 직경(mm)	종이 두께(mm)
1			
2			
3			
4			
5			
6			
7			
8			
9			
10			
평　　균			
표준 오차			
보고값			

6. 오실로스코프 사용법

오실로스코프(oscilloscope)는 특정 시간 간격(대역)의 전압 변화를 볼 수 있는 장치로서, 주로 주기적으로 반복되는 전자 신호를 표시하는데 사용한다. 이 기기를 활용하면 시간에 따라 변화하는 신호를 주기적이고 반복적인 하나의 전압 형태로 파악할 수 있다.

오실로스코프는 전자공학의 핵심 장비로 사용하며, 기타 과학, 의학, 엔지니어링, 통신 산업 등의 산업에서 측정장비로 사용한다. 예를 들면 차량 점화 장치 분석이나 심전도 파형 디스플레이 등이 있다.

여기서는 가장 보편적인 계측 및 분석 장치라고 할 수 있는 Oscilloscope의 동작원리를 이해하고 기초적 작동 방법을 익힌다.

1. 오실로스코프란?

일반적으로 오실로스코프는 전자적 신호의 특정 파형 관찰에 쓰인다. 대부분의 오실로스코프에는 사용자가 눈으로 신호를 파악할 수 있도록 시간과 전압에 따른 눈금도 표시되어있다. 이는 파형의 전압 최소/최대치, 주기적 신호의 빈도, 펄스 간의 시간, 관련 신호 간의 시차 등을 분석할 수 있게 한다.

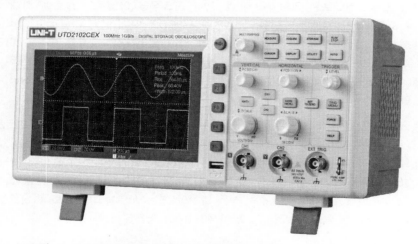

그림 1. 100MHz Digital Storage Oscilloscope

신호처리방식에서 초기에는 아날로그 방식으로 처리하여 음극선관에 표시하는 방식이었다. 전자공학의 전반적 디지털 방식의 발전에 따라 신호를 ADC(Analog to Digital Converter)를 사용하여 디지털로 변환하여 메모리에 저장하고, CPU을 통해 신호처리를 하여 연결하는 방식의 디지털 오실로스코프를 주로 사용한다. 표시 방식은 TFT-LCD를 주로 사용한다. 예전의 아날로그 방식은 수집된 신호를 저장하기 어렵고, 단발성 신호 포착이 어렵다. 그러나 디지털화 하면 비교적 긴 시간의 신호를 저장하기 쉽다. 이에 더해 CRT에 비해 LCD가 크기가 작기 때문에 전체 크기가 상대적으로 작아 취급이 쉽다.

멀티미터가 전압, 전류, 저항 등의 특징적 신호의 크기만을 표시 한다면, 오실로스코프는 신호의 시간적 변화에 따른 신호모양 까지를 표시하므로 회로 설계자에게 신호처리 시 많은 정보를 준다. 신호의 입력은 주로 2 또는 4개의 신호를 동시에 표시한다.

오실로스코프는 다양한 전압신호를 지속적으로 관측할 수 있는 전자식 측정 기기의 한 종류다. 여러 개의 디지털 신호를 측정하기 위한 포트를 지원하여 아날로그 신호와 동시에 디지털 신호를 동 시간에 비교 표시한다. 로직 분석기를 대체하기도 한다.

오실로스코프의 종류

프로브로 입력된 전자신호는 화면 표시를 위해 처리를 해야 한다. 오실로스코프는 신호처리 방식에 따라 아날로그 형과 디지털 형으로 구분할 수 있다.

아날로그 오실로스코프는 인가된 전압이 화면상의 전자빔을 움직여서 파형을 바로 나타낼 수 있다. 전압에 비례하여 빔을 위 아래로 편향시켜 화면에 파형을 주사하기 때문에 곧바로 파형을 그리게 되는 것이다.

디지털 오실로스코프의 경우, 측정된 전압을 디지털 신호로 바꾸는 아날로그-디지털 변환기(ADC)가 사용된다. 다시 말해 디지털 오실로스코프는 파형을 샘플링한 후 아날로그-디지털 컨버터를 사용하여 측정한 전압을 디지털로 변환시킨다. 이 변환시킨 디지털 정보를 파형으로 재구성해서 화면에 나타내는 것이다.

아날로그 오실로스코프는 입력부터 신호 표시 전과정을 아날로그 회로에 의해 제어된다. 이에 비해 디지털 오실로스코프는 디지털화 하여 LCD에 표시한다. 아날로그 방식은 장비의 크기, 신호 저장, 유연성 등에서 디지털 방식에 비해 불리하다. 디지털 방식은 디지털화 하면서 신호의 미세한 부분에서 신호모양이 변형될 수 있다. 고속의 신호인 경우 얼리어싱 (aliasing: 컴퓨터 그래픽에서 해상도의 한계로 선 등이 우툴두툴하게 되는 현상.) 현상이 일어날 수 있다.

아날로그와 디지털 장비에 있어 외관의 차이는 거의 없지만 디지털 오실로스코프는 아날로그 오실로스코프에 비해 신뢰성이 높으며 빠르고 복잡한 신호까지 포착할 수 있다. 특히 단발신호의 측정에 유리하며, 신호 저장 등이 가능하다는 기능의 차이가 있다. 사용자는 이로써 프린터에 파형을 사용하거나, 신호를 잡아 파형을 확대, 비교 혹은 전송 할 수 있다. 디지털 오실로스코프 선택에 있어서는 측정 대상이 되는 시그널의 종류와 아날로그 대역폭, 입력 채널 수, 샘플링 속도, 메모리 길이 등의 기준이 적용된다.

2. 실험 원리

▶ 함수발생기에서 출력되는 신호 확인

오실로스코프를 이용해서 함수발생기에서 출력되는 신호가 설정한 대로 출력이 되는지 확인해 보자.

먼저 함수발생기의 Output 단자에 함수발생기용 케이블을 연결한다. 다음으로 오실로스코프의 CH1 단자에도 오실로스코프용 케이블을 연결한다. 그리고, 케이블의 ground선과 신호선을 각각 연결한다. 함수발생기의 Output 버튼이 점등되어 있는지도 확인한다.

오실로스코프의 전면 패널은 다음 그림과 같다.

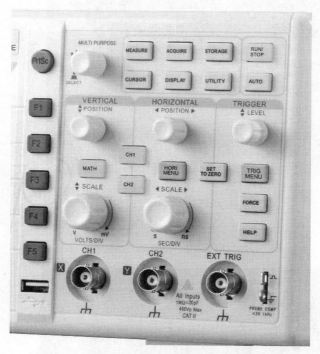

그림 2. 디지털 오실로스코프의 전면 패널

가장 많이 사용하는 노브(knob)는 세로축 눈금당 전압의 크기를 조절하는 VOLTS/DIV 노브와 가로축 눈금당 시간을 조절하는 SEC/DIV 노브, 그리고 상하좌우 위치를 조절하는 POSITION 노브이다. 물론 세팅을 자동으로 해주는 AUTO SET 버튼도 있지만, 이 버튼은 가급적 사용하지 말고 수동으로 조정하는 습관을 들이는 것이 오실로스코프를 능숙하게 사용하는 방법을 습득하는데 중요하다.

▶ CHANNEL MENU

먼저 CH1 단자에 신호가 연결되어 있으므로 노란색의 CH1 MENU 버튼을 누른다. 이 버튼은 반복해서 누를 때 마다 화면의 신호 표시 선이 나타나거나 없어진다.

CH1 MENU 버튼을 누르면 아래 사진 같이 화면의 오른쪽에 선택 메뉴가 나타난다. 가장 먼저 메뉴의 가장 위의 Coupling의 우측 버튼을 반복해서 누르면 DC, AC, Ground가 교대로 나타난다.

여기에서 Ground를 선택하면 상하 POSITION 노브에 의해서 Ground 위치(0 V 위치)를 상하로 움직일 수 있다. 위의 그림에서는 Ground 위치를 중간선에 놓은 경우이지만, 반드시 그렇게 할 필요는 없다. 화면을 효율적으로 이용하기 위해서 Ground 위치를 다른 위치에 놓는 경우도 있다. 다만, 이러한 경우에는 실험을 실시하는 동안 Ground 위치를 정확하

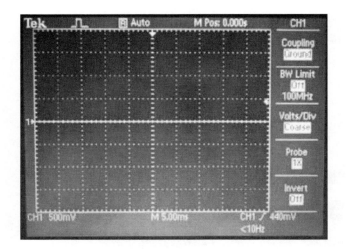

게 기억하고 있어야 한다.

Ground 위치의 설정이 끝나면 Coupling 버튼을 눌러서 아래의 사진과 같이 DC로 설정되도록 한다.

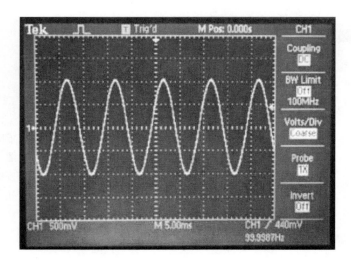

또한 이 메뉴에서 Probe 배수를 설정한다. 오실로스코트의 프로브를 보면 1배(1X) 또는 10배(10X)의 배율을 선택할 수 있으며, 선택한 배수값에 따라서 Probe 배율을 설정한다.

위의 그림에 보면 하단에 CH1 500mV를 볼 수 있다. 이는 눈금 한 개당 500mV라는 의미이며 VOLTS/DIV 노브를 돌려서 500mV가 되도록 맞춘다. 위 그림의 경우에는 peak-to-peak 전압이 함수발생기에서 설정한 대로 2V임을 확인할 수 있다. 또한 화면의 하단 중앙에 5.00ms를 볼 수 있다. 이는 가로축의 눈금 당 5msec의 의미이며, 이 값은 SEC/DIV 노브로 조정하여 맞출 수 있다. 위의 sine 파를 보면 한 개의 주기가 10msec이며 이는 100Hz의 주파수에 해당한다. 화면 하단에 보면 주파수가 99.9987Hz로 표시되어 있어 주파수의 값이 거의 정확함을 볼 수 있다.

▶ TRIGGER MENU

만약 화면이 안정된 정지 화면이 아니고 신호가 계속해서 좌 또는 우로 흐르는 모양을 보이면, 이는 트리거(trigger) 레벨 설정이 제대로 안된 경우이다. 트리거는 오실로스코프가 데이터를 취득하여 파형을 반복적으로 보여주는 시작점을 결정하는 것을 말한다. 트리거 설정을 위해서는 패널 우측의 TRIG MENU 버튼을 누르면 아래 그림과 같이 트리거 메뉴에 들어갈 수 있다.

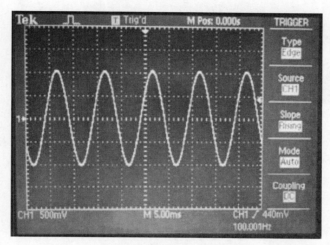

트리거 메뉴가 위와 같이 설정되어있는지 확인하며, 특히 Source 가 CH1으로 설정되어 있는지 확인한다. 또한 트리거 LEVEL 노브를 돌려보면 화면 우측의 화살표가 위아래로 움직이는 것을 볼 수 있다. 또한 트리거 레벨 전압 값이 화면 하단의 우측에 표시되며 LEVEL 노브를 돌림에 따라서 이 값이 변함을 확인할 수 있다. 이 노브를 돌려서 트리거 레벨이 신호의 최대값과 최소값 사이에 오도록 조정하면 안정된 정지 화면을 볼 수 있다.

▶ CURSOR MENU

디지털 오실로스코프에서 유용하게 사용할 수 있는 기능은 커서를 이용해서 수치를 읽는 기능이다. 눈금만을 이용해서 읽을 경우에는 정확한 수치를 읽는 것이 어려우나 커서는 수치 판독을 쉽게 해 준다. 커서 메뉴는 패널 위쪽 부분에 있는 CURSOR 버튼을 눌러서 들어갈 수 있다.

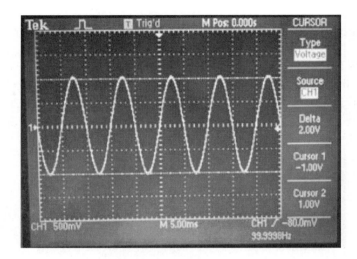

위의 사진은 커서 메뉴에 들어가서 Type을 Voltage로 설정한 그림이다. 이 경우에는 두 개의 수평선이 보이며, 이 두 개의 수평선은 POSITION 노브를 이용해서 상하로 이동이 가능하다. 그리고 각각의 수평선의 위치에 따라서 위치에 해당하는 전압 값을 보여주며, Delta는 두 값의 차이를 보여준다. 여기에서 보면 Delta값이 2V가 되어 함수발생기에서 설정한 값과 일치함을 확인할 수 있다.

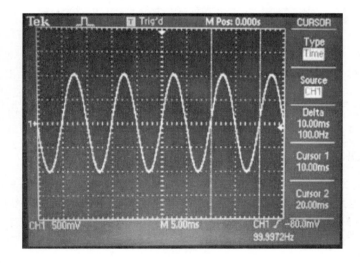

위의 그림은 커서 메뉴에서 Type을 Time으로 설정한 경우이며, 두 개의 수직선을 볼 수 있다. 두 개의 수직선의 위치는 POSITION 노브를 이용해서 이동이 가능하다. 그리고 각각의 수직선의 위치에 따른 시간 값을 보여주며, Delta는 두 값의 차이 값이다. 위 그림의 경우에는 두 개의 커서가 sine wave의 한 주기를 보여주며 Delta 값이 10msec 이므로 함수 발생기에서 설정한 100Hz에 해당하는 주기임을 확인할 수 있다.

전압과 주기 측정

오실로스코프는 화상기능을 가진 전압측정기로 생각할 수 있다. 일반적인 전압측정기는 신호 전압을 출력하기 위해 계측 척도를 가진 아날로그 또는 디지털 지시계나 수치를 출력해 내는 수치 표시기를 갖는 반면, 오실로스코프는 시간에 대한 신호의 전압변화를 볼 수 있는 스크린을 갖는다. 전압측정기는 실효치로 표시되고 이는 신호의 모양을 나타내지는 않는 반면에 오실로스코프는 화면에 두개 혹은 여러 개의 신호를 보여줄 수 있다.

▶ 교류전압의 측정

[그림 1]에 있어서 측정하는 2점(peak-to-peak) 간의 수직거리를 측정하여 다음 식에 의하여 교류전압의 V_{p-p} 값을 구한다.

$$교류전압(V_{p-p}) = 2점간의 수직거리(DIV) \times 수직감쇠지시치$$

$$(VOLTS/DIV) \times 프로브의 감쇠비$$

$$실효전압(V_{rms}) = \frac{V_{p-p}}{2\sqrt{2}}$$

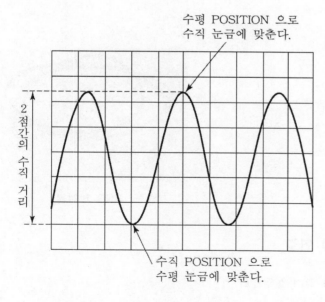

수평 POSITION 으로
수직 눈금에 맞춘다.

2점간의 수직 거리

수직 POSITION 으로
수평 눈금에 맞춘다.

그림 3. 교류 전압
측정

▶ 주기 및 시간의 측정

수평위치조정기(POSITION)로 측정하는 한 개의 점을 수평눈금 좌단에서 1DIV째에 맞추어 측정하려는 부분을 [그림 34-2]와 같이 맞춘다.

따라서 신호의 한 주기 T는

$$주기(T) = 한 주기간의 수평거리(DIV)$$
$$\times 소인시간 선택기의 지시치(SWEEP \ TIME/DIV)$$

로 된다

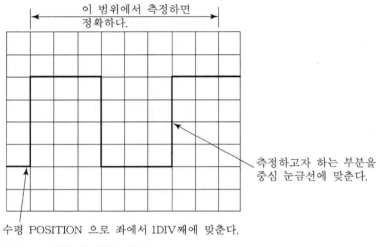

이 범위에서 측정하면 정확하다.

측정하고자 하는 부분을 중심 눈금선에 맞춘다.

수평 POSITION 으로 좌에서 1DIV째에 맞춘다.

그림 4. 주기 및 시간 측정

3. 실험기구 및 장치

- 오실로스코프, 저주파신호 발생기
- Multimeter, BNC-케이블

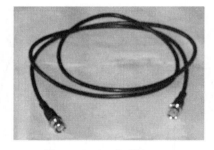

그림 5. BNC 케이블

4. 실험 방법

준비 1 기본 설치 및 연결

(1) 저주파 발생기를 다음과 같이 설정한다.

① power 스위치 : off 확인

② 모든 주파수 설정 다이얼을 중앙으로 고정한다.

③ function 에서 왼쪽 끝의 sin 파형 선택버튼을 누른다.

(2) 오실로스코프를 다음과 같이 설정한다.

① POWER 스위치 : OFF 확인

② INTENSITY : 중앙

③ FOCUS : 중앙

④ AC-GND-DC 전환 스위치 : GND

⑤ VOLT/DIV 스위치: 0.5V

⑥ 수직 POSITION 스위치④,⑦ : 중앙

⑦ VARIABLE 조절기 : 최대한 시계방향

⑧ MODE : CH1

⑨ TIME/DIV 스위치 : 0.5ms

⑩ 수평 POSITION 조절기 : 중앙

⑪ TRIGGER MODE : AUTO

⑫ TRIGGER SOURCE : CH1

⑬ TRIGGER LEVEL : 중앙

(3) 전원 코드를 전원에 연결한다.

(4) POWER 스위치 를 누르고 약 3초 후에 INTENT을 시계 방향으로 돌리면 휘선이 나타나며, 관찰하기 적당한 밝기가 되도록 조절한다.

(5) FOCUS을 가장 가늘고 선명한 상태가 되게 조정한다.

(6) CH1 POSITION를 돌려 휘선이 수평 눈금과 일치하는지 확인한다

(7) 수평-POSITION을 돌려 휘선을 가장 왼쪽눈금과 일치시킨다.

(8) 저주파수 발생기를 전원에 연결한다.

(9) 저주파 발생기의 output 단자와 오실로스코프의 CH1 단자를 BNC-케이블로 연결한다.

(10) 저주파수 발생기의 POWER 스위치를 누른다.

실험 1 교류전압의 측정

(1) 번 AC-GND-DC 전환 스위치를 AC로 바꾼다.

(2) 저주파수 발생기의 주파수를 1kHz로 한다.(RANGE에서 1 k 스위치를 누르고 다이얼을 돌려 주파수가 1.0 kHz에 고정시킨다)

(3) 저주파수 발생기의 AMPLITUDE를 적당히 조절하여 파형의 PEAK 점들이 오실로 스코프 화면의 최상단과 최하단에 위치하도록 한다.

(4) 교류전압(V_{p-p})를 측정하여 표에 기록한다.

[교류전압(V_{p-p}) = 두 PEAK 점 간의 수직거리 × 수직감쇠 지시치(VOLTS/DIV)
　　× 프로브의 감쇠비(실험시 사용하는 BNC케이블의 프로브감쇠비는 1이다]

【주의】 실험 중 한번 고정한 저주파 발생기의 AMPLITUDE는 바꾸지 않는다.

(5) Multimeter를 이용하여 저주파수 발생기에서 나오는 교류전압의 실효전압 값을 측정하여 표에 기록한다(오실로스코프에 연결되어 있던 BNC-케이블을 분리하여 케이블의 내부전극과 바깥쪽 전극 사이의 전압을 측정한다).

(6) VOLTS/DIV의 수직감쇠 지시치를 1V, 2V로 바꿔가며 (4)~(5) 과정을 반복한다.

실험 2 주기 및 시간의 측정

(1) 수직감쇠 지시치(VOLTS/DIV)를 1V로 고정시킨다.

(2) 저주파수 발생기에서 발생되는 파의 주파수를 20Hz로 한다.

(3) 파형의 한 주기가 스크린에 나타나도록 시간선택기의 지시치(TIME/DIV)를 조절한다.

(4) 주기를 측정한다.

[주기(T) =한 주기간의 수평거리 × 시간선택기의 지시치(TIME/DIV)]

(5) 저주파수 발생기에서 발생되는 파의 주파수를 200Hz, 2kHz, 10kHz, 100kHz로 바꿔가 며 (3)~(4)번 과정을 반복한다.

5. 질문 사항

(1) 오실로스코프 사용 중 트리거링을 하는 이유는 무엇 때문인가?

(2) 주기와 주파수는 무엇이며, 이 둘의 관계는 어떻게 되는가?

(3) 실효전압(V_{rms}) 값과 측정전압(V_{P-P})값이 다른 이유는 무엇인가?

(4) 실효전압(V_{rms})값과 멀티미터로 측정한 전압값(V_t)이 다른 이유는 무엇인가?

(5) 오실로스코프로 교류 전압과 주파수를 측정하는 방법을 간략하게 설명해보라.

오실로스코프 사용법

학 과		학 번		이 름	
실 험 조		담당 조교		실험 일자	

실험 1 교류전압의 측정

VOLTS/DIV	0.5V	1V	2V
V_{p-p}			
$V_{rms}(= V_{p-p}/2\sqrt{2})$			
멀티미터로 측정한 전압 (V_t)			
오차 [%]			

실험 2 주기 및 시간의 측정

발생 파형의 주파수 (f_o)	20Hz	200Hz	2kHz	10kHz	100kHz
측정주기 T [s]					
측정주파수 $f(= 1/T)$					
오차 [%]					

7. MS Excel을 이용한 데이터 분석

일반물리실험 수행 결과로 얻어진 데이터를 그래프로 나타내는 일은 데이터를 분석하고 실험 결과를 이해하는데 매우 유용한 과정이다. 이것은 또한 좋은 실험 리포트를 쓰는 지름 길이기도 하다. 수치 데이터를 그래프로 그릴 수 있도록 도와주는 프로그램은 많지만, 여기 서는 가장 쉽게 구할 수 있고 또 가장 널리 쓰이고 있는 마이크로소프트사의 엑셀(EXCEL) 을 예로 들어 설명하기로 한다.

1. 엑셀로 데이터 불러오기

대부분의 실험에서 데이터는 ASCII 형식으로 저장된다. 이 형식은 일반 텍스트와 같은 형 식으로서 MS 윈도우에 기본적으로 설치되어 있는 메모장(notepad)이나 MS 워드(word) 등 에서 열어서 내용을 볼 수 있다.

예를 들어 다음과 같이 저장된 '자유낙하운동' 실험 데이터를 예로 다루어 보도록 하자. 데이터에서 첫 번째 열인 time은 x 축의 변화량이 되고, 두 번째 열인 Velocity 와 와 세 번 째 열인 Position은 모두 y 값의 변화량이 된다.

Time [sec]	Velocity [m/s]	Position[m]
0	0	0
0.033	0.357664301	0.005963613
0.066	0.681989997	0.022109161
0.099	0.979511791	0.0481398
0.132	1.339510734	0.085496719
0.165	1.663607713	0.134235357
0.198	1.962899773	0.19250792
0.231	2.310461462	0.262189309
0.264	2.598457585	0.341552228
0.297	2.943857445	0.432838158
0.33	3.29372	0.534120641
0.363	3.575041955	0.645817862
0.396	3.885366394	0.768627624
0.429	4.255521538	0.902290222
0.462	4.577003733	1.045998006
0.495	4.914966169	1.201518569
0.528	5.221352537	1.366734103
0.561	5.543855576	1.542294757
0.594	5.849315218	1.729452985
0.627	6.205775532	1.926510058

만약 이 데이터가 "c:₩Data" 위치에 "FreeFall.txt" 파일로 저장되어있다고 한다면, 다음과 같이 엑셀에서 불러올 수 있다.

1) excel 프로그램을 실행한다.

2) 메뉴바에서 '파일(F)'을 마우스로 클릭하여 나타난 팝업 메뉴에서

3) 두 번째 줄에 있는 '열기(O)...'를 클릭하면 다음과 같은 창이 나타난다.

4) 열기 창이 뜨면 C: 드라이브에서 data라는 이름의 폴더를 클릭하여 연다.(이 때 만약 "FreeFall.txt" 파일이 보이지 않는다면, 열기 창에 있는 "파일 이름" 뒤쪽 칸에서 "모든 파

일"을 선택하여 모든 형식의 파일을 찾아볼 수 있도록 설정한다.)

5) "FreeFall.txt"를 두 번 클릭하면 이 파일을 선택하여 열게 된다. 그러면, text 형식으로 저장되어있는 파일을 excel에 적절한 형식으로 불러올 수 있도록 다음과 같은 "텍스트 마법사" 창이 뜬다.

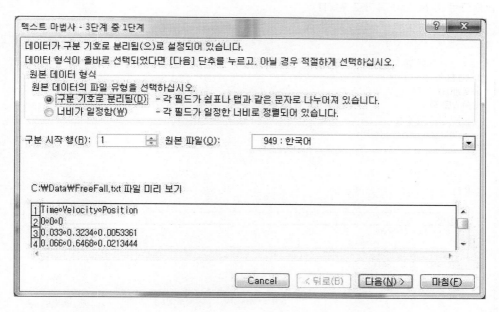

FreeFall.txt는 빈칸 및 tab으로 data가 서로 구분되어있으므로, '구분 기호로 분리됨'을 선택하고 '다음>'을 누르면 다음 화면이 나타난다.

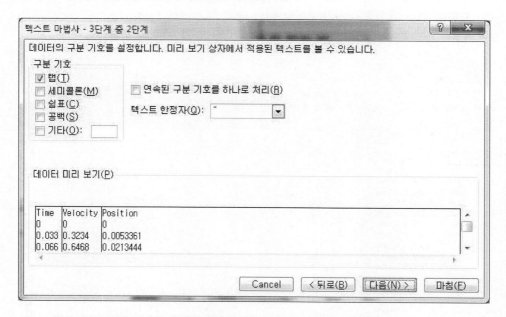

6) 두 번째 단계에서는 어느 부분까지 데이터를 구분할지 결정하게 된다. 각각의 데이터에 따라 적절한 구분 기호를 설정하면 되고(구분 기호 부분을 하나씩 선택하면서 '데이터

미리 보기' 창의 변화를 확인할 수 있다), 이 데이터의 경우 '탭(T)'과 '공백(S)', 그리고 '연속된 구분 기호를 하나로 처리(R)'를 동시에 선택하면 숫자로 된 데이터가 적절히 정렬됨을 확인할 수 있다. '다음>'을 눌러 마지막 단계로 가자. (데이터 맨 윗줄에 각 숫자의 의미 및 단위를 나타내는 글의 부분은 제대로 정렬이 되지 않는데, 실제 데이터 처리에는 그리 상관이 없으므로 우선 넘어가기로 한다)

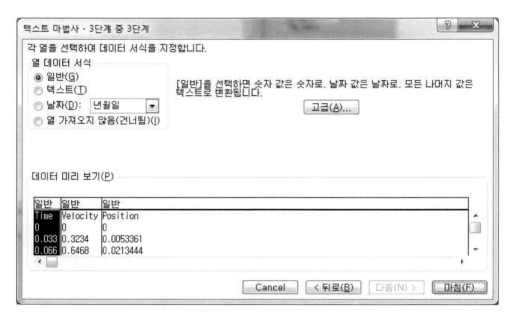

7) 마지막 3단계에서는 데이터의 서식을 결정하게 된다. default로 '일반(G)'이 선택되어 있는데, 왼쪽에 적힌 설명을 읽어보면 [일반]의 경우 프로그램 내에서 데이터 서식을 알아서 설정해줌을 확인할 수 있다. '마침(F)'을 누르면 다음과 같은 엑셀 화면이 나타난다.

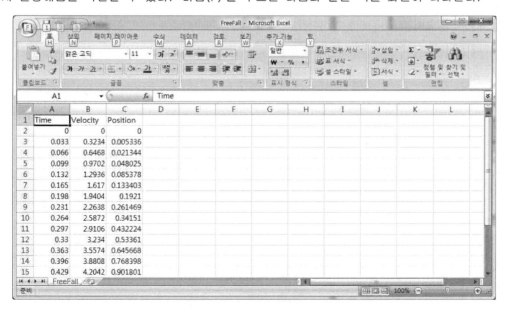

엑셀에 불러온 데이터는 행(1, 2, 3, ...)과 열(A, B, C, ...)로 각각의 데이터를 구분하고 있다. 마우스로 데이터 중 하나를 선택하면(예를 들어, B열 3행) 다음 그림과 같이 B3라는 식으로 데이터가 있는 자리가 표시되고, 그 오른 칸에는 데이터가 직접 표시된다.

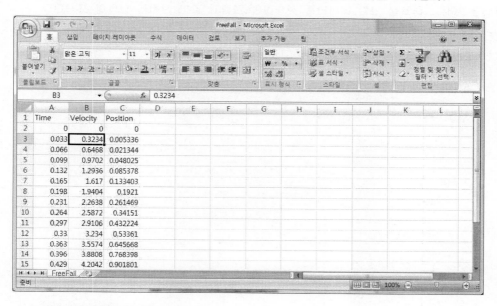

2. 엑셀로 그래프 그리기

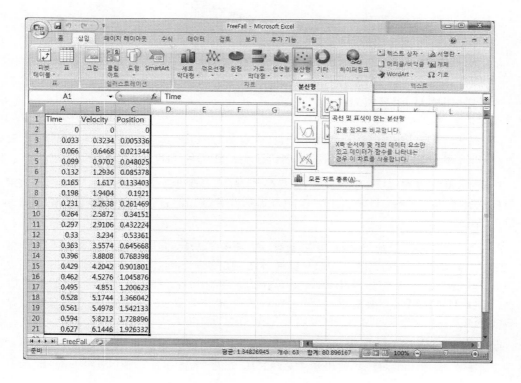

엑셀에는 시트에 있는 데이터를 사용하여 그래프를 그리고 직접 프린트를 하거나 그림을 복사하여 문서편집기에 붙여 넣을 수 있는 기능이 있다. 여기서는 데이터를 그래프로 그리는 기능을 알아본다. 데이터 A1부터 시작하여 마우스 왼쪽 버튼을 누른 상태에서 C21까지 끌어당기어, 그래프를 그릴 데이터를 선택하면 그림과 같이 선택된 영역이 표시된다.

다음에는 메뉴바에 있는 '삽입(I)'을 누르고 '분산형' 차트를 클릭한 다음 '곡선 및 표식이 있는 분산형'을 선택하면 다음과 같은 그래프가 그려진다.

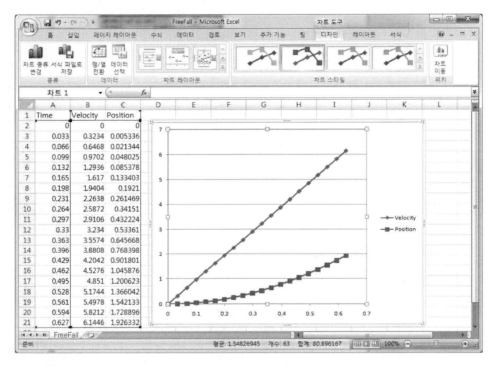

차트 마법사 이용하기

그래프는 "차트 마법사"를 이용하여 그릴 수도 있다. 이를 이용하려면 먼저 메뉴바에 있는 '삽입(I)'을 누르고 '차트(H)'를 클릭하면 4단계로 된 차트 마법사가 나타난다.

1 단계: 차트 종류 설정. 여기서는 '꺾은선 그래프' 그리기로 선택해보자. '차트 종류(C)'에서 '분산형'을 선택한 다음, '하위 종류(T)'에서 꺾은선으로 연결된 분산형 그림을 선택하고 '다음'으로 넘어간다.

2 단계: 그래프로 그릴 데이터 범위 설정. 창 위쪽에 있는 index를 보면 '데이터 범위'와 '계열'의 두 가지로 되어있다. '데이터 범위'라고 되어있는 index에서는 전체 데이터 범위와 데이터의 방향을 설정하게 된다. 지금 데이터들이 열에 따라 구분되어있으므로 '계열 위치'는 '열'을 선택하는데, 이렇게 선택하면 맨 첫 번째 열이 x 값으로 인식된다. 그러므로 x 값의 범위를 따로 정해줄 필요가 없다. y 값 역시 마찬가지이다.

두 가지 이상의 y 값을 그래프로 그리고 있는 경우, 각각의 y 값이 '계열'이라는 형식으로 구분되는데, 다음 index를 눌러 이를 확인해보자. 이제 '계열'이라고 되어있는 index를 눌러

보면, 여기서 두 가지 이상의 y값을 각각의 계열로 구분하여 관리할 수 있게 했다.

왼쪽 가운데를 보면 '계열(S)'라고 쓰여있는 부분 아래에 계열1, 계열2... 식으로 각 데이터들이 구분되어있음을 확인하게 된다. 이 때 각 계열을 선택하여 '이름(N)'란에 각 y 값의 이름을 적어주면, 각각의 계열의 이름을 바꾸어줄 수 있다. 왼쪽 그림에서 계열1의 이름이 바뀌었음을 볼 수 있다. 이외에 특별히 손쓸 것은 없으므로 '다음>'을 눌러 3 단계로 가자.

3 단계: 차트의 제목과 x, y 축 이름 설정. 그 외에 눈금선을 더 세밀하게 주는 것, 범례의 위치를 옮기는 것, 혹은 데이터 각각의 값들을 데이터 점 옆에 표시하는 등의 변화를 주는 것이 가능하다.

4 단계: 그래프를 그릴 곳 설정. 엑셀은 시트 삽입이 가능하여 그림을 새로운 시트에 그려주거나, 데이터가 있는 시트에 그대로 삽입해 줄 수 있다.

그래프의 수정

때로는 그려진 그래프를 수정할 필요가 있다. 그래프를 수정하려면 워크시트 상에 있는 그래프를 선택한 상태에서 그래프의 속성을 수정하면 된다. 그래프의 제목, x축과 y축의 이름, 눈금 및 범위, 범례 등은 각각 독립된 개체로 인정된다. 따라서 수정하고 싶은 개체를 마우스로 지정하여 마우스의 오른쪽 버튼을 클릭하면 해당하는 개체의 속성을 수정할 수 있는 메뉴가 나타나고 이 메뉴를 사용하여 수정하는 작업이 가능하다.

때로는 그려진 그래프 보다 더 정밀한 그래프를 그릴 필요가 있을 것이다. 정밀한 그래프를 그리려면 더 많은 데이터가 필요할 것이다. 이를 위해서는 센서로 데이터를 수집할 때 sample rate를 조정하여 해결할 수 있다. sample rate를 높여줌으로써 더 많은 데이터를 수집할 수 있다. 하지만 센서의 해상도가 낮거나 센서의 감도가 낮다면 sample rate를 높여준다고 해결되지는 않을 수도 있다.

3. 회귀분석

Excel에는 여러 가지 통계분석 기능이 있다. 예를 들어 직선의 식을 구하는 기능을 회귀분석 또는 선형 회귀분석이라고 하는데, 자연 현상 중에는 종속변수와 독립변수가 1차 함수 또는 2차 함수의 관계를 갖는 현상들이 많이 있다. 따라서 물리학 실험에서 직선의 기울기와 절편을 구하는 작업은 중요한 데이터 처리의 과정이고, 회귀분석은 매우 유용한 도구이다.

추세선 그리기

엑셀에서 지원하는 '추세선 그리기' 기능을 이용하면 선형 회귀분석 기능을 이용할 수 있다. 분산형 그래프에서 마우스 왼쪽 버튼으로 데이터 점을 하나 클릭한 다음 마우스 오른쪽 버튼을 클릭하면 왼쪽 그림과 같은 메뉴가 나타난다.

왼쪽 팝업 메뉴에서 [추세선 서식]을 선택하면, 오른쪽 그림과 같은 [추세선 서식] 창이 나타난다. 추세선 서식 창에서 추세선 유형을 선택하고, 체크박스를 선택하면, 다음과 같은

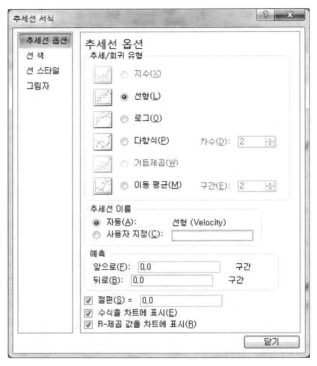

추세선 식과 R-제곱값이 표시된다. 다음 그림은 Velocity는 선형, Position은 다항식(2차)을 선택한 경우를 나타내었다.

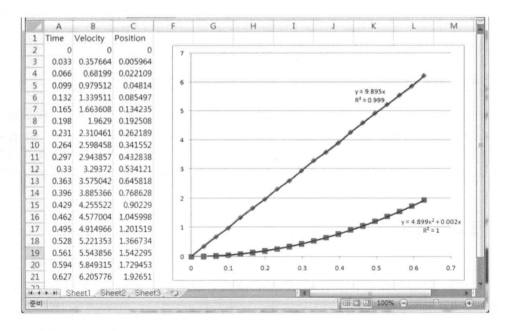

회귀분석

다음은 회귀분석을 하는 예이다. 메뉴에서 데이터-데이터 분석(분석 그룹)을 택한다.

다음에 나타난 [통계 데이터 분석] 팝업 창에서 [회귀분석]을 택하고 [확인] 버튼을 클릭한다. 이어서 나타난 다음 창에서

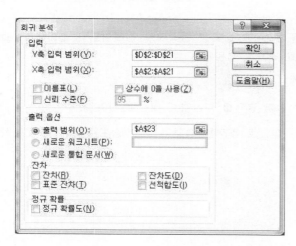

Y축과 X축 입력 범위를 그림과 같이 선택한 다음 [확인] 버튼을 클릭하면, 다음과 같은 분석 결과가 나타난다.

요약 출력

회귀분석 통계량	
다중 상관계수	1
결정계수	1
조정된 결정계수	1
표준 오차	3.69E-17
관측수	20

분산 분석

	자유도	제곱합	제곱 평균	F 비
회귀	1	0.695507	0.6955073	5.12E+32
잔차	18	2.45E-32	1.36E-33	
계	19	0.695507		

	계수	표준 오차	t 통계량	P-값
Y 절편	0	1.59E-17	0	1
X 1	0.98	4.33E-17	2.262E+16	1.5E-284

여기서 X1으로 표시된 셀 값 0.98이 velocity 데이터에 대한 직선의 기울기이고, 그 위쪽의 값 0이 절편이다. 4.33E-17과 1.59E-17은 각각에 대응되는 변수들의 표준오차이다.

4. 엑셀 실습

자유낙하 실험 데이터 파일을 불러와서 엑셀 파일로 저장하고, 엑셀의 차트 기능을 이용하여 그래프를 그리고, 회귀분석 기능을 이용하여 추세선을 찾는 실습을 해보도록 하자.

1. 자유낙하 실험 데이터를 불러온다.

FreeFall.txt라는 이름의 데이터파일을 excel에서 일정 간격으로 정리되도록 불러오라.(alt 와 print screen 버튼을 눌러 excel 창을 복사해서 문서에 붙일 것)

2. 엑셀로 불러들인 실험 결과를 그래프로 그려라

엑셀의 차트 기능을 이용하여 불러온 실험 결과를 분산형 그래프로 그려라.

4. 회귀분석 기능을 이용하여 추세선 식으로 추정한 결과가 어느 정도로 잘 들어맞는지 확인하라.

Excel을 이용한 데이터 분석

학 과		학 번		이 름	
실 험 조		담당 조교		실험 일자	

실험 1 시간에 따른 물체의 속도와 위치 그래프 그리기

실험 2 추세선과 회귀분석 결과

제III부

역학 실험

8. 스마트 게이트를 활용한 포사체 운동

중력장 안에서 발사된 물체는 공기의 저항을 무시하면 포물선 궤적을 그리며 운동한다. 이 때 포사체는 수평방향으로는 등속도 운동, 연직방향으로는 등가속도 운동을 한다.

이 실험은 포사체 발사기로 발사한 공이 바닥에 닿을 때까지 비행한 시간과 수평도달거리를 측정하여 이론적으로 유도된 식과 일치하는지 확인해 보는 실험이다. 우리는 또한 포사체가 가장 멀리 날아가는 발사각도 찾아볼 것이다.

이 실험을 통하여 우리는 포토게이트와 스마트게이트, Time of Flight 장치 등의 사용법도 함께 배우게 된다. 스마트게이트는 포사체의 발사속도를 측정하는데 사용하고, 포토게이트와 Time of Flight 장치는 포사체의 비행시간을 측정하는데 사용할 것이다.

1. 실험 목적

포사체의 운동을 통해 중력 가속도를 받으면서 운동하는 물체의 2차원 운동을 이해한다. 포사체의 수평도달거리와 비행시간을 측정하여 이론적으로 유도된 값과 잘 들어맞는지 확인하고, 발사각에 따라 그 값이 또 어떻게 달라지는지 확인한다.

2. 실험 원리

포사체(projectile)는 초기 속도가 주어지고 이후에는 중력 가속도의 영향만으로 경로가 결정되는 물체이다 (실제로는 공기 저항도 포사체의 운동에 영향을 주지만, 이상적인 경우에는 이를 무시할 수 있다.)

그림 1과 같이 공을 수평방향에 대해 각 θ, 초기속도 v_0로 발사하는 경우를 생각해보자. 그림 1의 점선은 포사체의 경로를 나타내는 곡선으로 포물선이 된다.

이 운동을 기술하기 위해 포사체가 xy 평면상에서 운동한다고 가정하고, x축을 수평, y축을 위쪽 수직 방향으로 정하자. 이 포사체가 받는 가속도의 x성분은 0이고, y성분은 $-g$이다. 다시 말해, 포사체가 받는 가속도 $\boldsymbol{a}$의 성분을 다음과 같다.

$$a_x = 0 , \quad a_y = -g \tag{1}$$

따라서 등가속도 운동식을 사용하여 다음과 같이 포사체의 속도와 위치를 구할 수 있다.

$$v_x = v_{0x} + a_x t = v_{0x} \tag{2}$$
$$v_y = v_{0y} + a_y t = v_{0y} - gt$$

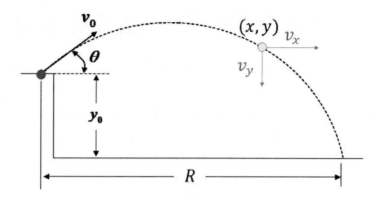

그림 1. 포사체의 운동. 수평방향에 대해 각 θ, 초기속도 v_0로 발사한 포사체는 포물선 궤적을 그리며 운동한다.

$$x = x_0 + v_{0x}t + \frac{1}{2}a_x t^2 = x_0 + v_{0x}t \qquad (3)$$
$$y = y_0 + v_{0y}t + \frac{1}{2}a_y t^2 = y_0 + v_{0y}t - \frac{1}{2}gt^2$$

위식으로부터 포사체의 운동은 수평방향(x축)과 연직방향(y축)을 두 축으로 하는 2차원 운동이 되고, 공기의 저항을 무시할 때 수평방향으로는 등속도 운동, 수평방향으로는 등가속도 운동으로 기술할 수 있다.

공을 발사하는 순간을 $t = 0$으로 설정하면, 초기속도 $v_0 = (v_0\cos\theta,\ v_0\sin\theta)$가 되고, t초 후의 공의 속도 $\vec{v} = (v_x,\ v_y)$는 식 (2)로부터

$$v_x = v_0\cos\theta \qquad (4)$$
$$v_y = v_0\sin\theta - gt$$

가 된다.

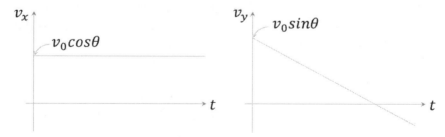

그림 2. 포사체의 속도. 시간에 따른 포사체의 속도 $v_x(t)$와 $v_y(t)$.

또한 공이 발사되고 t초 후의 공의 위치 $(x,\ y)$는

$$x(t) = x_0 + (v_0\cos\theta)t \qquad\qquad (5)$$
$$y(t) = y_0 + (v_0\sin\theta)t - \frac{1}{2}gt^2$$

가 된다. 여기서 x_0와 y_0는 공이 발사될 때의 초기 위치$(x_0,\ y_0)$이다.

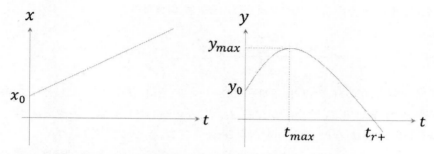

그림 3. 포사체의 위치. 시간에 따른 포사체의 위치 $x(t)$와 $y(t)$.

(1) 최고점 높이, $y_{\max}$

포사체가 최고 높이 ($y_{\max}$)에 이르렀을 때, 수직방향의 속도, 즉 $v_y = 0$이 된다. 만약 포사체가 최고 높이에 도달했을 때의 시간을 $t_{\max}$, 바닥으로부터의 높이를 $y_{\max}$라고 하면, 식(4)의 두 번째 식에서

$$v_y = v_0\sin\theta - gt_{\max} = 0 \qquad\qquad (6)$$

이 되고, 이 식으로부터 최고점 도달 시간 $t_{\max}$는

$$t_{\max} = \frac{v_0\sin\theta}{g} \qquad\qquad (7)$$

이 된다. 이 값을 식(5)의 두 번째 식에 대입하면, 최고 높이 $y_{\max}$는

$$y_{\max} = y_0 + (v_0\sin\theta)\frac{v_0\sin\theta}{g} - \frac{g}{2}\left(\frac{v_0\sin\theta}{g}\right)^2 \qquad (8)$$
$$= y_0 + \frac{v_0^2\sin^2\theta}{2g}$$

이 된다.

(2) 수평 도달 거리, R

다음에는 포사체가 바닥에 닿을 때까지 날아간 거리, 즉 포사체의 수평도달거리 R을 구하는 식을 유도해 보자.

포사체가 바닥에 닿는 지점은 $(R, 0)$인 점이다. 만약 포사체가 바닥에 떨어질 때까지 날아간 시간을 t_r이라고 하면, 식 (5)의 두 번째 식에서

$$0 = y_0 + (v_0 \sin\theta)t_r - \frac{1}{2}gt_r^2 \qquad (9)$$

을 만족한다. 따라서 t_r은 2차 방정식의 근의 공식을 이용하여

$$t_{r\pm} = \frac{v_0\sin\theta \pm \sqrt{v_0^2\sin^2\theta + 2gy_0}}{g} \qquad (10)$$

임을 알 수 있다. 여기서 우리가 구하는 답은 t_{r+}가 된다 ($t_{r+} > 0$ 이고 $t_{r-} < 0$인데, 음의 값은 공이 발사되기 전 시간이므로 t_{r+}가 구하는 답이 된다). 수평도달거리 R은 t_{r+}를 식(5)의 첫 번째 식에 대입하여 다음과 같이 구할 수 있다.

$$\begin{aligned} R &= x_0 + (v_0\cos\theta)t_{r+} \\ &= x_0 + (v_0\cos\theta)\frac{v_0\sin\theta + \sqrt{v_0^2\sin^2\theta + 2gy_0}}{g} \end{aligned} \qquad (11)$$

(3) 포사체의 초기속도, v_0

이론적으로 포사체의 최고점 도달 높이와 수평도달거리를 알아내려면 포사체의 발사각 θ와 초기위치 (x_0, y_0) 외에 포사체의 발사속도 v_0도 알아야 한다. v_0는 다음 두 가지 방법으로 알아낼 수 있다. 만약 스마트 게이트가 있다면 첫 번째 방법을 사용하고, 없다면 두 번째 방법을 사용한다.

[방법 1] 스마트 게이트를 이용하여 발사속도를 측정한다.

포사체 발사 장치에 스마트 게이트를 장착하여 공이 발사되는 순간의 초기 속도 v_0를 직접 측정할 수 있다. 이 실험에서는 이 방법을 사용할 것이다. 만약 스마트 게이트가 없다면 다음에 기술할 두 번째 방법을 사용할 수 있다.

[방법 2] 공을 수평방향으로 발사하여 날아간 거리(x)와 발사 장치의 높이(y)를 측정한 다음, 식(5)를 사용하여 구한다.

발사 장치를 수평으로 두고 공을 쏘아서 공이 바닥에 닿을 때까지 날아간 거리(x)와 바닥으로부터 공까지의 높이(y_0)를 측정하여 구할 수 있다. 이때 공의 수평 이동거리와 수직 낙하 거리는 각각 다음과 같다.

$$\begin{aligned} x &= v_0 t \\ y &= \frac{1}{2}gt^2 \end{aligned} \qquad (12)$$

따라서 초기속도 v_0는 다음과 같이 구해진다.

$$v_0 = x\sqrt{\frac{g}{2y}} \qquad\qquad (13)$$

3. 실험 기구 및 장치

스마트 게이트를 이용한 포사체 운동 실험에 필요한 실험 장치 및 기구는 다음과 같다.

(1) 역학 실험장치

- 포사체 발사 장치, 발사체(공), 테이블 클램프
- 측량 추, 줄자, 종이, 먹지

▶ 포사체 발사 장치

막대로 물체(공)를 발사구에 밀어 넣어 장전한 다음 방아쇠를 당겨서 공을 발사한다. 공의 발사각도는 0°~90° 범위로 조정할 수 있고, 발사 강도는 내부 스프링에 의해 1단, 2단, 3단으로 조절할 수 있다. 발사 장치 앞 쪽에는 공의 발사 속도를 측정하기 위한 포토게이트 또는 스마트게이트를 장착할 수 있다.

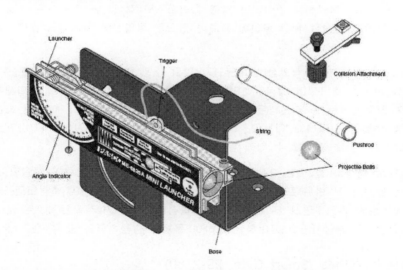

그림 4. 포사체 발사 장치. 원하는 각도로 발사각을 정할 수 있으며,
공을 막대로 밀어 넣어 장전한 다음 방아쇠를 당겨 발사한다.

(2) 센서 실험장치

- 컴퓨터, PASCO 550 Interface, 데이터 분석 소프트웨어(Capstone)
- 스마트 게이트(고정막대, 케이블, 고정 볼트 포함), Time of Flight

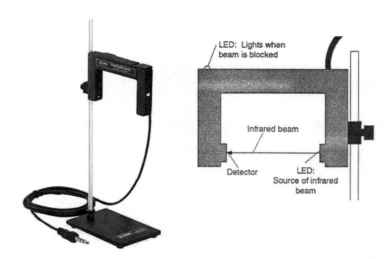

그림 5. 포토게이트. 발광다이오드에서 빛을 방출하고, 검출기에
서 이 빛을 감지하여 물체가 지나가는 것을 감지한다.

▶ 포토게이트 (Photogate, ME-9498A)

포토게이트는 광학적인 방법으로 물체의 유무를 측정하는 센서로 시간과 관련된 물리량을
측정할 때 사용한다. 적외선을 방출하는 발광 다이오드와 적외선을 검출하는 수광 다이오드
를 서로 마주보게 정렬시켜서 그 사이에 물체가 있으면 적외선이 차단되어 출력신호가 바뀐
다.

발광다이오드에서 방출된 적외선이 차단되지 않고 수광 다이오드에 도달하면, 포토게이트
에서는 5V의 전압이 출력되며 내장된 LED 등이 꺼진다. 하지만 어떤 물체에 의해서 적외선
이 차단되면 포토게이트 출력 전압은 0V로 바뀌어 LED 등이 점등된다. 따라서 시간에 따른
출력 전압의 변화가 나타나게 되는데, 이를 이용하여 포토게이트 사이로 지나가는 물체의
운동 주기나 속도 등을 측정할 수 있게 된다.

포토게이트로 측정을 할 때는 2개의 포토게이트가 하나의 쌍을 이루어 사용되기도 한다.
이 경우에는 물체가 첫 번째 포토게이트를 통과하면서 첫 번째 시간이 측정되고, 물체가 두
번째 포토게이트를 통과하면서 두 번째 시간이 측정된다. 이 경우 포토게이트 사이의 거리
를 알고 있다면, 두 측정시간의 차이를 이용하여 물체의 평균속력을 알 수 있게 된다.

▶ 스마트 게이트 (Smart Gate, PS-2180)

이중 포토게이트 빔을 사용하여 통과하는 물체의 속도를 정확하게 측정할 수 있는 센서로
역학수레와 같이 움직이는 물체의 운동 시간을 측정한다. PASCO 데이터 수집 소프트웨어
는 데이터를 분석하고 위치, 속도 및 가속도를 계산한다. 이 센서는 PASPORT와 호환되는
인터페이스(PS-2100 USB Link)나 데이터 수집 소프트웨어(캡스톤)와 함께 사용하여 무선
으로 운동을 기록하거나 표시하고, 분석할 수 있다.

스마트 게이트에는 3 개의 탐지기 포트와 1 개의 보조 포트가 있는데, 2개의 감지기 포

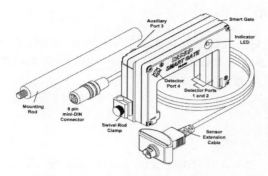

그림 5. 스마트 게이트. 이중 포토게이트 빔을 사용하여 통과하는 물체의 속도를 정확하게 측정할 수 있다.

트는 서로 1.5 cm 떨어져서 2개의 적외선 이미터 포트와 마주보고 있다. 1.5 cm 간격의 이중 포토 게이트 빔을 내장하고 있어서 하나의 게이트로 속도를 측정할 수 있어서 보다 정확한 속도 측정이 가능하다.

　　스마트 게이트 시스템 (Smart Gate System)은 포사체 발사 장치와 스마트 게이트 센서 측정 장비로 구성된다. 이를 이용하면 공을 쉽고 정확하게 발사하고 측정할 수 있다. 측정 범위는 표1과 같다.

□ 표 1. 스마트 게이트 시스템의 특성

도달 범위	0.5, 1, 2 m
발사 각도	0~90°, 0~-45°
발사 장치 길이	18 cm

그림 6. 스마트 게이트 시스템. 포사체 발사기를 이용한 포사체 운동 실험

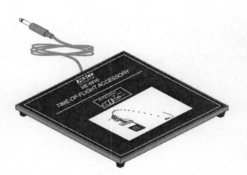

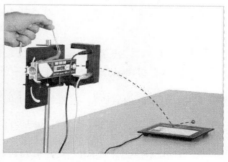

그림 7. Time of Flight. 포토게이트와 함께 포사체의 비행시간을 측정하는데 사용된다.

▶ Time of Flight (ME-6810A)

포사체의 비행시간을 측정하는데 사용되는 장치로 포사체 발사기와 함께 사용된다. 플라스틱 판(20cm x 20cm) 위에 압전 스피커가 장착되어 있어서 날아온 공이 판을 때리면 스피커가 펄스가 발생되어 케이블을 통해서 신호를 내보낸다.

4. 실험 방법

이 실험은 스마트 게이트를 사용하는 경우와 사용하지 않는 경우에 따라 달라진다.

스마트 게이트를 사용하지 않을 경우에는, [실험 1]에서 공의 발사속도를 측정한 후에 [실험 2]를 수행한다.

스마트 게이트를 사용할 경우에는, [실험 1]을 건너뛰고 [실험 2]에서 공을 발사할 때마다 스마트 게이트로 공의 발사속도를 직접 측정한다.

실험 1 공의 초기속도 측정

스마트 게이트를 사용하지 않을 경우, 이 실험을 통하여 공의 발사속도를 측정한다.

(1) 다음 그림과 같이 책상 한쪽 끝에 발사 장치를 단단히 고정한다.

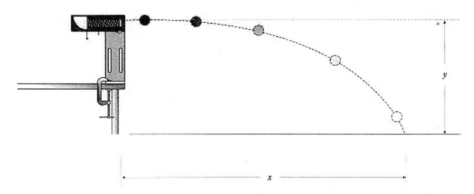

그림 8. 공의 초기 속도 측정. 공을 수평으로 발사하여 공이 날아간 거리(x)와 떨어진 높이(y)를 측정하여 공의 초기속도를 구한다.

(2) 발사구에 연직추를 매달아서 실험실 바닥에 기준점을 표시한다.

(3) 막대로 공을 발사구에 밀어 넣어서 발사강도를 2단으로 하여 공을 장전한다.

(4) 발사 각도를 0°(수평)로 하여 공을 발사한다.

(5) 공이 바닥에 떨어지는 지점에 흰 종이를 고정시키고, 그 위를 먹지로 덮어서 떨어진 지점이 종이 위에 표시되게 한다.

(6) 바닥으로부터 총구까지의 높이(y)와 기준점으로부터 공의 착지점까지의 거리(x)를 측

정하여 표에 기록한다.

(7) 수직거리와 수평거리를 써서 공의 초기속도를 구하고 표에 기록한다.

(8) 발사강도를 1단으로 하여 위 (3) ~ (7)의 과정을 되풀이하여 측정한다.

(9) 발사강도를 3단으로 하여 위 (3) ~ (7)의 과정을 되풀이하여 측정한다.

실험 2 발사각에 따른 포사체의 운동

스마트 게이트를 사용하는 경우, [실험 1]을 건너뛰고 이 실험부터 시작할 수 있다.

(1) 실험 장치 구성

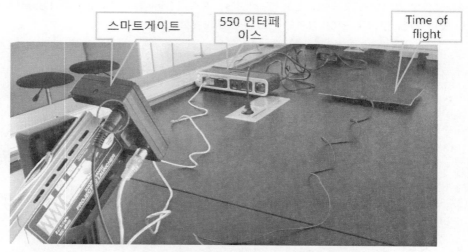

그림 9. 포사체 운동 실험 구성도.

(1) 다음 그림과 같이 실험 장치를 구성한다. 책상 한쪽 끝에 발사 장치를 단단히 고정하고, 발사구에 연직추를 매달아서 수평 이동거리의 기준점을 표시한다.

(2) 550 인터페이스와 스마트 게이트를 연결한다.

(3) 발사강도를 1단(또는 2단)으로 하여 공을 장전하여 발사한다. 막대로 공을 발사구에 밀어 넣어서 공을 발사한 다음 공이 날아가는 거리에 맞추어, 'Time of Flight' 장치를 갖다 놓고 스마트 게이트에 연결한다.

(4) 공이 바닥에 떨어지는 지점에 흰 종이를 고정시키고, 그 위를 먹지로 덮어서 떨어진 지점이 종이 위에 표시되게 한다.

(5) 줄자를 이용하여 테이블에서 발사구까지 높이에서 Time of flight 높이를 뺀 y_0를 측정한다.

그림 10. 스마트 게이트. 포사
체 발사기 앞에 스마트 게이트
를 설치한다.

(2) 센서와 캡스톤 프로그램 설정

(1) 550 인터페이스의 스위치를 켠 후 Capstone 프로그램을 실행한다.

(2) 550 인터페이스가 정상적으로 인식되면, 좌측 [Tools]의 [Hardware Setup]을 클릭
하면 다음 그림과 같이 화면에 550 인터페이스가 나타난다.

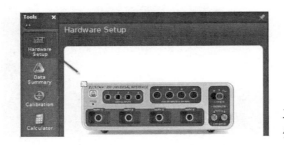

그림 11. 캡스톤의 하드웨어
셋업.

(3) 550 인터페이스가 스마트게이트를 인식하면, 다음과 같이 [Timer Setup]과 스마트게
이트 아이콘이 나타난다.

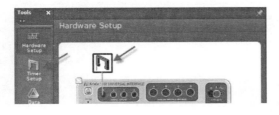

그림 12. 550 인터페이스와
스마트 게이트의 연결.

(4) [Hardware Setup] 선택 후 Smart Gate 아이콘에서 3을 선택하여 Time Of Flight
Accessory를 선택한다

(5) [Timer Setup]에서 Time Of Flight 설정을 해준다. (전부 Next)

(6) [Display] 팔레트에서 [Table] 아이콘을 드래그 하여 데이터 테이블을 생성한다. 오
른쪽 [Display] 팔레트에서 [Table]을 화면 가운데로 드래그하면 테이블이 생성된다.
Table에 1열은 Initial Speed(m/s)와 2 열은 Time Of Flight(s)를 선택한다

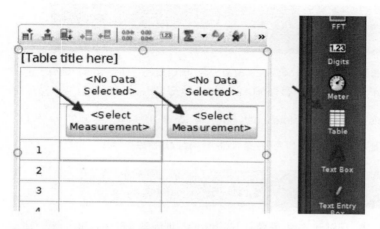

그림 13. 데이터 테이블 생성하기. 우측 [Displays] 메뉴에서
[Table] 아이콘을 드래그하면 화면에 테이블이 생성된다.

(3) 본 실험

실험 장치 구성과 센서 설정이 모두 끝났으면, 이제부터 포사체 운동 실험을 시작한다.

(1) 발사구에 공을 넣고, 발사 강도를 1단으로 하여 장전한다.

(2) 발사각을 15°로 고정하고 시험 발사하여 공이 떨어지는 위치를 확인한다.

(3) 위 (2)에서 확인한 위치에 Time of flight 패드를 두고, 그 위에 흰 종이를 붙인 다음
먹지로 덮는다.

(4) 실험 준비가 완료되면, [Controls] 메뉴의 [Record] 버튼을 클릭한다. [Record] 버
튼을 클릭하면 측정이 시작되고,[Record] 버튼은 [Stop] 버튼으로 바뀐다. 공을 발사

그림 14. 데이터 측정 시작. [Controls] 메뉴의
[Record]를 클릭하면 [Record] 버튼이 [Stop]으로 바
뀌며 데이터 측정이 시작된다.

하면 Initial Speed(m/s)와 2 열은 Time Of Flight(s)가 화면의 표에 나타난다. 측정을
종료할 때에는 [Stop]을 클릭한다. 이때의 수평 이동거리(비행거리 R)를 줄자로 재어
서 표에 기록한다.

(5) 측정된 모든 데이터는 메모리에 저장된다. 저장된 데이터는 자동으로 이름이 부여되
고 목록에 표시되어 그래프 또는 테이블에서 언제든지 불러올 수 있다. 불필요한 데이

그림 15. 불필요한 데이터 삭제. 불필요한 데이터는 [Controls] 메뉴
의 [Delete Last Run]을 클릭하여 삭제할 수 있다.

터는 [Controls] 메뉴의 [Delete Last Run] 및 하위 메뉴에서 삭제할 수 있다.

(6) [Controls] 메뉴의 [Stop] 버튼을 클릭하여 측정을 완료한다.

그림 16. 데이터 측정 종료. [Controls] 메뉴의 [Stop] 버
튼을 클릭하면 데이터 측정이 종료된다.

(7) 공의 발사속도 v와 비행시간 T, 그리고 비행거리 R을 실험표에 기록한다.

(8) 위 (1)~(7)의 과정을 3번 되풀이하고, 평균값과 표준오차를 기록한다.

(9) 발사각을 15°씩 증가시키면서 위 (1) ~ (8)의 과정을 되풀이한다.

(10) 위의 결과로부터 발사각에 따른 도달거리의 변화를 보여주는 그래프를 그린다.

종료 실험 종료 후 할 일

실험을 완료하면 반드시 실험 장비를 정리한 후 조교의 확인을 받고 퇴실한다.

(1) 실험용 컴퓨터에 저장한 실험 데이터 파일을 모두 삭제하고 휴지통을 비운다.

(2) 컴퓨터와 인터페이스를 끈다.

(3) 트랙 받침은 트랙에 조립한 상태로 보관한다.

(4) 모든 볼트류를 분실하지 않도록 주의하고, 적절한 위치에 끼워 놓는다.

(5) 트랙 받침, 카트 범퍼, 센서 고정대의 고정볼트/사각너트는 빠지지 않게 되어 있으므
로 강제로 빼지 않는다.

5. 질문 사항

(1) 발사각이 30°인 경우와 60° 경우의 도달거리가 같은가? 다르다면 다른 이유는
무엇인가?

(2) 공기의 저항을 무시할 때 도달거리가 최대인 발사각은 얼마인가?

스마트 게이트를 활용한 포사체의 운동

학 과		학 번		이 름	
실 험 조		담당 조교		실험 일자	

실험 1 공의 초기속도 측정

수직 높이 (y_0) = _____

횟수＼발사 강도	수평 거리 x		
	1단	2단	3단
1			
2			
3			
4			
5			
평균 거리			
평균 초기 속도 $v_0 = x \sqrt{\dfrac{g}{2y}}$			
오차			

실험 2 발사각에 따른 포사체의 운동

1) 발사각(θ)에 따른 포사체의 초기속도(v)와 비행거리(R), 비행시간(T)을 측정하여 기록한다.

발사각 θ	측정값	1차	2차	3차	평균	표준오차
15°	초기 속도 v					
	비행 거리 R					
	비행 시간 T					
30°	초기 속도 v					
	비행 거리 R					
	비행 시간 T					
45°	초기 속도 v					
	비행 거리 R					
	비행 시간 T					
60°	초기 속도 v					
	비행 거리 R					
	비행 시간 T					
75°	초기 속도 v					
	비행 거리 R					
	비행 시간 T					

2) 비행 거리 R과 비행 시간 T의 이론값 계산 및 오차(g=9.80m/s²)

θ	비행 시간 T [s]		비행 거리 R [m]	
	이론치	상대 오차[%]	이론치	상대 오차[%]
15°				
30°				
45°				
60°				

9. 힘 합성대를 이용한 힘의 합성과 평형

힘은 물체가 운동하거나 운동 상태가 바뀌는 원인으로 작용한다. 여기서는 힘의 크기를 측정하고, 물체에 작용하는 여러 힘들을 하나의 힘으로 합성하는 방법과 물체에 작용하는 여러 힘들이 평형을 이루는 조건을 실험으로 알아볼 것이다.

우리는 용수철저울이나 힘 센서를 활용하여 힘의 크기를 측정할 것이고, 힘 합성대를 이용하여 여러 힘들을 합성하거나 분해하는 실험을 할 것이다. 그다음에는 세 개의 힘이 한 점에 작용할 때 평형을 이루는 조건을 이론적으로 유도하고 실험을 통해 확인해 볼 것이다.

1. 실험 목적

힘 합성대(Force Table)를 이용하여 두 힘을 합성하거나 분해하는 실험과 여러 힘이 한 물체에 작용하고 있을 때 물체가 평형상태에 있기 위한 힘의 평형 조건을 실험을 통해 확인해 본다. 또한 힘 센서(Force Sensor)를 이용한 힘의 측정 실험을 병행한다.

2. 실험 원리

평형상태는 물체의 상태가 변함없이 유지되고 있는 상태로서, 여기에는 물체가 정지하고 있는 상태뿐 아니라, 물체가 등속직선 운동 상태에 있거나 등속 회전 운동 상태에 있는 것을 의미한다.

(1) 힘의 합성

한 물체에 여러 힘이 동시에 작용하고 있을 때 힘의 합을 구하는 방법을 알아보자. 힘은 크기와 방향을 갖는 벡터량이므로 힘의 합은 벡터합으로 계산할 수 있다. 힘의 벡터합을 구하는 방법으로는 다음에 소개하는 도식법(또는 작도법)과 해석법이 있다.

▶ 도식법(작도법)

먼저 도식법으로 두 힘의 합을 구하는 방법을 알아보자. 그림 1의 왼쪽 그림과 같이 두 힘 $\vec{A}$와 $\vec{B}$의 합을 구하는 경우를 생각해 보자. 이 두 힘의 벡터합 또는 합력 $\vec{R}$은 그림 1의 오른쪽 그림과 같이 두 벡터를 한 쌍의 변으로 하는 평행사변형을 그려서 두 벡터가 만나는 점으로부터 평행사변형의 대각선을 그려서 구할 수 있다. 그림의 대각선 벡터 $\vec{R}$은 두 벡터 $\vec{A}$와 $\vec{B}$의 합 벡터로써, 두 힘의 합력의 크기와 방향을 나타낸다.

두 개 이상의 힘의 합력을 구할 때는 다각형법을 사용할 수 있다. 그림 2는 세 힘 $\vec{A}$와 $\vec{B}$, $\vec{C}$의 합력을 구하는 방법을 보여준다. 먼저 벡터 $\vec{A}$를 그린 다음, 벡터 $\vec{A}$의 화살표 끝에서 벡터 $\vec{B}$를 그린다. 다시 벡터 $\vec{B}$의 화살표 끝에서 벡터 $\vec{C}$를 그린다. 그다음에 벡터 $\vec{A}$의 시작점 O에서 벡터 $\vec{C}$의 끝을 연결한 벡터 $\vec{R}$을 그리면 벡터 $\vec{A}$, $\vec{B}$, $\vec{C}$의 합이 된다. 이와 같은 방법을 사용하면 3 개 이상의 벡터합을

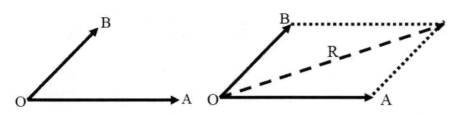

그림 1. 두 힘의 벡터 합. 평형사변형법으로 두 힘 $\vec{A}$와 $\vec{B}$의 합 $\vec{R}$을 구하는 예.
구할 수 있다.

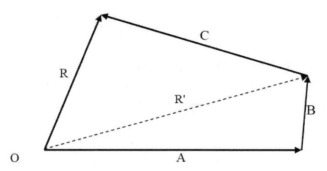

그림 2. 여러 힘의 벡터 합. 다각형법에 의한 두 힘 $\vec{A}$와
$\vec{B}$의 합 $\vec{R}$과 세 힘 $\vec{A}$, $\vec{B}$, $\vec{C}$의 합 $\vec{R}$을 구하는 예.

▶ 해석법

삼각법칙을 이용하면 두 벡터의 합력을 해석적으로 구할 수 있다.

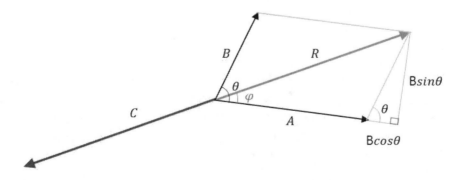

그림 3. 삼각법칙을 이용한 힘의 벡터 합. 세 힘 $\vec{A}$, $\vec{B}$, $\vec{C}$ 가 평형을 이룬다면
두 힘 $\vec{A}$와 $\vec{B}$의 합 $\vec{R}$은 $\vec{C}$와 크기가 같고 방향이 반대이다.

그림 3에서 두 벡터 $\vec{A}$와 $\vec{B}$의 합력 $\vec{R}$의 크기와 방향은 다음과 같이 구할 수 있다.

$$|R| = \sqrt{(|A| + |B|\cos\theta)^2 + (|B|\sin\theta)^2} \qquad (1)$$

$$= \sqrt{|A|^2 + |B|^2 + 2|A||B|\cos\theta}$$

이때 각 ϕ는

$$\phi = \tan^{-1}\left(\frac{|B|\sin\theta}{|A| + |B|\cos\theta}\right) \qquad (2)$$

(2) 힘의 평형

여러 힘을 받고 있는 물체가 평형상태에 있으려면, 물체의 외부에서 작용하는 모든 외력의 합이 0 이 되어야 한다. 이를 수식으로 나타내면 다음과 같다.

$$\sum_i \vec{F_i} = 0 \qquad (3)$$

여기서 힘 $\vec{F_i}$는 물체에 작용하는 모든 힘을 나타낸다. 우리는 이 실험에서 문제를 간단히 하기 위해서, 물체에 작용하는 모든 힘이 한 평면 위에서 작용하는 경우를 다룰 것이다.

3. 실험 기구 및 장치

힘의 합성 및 평형 실험에 필요한 실험 장치 및 기구는 다음과 같다.

(1) 역학 실험장치

- 힘의 합성대(Force Table), 수평계, 실(3m)
- 도르래(3), 추걸이(3), 추 세트

▶ 힘의 합성대(ME-9447A)

힘의 합성대는 평형(알짜힘=0)의 개념을 이용하여 벡터의 합을 물리적으로 보여주는 장치로, 힘 벡터는 도르래 위에 걸쳐진 무게 추에 의해 제공된다. 주어진 각도로 고정된 두 개의 도르래 위에 매달려 있는 두 개의 무게 추들은 도르래에 위에 매달린 또 다른 무게 추와 어떤 또 다른 각도에서 균형을 이룬다.

(2) 센서 실험장치

- 컴퓨터, Force Sensor, PASCO 550 Universal Interface

그림 4. 힘의 합성대. 평형(알짜힘=0)의 개념을 이용하여 벡터의 합을 물리적으로 보여주는 실험 장치이다.

▶ 힘 센서 (Force Sensor, PS-2104))

이 센서는 −50 N ~ 50 N 범위의 힘의 크기를 측정하는 센서이다. 다시 말해 최대 50N의 인력과 장력을 측정할 수 있으며, 푸시 버튼 스위치를 눌러서 0점 조정을 할 수 있다. 분해능은 0.03 N 정확도는 1%이며 최대 50N 이상의 과도한 힘이 작용할 때 보호기능이 작동하여 센서가 손상되는 것을 막아주는 역학적인 정지 기능이 있다. 이 센서의 헤드부분은 고리나 고무 범퍼를 부착할 수 있고 핀으로 역학수레에 고정할 수 있도록 되어 있다. 이 센서의 사양은 다음 표와 같다.

그림 5. 힘 센서. 힘센서(왼쪽)와 힘 센서의 헤드 연결부품(오른쪽).

□ 표 1. 힘 센서 PS-2104의 특성

측정범위	±50 N
정확도	1 %
해상도	0.03 N
기본 샘플 속도	10 Hz
최대 샘플 속도	1000 Hz
초과 제한 보호	50 N 이상
0점 조정	푸시 버튼

힘센서에 내장된 로드셀(load cell)은 그림과 같이 알루미늄 막대에 변형 게이지(strain gauge)가 부착되어 구성된다. 알루미늄 막대가 힘을 받아서 변형되면 변형 게이지의 박막 패턴이 압축되거나 늘어나면서 그 두께가 바뀌어 박막의 전기 저항이 변하게 된다. 힘센서는 변형게이지의 단자 전압의 변화를 측정하여 힘의 세기로 변환하여 표시한다.

힘 센서는 뉴턴운동법칙 실험이나 후크의 법칙 실험, 용수철 탄성계수 측정실험, 마찰력 실험이나 마찰계수 측정 실험 등에 활용될 수 있다. 또한 힘 센서는 탄성이나 비탄성 충돌에서의 충격력을 측정하거나 용수철에 의한 단조화운동 실험에 이용될 수 있다.

▶ PASCO 550 Universal Interface (UI-5001)

센서를 활용한 실험을 하기 위해서는 센서가 보내오는 자료를 처리하는 컴퓨터 시스템이 필요하다.

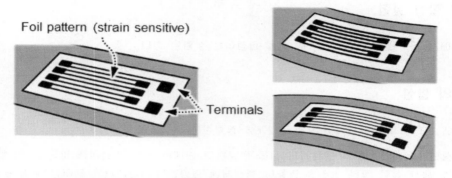

그림 6. 로드셀. 힘 센서의 내부에 내장된 로드셀이 힘을 받으면 변형 게이지의
박막 패턴의 두께가 바뀌어 전기 저항이 변하는데 이를 힘의 세기로 표시한다.

이러한 컴퓨터 시스템을 프로브웨어(Probeware)라고 한다. 프로브웨어는 센서가 보내오는 자료를 수집
하고 저장하고 해석한다. 프로브웨어에는 컴퓨터 센서가 보내오는 데이터 신호를 처리하는 컴퓨터 소프
트웨어 프로그램도 포함된다.

　파스코 프로브웨어 시스템에서는 여러 가지 인터페이스가 지원되는데, 우리는 주로 PASCO 550 또는
850 Universal Interface를 사용할 것이다. 이 인터페이스는 1MHz 샘플링과 2개의 아날로그 입력과 2개
의 디지털 입력, 그리고 2개의 패스포트 센서 입력을 지원한다. 각종 센서를 연결하여 위치, 시간, 속
도, 압력, 온도, 전압, 전류, 전기장 등 다양한 물리량을 측정한다. 여러 개의 센서를 동시에 접속하여
사용할 수 있다. 또한, 15V 1A의 전원 또는 다양한 파형을 외부에 공급한다.

그림 7. PASCO 550 Universal Interface. 2개의 아날로그 입
력, 2개의 디지털 입력, 2개의 패스포트 센서 입력 지원

▶ 데이터 분석 프로그램 (Capstone)

　인터페이스 장치와 이에 연결된 각종 센서 및 부가장치를 컴퓨터를 통해 제어한다. 측정된 데이터를
표와 그래프로 표시하고, 다양한 방법으로 분석하는 도구를 제공한다.

4. 실험 방법

　실험은 다음 2가지로 나누어 진행한다. (1) 두 힘의 합성 실험 (2) 세 힘의 평형 실험을 한다.

(1) 두 힘의 합성 실험

힘의 합성대 위에서 크기와 방향이 다른 두 힘을 합성하는 실험을 한다.

실험 1 힘의 합성

(1) 힘 합성대 위에 하나의 force 센서와 도르래 2개를 장치한다.

(2) 힘 합성대 중심의 string tie에 두 도르래의 실을 연결하고 반대쪽 끝에 추걸이를 매단다. 힘센서 쪽에는 실을 짧게 해서 실로 작은 고리를 만들어 힘센서에 연결한다. (힘센서가 테이블 위에 놓일 수 있도록 실의 길이를 적당히 맞춤)

(3) 힘 합성대위에 수평계를 올려놓고 수평을 맞춘다. (힘의 합성대 다리 밑에 위치한 조절나사를 이용)

【주의】 조절나사를 너무 힘껏 조이거나 잘못 사용하면 힘의 합성대가 파손될 수 있으니 사용에 주의!

(4) 추걸이에 추를 각각 매달고 추의 질량과 두 추 사이의 각도를 (m_1, m_2, θ) 표에 기록한다. (또는 주어진 값에 따라 세팅함)

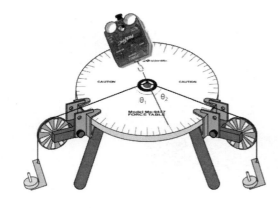

그림 8. 두 힘의 합성. 힘의 합성대 위에 하나의 Force 센서와 두 개의 도르래를 설치하고 도르래에는 질량이 다른 두 개의 추(m_1과 m_2)를 실로 매달아 놓고 힘의 평형점을 찾는다.

(5) 힘센서를 Interface550에 연결하고 컴퓨터와도 연결 후 캡스톤을 실행해서 힘센서를 hardware에서 세팅한다. Digit 창을 열어서 측정값을 힘으로 세팅한다, 샘플링은 20Hz 로 세팅하고 힘센서에 힘이 가해지지 않도록 실을 느슨하게 한 상태에서 영점 조절을 한다.

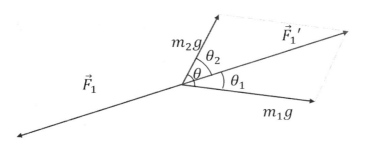

그림9. 힘의 벡터합

(6) 두 추의 힘과 힘센서의 힘이 평형을 이루는 위치에서 force 센서의 값을 측정(F_1)해서 표에 기록한다.

(7) 위 (6)의 평형이 되는 각도 θ_1, θ_2 를 긴 자를 사용해서 측정해서 표에 기록한다.

(8) 추의 무게와 각도를 변화시키면서 (4)~(7)의 과정을 반복한다.

(9) 실험 조건(m_1, m_2, θ)으로부터 두벡터의 합의 이론값(F_1')과 각도(θ_1')을 계산한다.

$$F_1' = g\sqrt{m_1^2 + m_1^2 + 2m_1 m_2 \cos\theta},$$

$$\theta_1' = \tan^{-1}\left(\frac{m_2 \sin\theta}{m_1 + m_2 \cos\theta}\right) \tag{4}$$

(10) 위 (9)의 이론값(F_1')과 각도(θ_1')을 위(5)의 실험값 F_1을 비교해서 오차를 계산한다.

(1) 실험을 마치고 작도를 통해 힘을 합성해보고 실험값과 비교한다.

(손으로 직접 자와 컴퍼스, 각도기를 이용해서 작도할 것) 측정한 결과 중 1가지만 시행하며, 힘의 크기를 벡터의 길이로 나타내며 평형 사변형법으로 작도하여 $m_1 g$와 $m_2 g$를 벡터적으로 합하여 대각선의 길이와 각도를 잰다. 대각선의 길이와 F_1을 비교하고, 대각선의 방향과 F_1벡터의 방향을 비교한다. 길이와 각도의 오차를 나타낸다.

(2) 힘의 평형 실험

힘의 합성대 위에서 크기와 방향이 다른 세 힘의 평형조건을 실험한다.

(1) 그림 10과 같이 힘의 합성대 위에 3개의 도르래를 장치한다.

(2) 힘 합성대 중심의 string tie에 세 개의 실을 연결한다.

(3) 실의 반대쪽 끝에는 그림과 같이 각각 추걸이를 매단다.

(4) 힘의 합성대 밑에 위치한 조절나사를 이용해서 합성대의 수평을 맞춘다.

【주의】 조절나사를 잘못 사용하면 힘의 합성대가 파손될 수 있으므로 주의한다.

이 실험은 다음 두 가지 방법을 사용할 수 있다. 세 힘의 크기를 고정하고 세 각도를 찾아내거나 세 각도를 고정하고 세힘의 크기를 찾아내는 실험을 시행한다.

실험 2 "질량"을 고정하고 하는 실험

(1) 힘의 합성대 위에서 각 0°, 120°, 240°에 각각의 도르래를 설치하고 추걸이를 설치한다. 3개의 추걸이가 수평을 이루는지 확인한다.

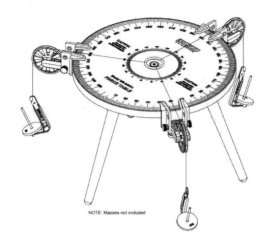

그림 10. 세 힘의 평형. 힘의 합성대 위에 세 개의 도르래를 설치하고 도르래에는 질량이 다른 세 개의 추를 실로 매달아 놓고 세 힘의 평형점을 찾는다.

【참고】 설치가 끝난 후 중앙의 string tie를 퉁겨서 다시 수평으로 돌아오는지 확인한다.

(2) 도르래의 높이를 조절해서 실과 힘의 합성대 표면이 서로 닿지 않게 한다.

(3) 도르래 A, B, C에 임의의 질량을 올려놓고 난 후, 그 질량값을 표에 기입하고(또는 표에 주어진 질량을 올린다) 도르래 A, B, C의 각도를 움직여서 세 힘이 평형이 되도록 맞춘다.

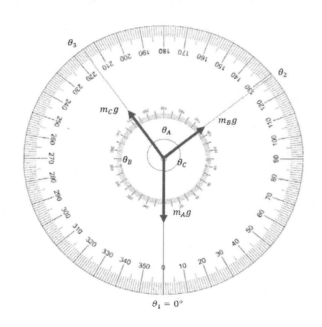

그림 11 세힘의 평형. 각 좌표와 사잇각을 표현하였다.

【참고】 중앙의 string tie가 빠지지 않은 상태로 도르래를 움직인다. 도르래에 매달려 있는 추걸이가 심하게 움직이지 않도록 주의한다.

(4) 중앙의 string tie를 퉁겨서 평행이 되었는지 확인한다.

(5) 평행이 되었으면 각좌표값 $\theta_1, \theta_2, \theta_3$를 기록하고

각 $\theta_A(=\theta_3-\theta_2), \theta_B(=360°-\theta_2), \theta_C(=\theta_2)$를 계산해서 표에 기록한다.

(6) 각도 θ_B, θ_C의 이론값 θ_B', θ_C'을 계산해서 표에 기록하고 실험값과 비교해서 오차를 계산한다.

$$\theta_B' = \cos^{-1}\left(\frac{|B|^2-|A|^2-|C|^2}{2|A||C|}\right) = \cos^{-1}\left(\frac{|m_2|^2-|m_1|^2-|m_3|^2}{2m_1m_3}\right), \tag{5}$$

$$\theta_C' = \cos^{-1}\left(\frac{|C|^2-|A|^2-|B|^2}{2|A||B|}\right) = \cos^{-1}\left(\frac{|m_3|^2-|m_1|^2-|m_2|^2}{2m_1m_2}\right)$$

(7) 실험을 마치고 작도를 통해 힘을 합성해보고 실험값과 비교한다.

(손으로 직접 자와 컴퍼스, 각도기를 이용해서 작도할 것) 측정한 결과 중 1가지만 시행하며, 힘의 크기를 벡터의 길이로 나타내며 평형 사변형법으로 작도하여 A와 B를 합하여 대각선의 길이와 각도를 잰다. 대각선의 길이와 C의 길이를 비교하고 대각선의 방향과 C벡터의 방향의 각도를 비교한다. 길이와 각도의 오차를 나타낸다.

실험 3 "각도"를 고정하고 하는 실험

(1) 도르래 A, B, C의 θ_A, θ_B, θ_C를 임의로 정하고, 그 값을 표에 기입하고 도르래 A, B, C에 질량을 더해가면서 수평을 맞춘다.

[참고 사항] 질량의 미세조정은 클립을 사용한다.

(2) 중앙의 가락지를 조금 움직여서 평형이 되었는지 확인한다.

(3) 평행이 되었으면 m_A, m_B, m_C 를 기록한다.

(4) 실험을 마치고 작도법을 통해서 얻은 값과 이론적으로 구한 값을 비교한다.

[실험 종료] 실험 종료 후 해야 할 일

실험을 완료하면 반드시 실험 장비를 정리한 후 조교의 확인을 받고 퇴실한다.

1. 실험용 컴퓨터에 저장한 실험 데이터 파일을 모두 삭제하고 휴지통을 비운다.

2. 컴퓨터와 인터페이스를 끈다.

3. 힘의 합성대는 조립된 상태로 둔다.

4. 추걸이와 추세트는 각각 보관함에 넣는다.

힘 합성대를 이용한 **힘의 합성과 평형**

학 과		학 번		이 름	
실 험 조		담 당 조교		실 험 일자	

실험 1 힘의 합성 실험

	질량(추걸이+추)		각[deg] 실험값/이론값/오차					힘[N]/실험값/이론값/오차/상대오차			
	m_1	m_2	θ	θ_1	θ_2	$\theta_1{}'$	$\theta_1 - \theta_1{}'$	F_1	$F_1{}'$	F_1-$F_1{}'$	$\dfrac{\lvert F_1 - F_1{}' \rvert / F_1{}'}{\times 100 [\%]}$
1											
2											
3											
4											
5											

[도해 및 분석] 위의 실험 결과중 1가지를 작도를 통해 힘을 합성해보고 실험값과 비교한다.(자와 컴파스, 각도기를 이용해서 손으로 직접 작도할 것)

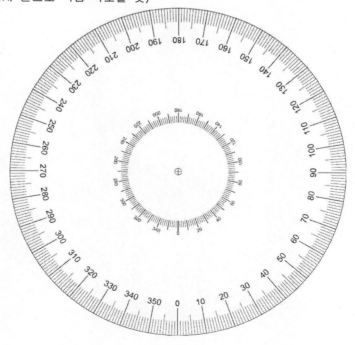

제 III 부 : 역학 실험

실험2 힘의 평형 실험

질량 m_A, m_B, m_C 선택하고, 각 θ_A, θ_B, θ_C를 변화시켜서 힘의 평형점을 찾는다.

	질량(추걸이+추)			각 (측정값)					이론값		오차값	
	m_A	m_B	m_C	θ_2	θ_3	θ_A ($\theta_3-\theta_2$)	θ_B (360°-θ_3)	θ_C (θ_2)	$\theta_B{}'$	$\theta_C{}'$	$\theta_B-\theta_B{}'$	$\theta_C-\theta_C{}'$
1												
2												
3												
4												
5												

[도해 및 분석] 위의 실험 결과중 1가지를 작도를 통해 힘을 합성해보고 실험값과 비교한다.(자와 컴퍼스, 각도기를 이용해서 손으로 직접 작도할 것)

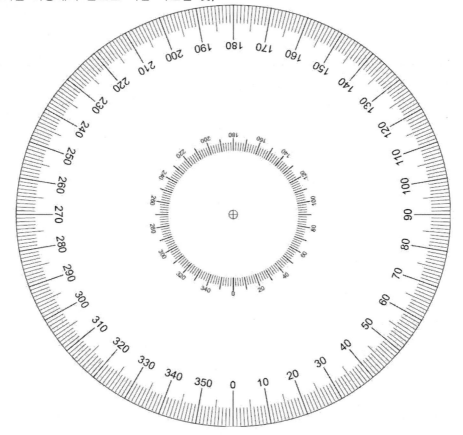

10. 스마트 카트를 활용한 뉴턴의 운동 제2법칙

이 실험은 뉴턴의 운동 제2법칙을 확인하는 실험이다. 뉴턴의 운동 제2법칙은 "물체에 힘이 작용하면 물체는 가속되는데, 이때 생긴 가속도는 물체에 가한 힘의 크기에 비례하고, 물체의 질량에 반비례한다" 는 것이다.

우리는 역학트랙 위에서 수레를 가속시키는 실험을 할 것이다. 수레의 질량과 수레를 끄는 힘의 크기를 바꾸어가면서 가속도와 힘, 그리고 가속도와 질량 사이의 관계를 조사할 것이다.

우리는 이 실험에서 스마트카트를 수레로 사용할 것이다. 스마트카트에는 무선으로 동작하는 위치, 속도, 가속도, 힘 센서가 내장되어 있어서 시간에 따른 카트의 위치, 속도, 가속도를 자동으로 기록된다. 우리는 역학 트랙 위에서 스마트카트를 가속 운동시키면서 시간에 따른 물체의 위치, 속도, 가속도를 측정하여 뉴턴의 운동법칙이 성립하는지를 확인한다.

1. 실험 목적

추와 도르래를 이용하여 수레(스마트 카트)를 가속시킬 때 뉴턴의 운동 제2 법칙이 성립하는지 살펴본다. 다시 말해 수레를 끄는 힘과 가속도, 그리고 질량과의 관계를 확인해본다.

2. 실험 원리

다음 그림과 같이 도르래에 걸쳐진 줄에 연결된 물체1과 물체 2의 운동을 생각해보자.

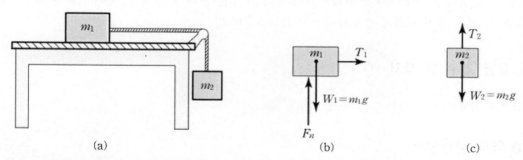

(a) (b) (c)

그림 1. 줄로 연결된 두 물체의 운동. 수직으로 매달린 물체의 무게($m_2 g$)에 의해 두 물체 (질량=$m_1 + m_2$)가 가속된다.

물체1과 2의 질량을 각각 m_1과 m_2, 가속도를 각각 a_1과 a_2, 줄에 걸리는 장력을 각각 T_1과 T_2라고 하자.

만약 a_1이 m_1의 수평성분이라면 뉴턴의 제2법칙은 다음과 같다.

$$T_1 = m_1 a_1 \tag{1}$$

매달려 있는 물체 2의 가속도는 아래쪽 방향이다. 물체2에 작용하는 힘은 아래쪽으로 향하는 중력 $m_2 g$와 위로 향하는 장력 T_2가 있다. 만약 물체2의 가속도 a_2의 아래쪽 방향을 양(+)으로 택하면 뉴턴의 제2법칙은 다음과 같이 된다.

$$m_2 g - T_2 = m_2 a_2 \tag{2}$$

만약 줄의 질량과 도르래의 마찰을 무시한다면, 줄에 걸리는 장력 $T_1 = T_2 \equiv T$가 된다. 또 연결된 줄이 늘어나거나 줄어들지 않는다고 가정한다면, 두 물체는 똑같은 속력으로 움직여서 $a_1 = a_2 \equiv a$가 된다. 따라서 위의 두 식은 다음과 같이 바꾸어 쓸 수 있다.

$$T = m_1 a \tag{3}$$

$$m_2 g - T = m_2 a \tag{4}$$

(3)과 (4)식에서 T를 소거하면

$$m_2 g - m_1 a = m_2 a$$

즉

$$a = \frac{m_2 g}{(m_1 + m_2)} \tag{5}$$

우리는 이 실험에서 전체 계에 작용하는 힘($F = m_2 g$) 또는 전체 계의 질량($m_1 + m_2$)을 변화시켜서, 가속도(a)가 힘 또는 질량과 어떤 관계가 있는지 알아볼 것이다.

3. 실험 기구 및 장치

이 실험에 필요한 실험 장치 및 기구는 다음과 같다.

(1) 역학 실험장치

- 역학 트랙, 풀리(도르래), 수평계 ,고무줄 탄성 범퍼, 자기 범퍼, 트렉 마운트
- 추걸이, 추 세트 (질량 10g, 50g, 500g, 20g x 2개), 실(3m)

(2) 센서 실험장치

- 컴퓨터, PASCO 550 Universal Interface, 데이터 수집 및 분석 소프트웨어(Capstone)

- 스마트 카트 (카트 범퍼)

▶ 역학 트랙(Dynamics Track, ME-9779)

역학트랙은 카트의 직선운동 실험을 수행하기 위한 트랙으로, 길이 2.2m의 알루미늄 트랙과 높이와 수평을 조정할 수 있는 두 개의 트랙 받침으로 구성된다. 그리고 트랙 옆면에서는 凹 홈이 만들어져 있어 카트 범퍼를 고정하거나 다른 센서를 고정하는데 이용할 수 있다.

그림 2. 역학트랙. 카트의 직선운동 실험을 수행하기 위한 트랙이다.

트랙에 다른 부품을 고정할 때에는, 부품의 凸과 사각 너트를 트랙의 凹에 끼운 다음 고정 볼트를 시계방향으로 돌려서 고정한다. 반대로 제거할 때는 시계 반대 방향으로 살짝 풀어주고 천천히 부품을 빼낸다. 이 때 사각 너트는 볼트에서 완전히 풀리지 않게 되어 있으므로, 무리한 힘을 줘서 빼내면 다시 끼울 수 없으므로 주의한다.

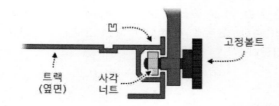

그림 3. 트랙에 부품 고정 또는 제거. 부품의 凸 과 사각 너트를 트랙의 凹 에 맞도록 끼운 후 고정 볼트를 돌려서 조이거나 풀어준다.

▶ 스마트 카트 (Smart Cart, ME-1240 & ME-1241)

스마트 카트는 센서가 내장된 역학수레로 밑바닥에 4개의 바퀴가 달려있어서 역학 트랙위에서 거의 마찰 없이 활주할 수 있다. 내부에는 위치, 속도, 가속도, 힘을 측정하는 센서가 내장되어 있어서 블루투스를 통해서 무선으로 데이터를 전송할 수 있다. 뉴턴의 운동법칙을 비롯하여 다양한 역학 실험에서 활용될 수 있다.

【주의】 스마트 카트는 바퀴의 마찰이 매우 작아서 잘 굴러가므로 테이블 위에 올려놓을 때는 반드시 바퀴를 위로 향하게 하여 수레가 굴러가서 바닥으로 추락하지 않도록 주의한다.

그림 4. 스마트 카트. 각종 센서가 내장된 역학수레

□ 표 1. 스마트 카트에 내장된 센서의 특성

힘	측정범위	±100 N
	정확도	±2 %
	해상도	0.1 N
	최대 샘플링 비율	500 Hz
위치	해상도	±0.2mm
속도	최대속도	±3m/s
	최대 샘플링비율	100 Hz
가속도	측정범위	±16g (g=9.8m/s^2)
	최대 샘플링비율	500 Hz
블루투스	최대 무선범위	30 m (장애물이 없을 때)

4. 실험 방법

역학 트랙 위에서 스마트카트를 가속 운동시키면서, 시간에 따른 물체의 위치, 속도, 가속도를 측정하여 뉴턴의 운동법칙이 성립하는지를 확인한다.

준비 1 실험 기구 설치

(1) 테이블 위에 역학 트랙을 설치하고, 트랙 한쪽 끝에는 자석 범퍼를 설치한다. 자석 범퍼는 카트가 트랙 밖으로 떨어지는 것을 막아주는 역할을 한다. 이때 자석이 보이는 부분이 트랙 안쪽을 향하게 하여 카트가 범퍼에 충돌할 때 반발하도록 한다. 도르래 쪽 트랙 끝에는 고무줄의 범퍼를 설치하여 카트가 가속될 때 도르래와 충돌을 막아준다.

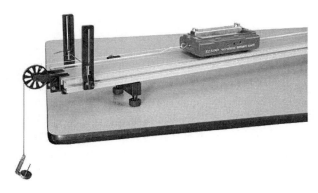

그림 5. 실험 기구 설치. 테이블 위에 역학 트랙을 설치하고, 트랙 끝에는 도르래와 카트 범퍼를 설치한다.

【주의】 부품을 트랙에 고정할 때에는, 부품의 凸과 사각 너트를 트랙의 凹에 끼우고 볼트를 시계 방향으로 돌려서 조인다. 사각 너트는 볼트에서 완전히 풀리지 않게 되어 있으므로 무리한 힘을 줘서 빼내면 다시 끼울 수 없으므로 주의한다.

(2) 트랙 위에 수평계를 올려놓고, 트랙 앞뒤와 좌우 수평을 맞춘다. 트랙 받침의 조절나사를 돌려서

수준기로 전후와 좌우의 수평을 맞춘다.

(3) 트랙 위에 카트를 올려놓고 트랙의 수평을 다시 조정한다. 트랙 위에 올려놓은 카트가 저절로 움직이면, 트랙 다리에 있는 너트를 돌려서 카트가 굴러가지 않도록 수평을 맞춘다.

【주의】 트랙 양끝에 카트 범퍼가 설치되지 않은 트랙 위에 카트를 올려놓지 않도록 한다. 카트 바퀴는 마찰이 거의 없어서 카트가 계속 굴러가서 바닥으로 추락하게 된다.

(4) 실로 추걸이와 스마트 카트를 연결하여 실을 도르래에 걸어준다. 실이 트랙과 평행하도록 도르래의 높이를 조정한다.

(5) 카트를 트랙 위에서 움직여 보고, 카트가 트랙 끝에 도달하기 전에 추가 바닥에 부딪히지 않도록 실의 길이를 조절한다.

【주의】 추걸이가 땅에 닿지 않도록 실의 길이를 조절하고, 카트가 트랙을 이탈해서 떨어지지 않도록 조심해서 실험한다.

준비 2 센서와 캡스톤 프로그램 설정

(1) 컴퓨터를 켜고 캡스톤 프로그램을 실행한다.

(2) 스마트 카트를 연결하고 스마트 카트에 내장된 센서(위치, 속도, 가속도)를 설정한다. 각 센서 아이콘을 선택한 후 [Properties] 아이콘(☼)을 클릭한다. 시간에 따른 카트의 위치, 속도, 가속도를 측정한다.

(3) 측정 자동 완료 조건을 구성한다. [Controls] 메뉴에서 [Recording Conditions]을 클릭하여 나타난 화면에서 카트가 0.5m 이동하면 자동으로 측정이 완료되도록 구성한다.

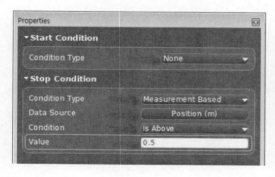

그림 6. 기록 시작 조건과 종료 조건. [Record]를 클릭하는 위치에서 데이터 측정이 시작되며, 카트가 Δx = 0.5m 이동한 후 자동으로 종료되도록 설정한 경우이다.

(4) 위 (3)의 설정에 의해 측정이 정상적으로 완료되는지 확인한다. 실험 진행되기 전 초기 화면에는 [Record] 버튼이 보이지만 [Record]를 클릭하면 [Stop] 버튼으로 바뀌고, 초시계 하단에 [Recording]이 표시되면서 데이터 측정이 진행된다. 카트가 0.5m 이동하면 (카트의 회전운동센서에서 측정된 변위값이 0.5m가 되면) 자동으로 측정이 종료된다.

(5) 단위 시간당 데이터 측정 횟수를 설정한다. 힘 센서와 회전운동센서 모두 1초에 50회(50Hz)로 데이터를 측정한다. 모든 센서에 대해 동일한 값으로 설정해야 한다.

(6) [Display] 팔레트에서 [Graph] 아이콘을 드래그하여 그래프를 생성한다. 화면 우측에 있는 [Displays] 팔레트에서 [Graph] 아이콘을 화면 중앙으로 드래그하면 그래프 창이 나타난다. 그래

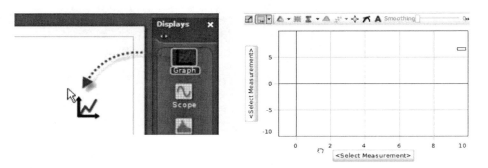

그림 7. 그래프 생성하기. [Graph] 아이콘을 드래그하면 그래프가 생성된다.

프 상단의 메뉴에서 [Add new plot area …]를 클릭하여 x 축이 동기화된 그래프를 2개 더 추가한다. 그래프 창에서 <Select Measurement>를 클릭한 후, x 축으로 [Time(s)], y 축으로 각각 [Position(m)], [Velocity(m/s)],[Acceleration (m/s^2)]를 선택한다.

그림 8. x-축이 동기화된 그래프 추가.

실험 1 순간 속도와 평균속도

역학 트랙 위에서 스마트 카트를 움직이게 하고, 시간에 따른 위치와 속도, 가속도를 기록한다. 그리고 이 결과를 비교하여 순간속도와 평균속도가 어떻게 다른지 비교 분석한다.

(1) 카트의 질량을 측정하고 기록한다. 전자저울을 사용하여 카트와 카트에 실린 무게 추의 질량을 함께 측정한다.

(2) 추걸이와 추의 질량을 측정하고 기록한다.

(3) 카트의 출발 위치를 결정한다. 카트를 트랙 위에 올려놓은 후, 추걸이가 도르래 근처에 도달할 때까지 카트를 뒤로 당긴다.

(4) 카트를 뒤쪽으로 0.5m 정도 잡아당긴 다음 가만히 붙들고 있는다. 출발 지점을 표시해 두고 같은 지점에서 출발시키는 방법을 사용할 수도 있다.

(5) 캡스톤 프로그램에서 [Record] 버튼을 클릭하여 데이터 측정을 시작한다.

(6) 붙들고 있던 카트를 가만히 놓아준다. 손을 추의 무게에 의해 카트가 천천히 가속된다. 카트가 종료 조건에서 설정한 거리(0.5m)를 지나면 자동으로 측정이 중단된다.

【주의】 수레를 출발시킬 때 밀거나 당기지 않도록 주의해서 실행한다. 가장 좋은 방법은 수레의 움직임을 막기 위하여, 손가락으로 수레의 앞쪽을 테이블 쪽으로 누르고 있다가 수레가 움직일 방향에 있는 손을 재빨리 떼는 것이다.

(7) 실험 결과를 분석한다.

위의 결과를 분석하여 순간속도와 평균속도가 어떻게 다른지 설명하고, 관측한 운동이 어떤 운동인지 설명하라.

실험 2 끄는 힘의 크기 변화에 따른 가속 운동

전체 질량($m_1 + m_2 \equiv m$)을 고정하고, 끄는 힘($F = m_2 g$)을 바꾸어가며 실험한다. 다시 말해 카트(m_1)에 있던 무게 추를 하나씩 차례로 m_2로 옮기면서($m_1 + m_2 =$ 일정) 가속 실험을 되풀이한다.

(1) 도르래를 제외한 계의 전체 질량, 즉 (수레+수레하중+추걸이+추)의 질량을 기록하라.

(2) 먼저 수레 위에 있는 추 하나(10g)를 추걸이로 옮긴 다음 스마트카트를 추걸이가 도르래에 닿지 않을 정도로 최대한 잡아당긴다.

(3) 캡스톤 [Record] 버튼을 클릭하여 기록을 시작하고, 수레를 출발시킨다.

(4) 손을 놓은 후 앤드스탑에 충돌하기 전까지의 가속도의 그래프를 얻고, 툴을 이용하여 평균을 계산하여 표에 기록한다.

(5) 카트의 추를 도르래로 옮겨(총 질량 고정) 추걸이에 걸린 질량을 10g 단위로 늘려가면서 (2)~(3) 과정을 반복한다.(총 5회)

얻어진 데이터를 이용하여 가속도-힘 그래프를 그리고, 추세선을 찾은 다음 그 결과를 해석하라.

실험 3 물체의 질량 변화에 따른 가속 운동

끄는 힘($F = m_2 g$)을 일정하게 하고, 전체 질량($m_1 + m_2$)을 바꾸어가며 실험한다. 다시 말해 m_2의 질량을 일정하게 하고, $m_1 (m_1 + m_2 \equiv m)$의 질량을 변화시켜가면서 가속 실험을 한다.

(1) 도르래에 20g 추를 걸고 스마트카트에는 추를 올리지 않는다.

(2) 스마트카트를 추걸이가 도르래에 닿지 않을 정도로 최대한 잡아당긴 후 놓아 가속도를 측정한다.

(3) 손을 놓은 후 앤드스탑에 충돌하기 전까지의 가속도의 그래프를 얻고, 툴을 이용하여 평균을 계산하여 표에 기록한다.

(4) 스마트카트에 올린 추의 질량을 50g 씩 늘려 (2)~(3) 과정을 반복한다.(총 5회)

(5) 위 실험의 결과를 표에 기록하고 가속도-전체질량 그래프를 그리고 추세선을 찾은 다음 그 결과를 해석하라.

종료 실험 종료 후 할 일

실험을 완료하면 반드시 실험 장비를 정리한 후 조교의 확인을 받고 퇴실한다.

(1) 실험용 컴퓨터에 저장한 실험 데이터 파일을 모두 삭제하고 휴지통을 비운다.

(2) 컴퓨터와 인터페이스를 끈다.

(3) 트랙 받침은 트랙에 조립한 상태로 보관한다.

(4) 모든 볼트류를 분실하지 않도록 주의하고, 적절한 위치에 끼워 놓는다.

트랙 받침, 카트 범퍼, 센서 고정대의 고정볼트/사각너트는 빠지지 않게 되어 있으므로 강제로 빼지 않는다.

【주의】 역학 트랙에 부품을 고정하는데 사용한 사각너트는 고정 볼트를 시계 반대 방향으로 살짝 풀어주고 천천히 부품을 빼낸다. 이 때 사각 너트는 볼트에서 완전히 풀리지 않게 되어 있으므로, 무리한 힘을 줘서 빼내면 다시 끼울 수 없으므로 주의한다.

5. 질문 사항

(1) 실험1: 스마트 카트가 주행하는 동안 카트의 순간속도와 가속도는 각각 어떤 양상인가?

　　　　　 관측한 스마트 카트의 운동은 어떤 운동인가?

(2) 실험2: 끄는 힘(F)과 가속도(a) 사이에는 어떤 관계가 있는가? (엑셀을 이용하여 추세선을 구해서 F와 a 사이에 어떤 비례 관계가 있는지 보고 판단하라)

(3) 실험3: 전체 질량과 가속도 사이에는 어떤 관계가 있는가? (엑셀을 이용하여 추세선을 구해서 m와 a 사이에 어떤 비례관계가 있는지 보고 판단하라)

스마트 카트를 활용한 뉴턴의 운동 제2법칙

학 과		학 번		이 름	
실 험 조		담당조교		실험날짜	

실험 1 시간에 따른 물체의 운동

※ 스마트 카트에 부착된 센서로 측정한 카트의 위치 x(t), 속도 v(t), 가속도 a(t) 그래프를 출력하여 붙인다.

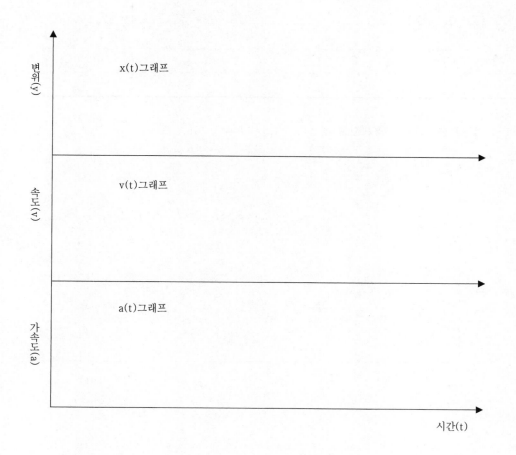

실험2 끄는 힘의 크기 변화에 따른 가속 운동

끄는 힘의 크기(m_2g)를 바꾸어 가면서 물체를 가속하는 실험을 한다.

전체 질량 $m = m_1 + m_2$=일정, m_2를 증가(m_1은 감소)시키면서 실험. $a_{계산} = \dfrac{m_2g}{(m_1 + m_2)}$

전체 질량 $m = m_1 + m_2$ = _____ [g]

(수레+추)의 질량 m_1[g]	(추걸이+추)의 질량 m_2[g]	가속도		
		$a_{계산}$ [m/s^2]	$a_{측정}$ [m/s^2]	오차

※ a-F의 그래프를 그리고, 추세선을 찾는다. 여기서 F=m_2g 이다.

실험 3 물체의 질량 변화에 따른 가속 운동

끄는 힘(m_2g)을 일정하게 하고, 전체 질량을 바꾸며 가속 실험한다.

※ m_2 = 일정, 전체 질량($m = m_1 + m_2$)를 증가시키면서 실험한다. $a_{계산} = \dfrac{m_2g}{(m_1 + m_2)}$

질량 m_2 = _____ [g]

(수레+추)의 질량 m_1[g]	전체 질량 $m = m_1 + m_2$ [g]	가속도		
		$a_{계산}$ [m/s²]	$a_{측정}$ [m/s²]	오차

※ a-m의 그래프를 그리고, 추세선을 찾는다.

11. 스마트 카트를 활용한 일과 에너지

이 실험은 이론 시간에 배운 일과 에너지의 개념을 확인하고, 계의 역학적 에너지가 보존되는지 확인하는 실험이다. 일과 에너지는 서로 관련되어 있으며, "힘이 어떤 물체에 대해 한 일은 그 물체의 운동에너지의 변화량과 같다"고 알려져 있다. 이것을 일-에너지 정리라고 한다. 이 실험에서는 트랙 위에서 움직이는 카트의 운동을 조사하여 일-에너지 정리가 성립하는지 알아보고, 물체에 가한 힘이 수행된 일이 물체의 운동에너지 변화와 같은지 확인한다.

1. 실험 목적

트랙 위에서의 물체의 운동 실험을 통해 물리학에서 정의하는 일과 에너지 개념을 이해한다. 또한 물체에 작용하는 힘이 한 일과 물체의 운동에너지의 변화량 사이의 관계를 알아보고 물체의 총 역학적 에너지가 보존되는가를 확인한다.

2. 실험 이론

우리는 일상에서 일이라는 용어를 자주 사용하지만 물리학에서 사용되는 일이라는 용어는 매우 엄밀히 정의된다. 물리학에서는, 힘이 물체에 작용하여 힘의 방향으로 물체의 변위가 발생했을 때 힘은 물체에 대해 **일(work)**을 했다고 말한다.

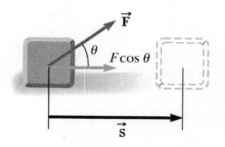

그림 1. 일의 정의. 물체에 가해진 힘을 $\vec{F}$, 물체가 움직인 변위를 $\vec{s}$, $\vec{F}$와 $\vec{s}$가 이루는 각을 θ라고 하면, 일은 $W = Fs\cos\theta$로 정의된다.

물리학에서 일은 물체에 힘을 가했을 때, 힘의 크기와 힘이 가해진 방향으로 움직인 거리의 곱으로 정의된다. 다시 말해 물체에 가해진 힘을 $\vec{F}$, 움직인 변위를 $\vec{s}$라고 하면, 물체가 한 일 W는 다음과 같이 정의된다.

$$W = \vec{F} \cdot \vec{s} = Fs\cos\theta \tag{1}$$

일의 SI 단위는 주울($J \equiv Nm$)이다.

이제 그림 2와 같이 질량 m의 물체가 일정한 힘 $\vec{F}$가 $+x$ 축 방향으로 작용하여 질량 m인 물체가 x 축을 따라 운동하는 경우를 생각해보자.

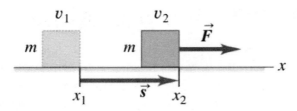

그림 2. 물체에 일정한 힘 $\vec{F}$가 작용할 때 한 일

외부의 힘이 물체에 한 일은 그 물체의 변위와 관계되지만, 물체에 한 일은 물체의 속도 변화와도 관계가 있다. 물체의 가속도는 일정하며, 뉴턴 운동 제2 법칙 $F = ma$에 따라 결정된다.

만약 물체에 일정한 힘이 작용하여 물체의 위치가 x_1에서 x_2로 바뀌고, 물체의 속력이 v_1에서 v_2로 바뀌었다고 하면, 등가속도 운동 방정식 $v_2^2 = v_1^2 + 2as$로부터 물체의 가속도는

$$a = \frac{v_2^2 - v_1^2}{2s} \tag{3}$$

이 되고, 뉴턴 운동 제2 법칙으로부터

$$F = ma = m\frac{v_2^2 - v_1^2}{2s} \tag{4}$$

다음 식을 얻을 수 있다.

$$F \cdot s = \frac{1}{2}mv_2^2 - \frac{1}{2}mv_1^2 \tag{5}$$

여기서 $F \cdot s$는 알짜힘, 즉 힘 F에 의해 물체에 가해진 일 W를 나타낸다.

그리고 물체의 운동에너지(K)를 다음과 같이 정의하면

$$K \equiv \frac{1}{2}mv^2 \tag{6}$$

식 (5)는 다음과 같이 표현할 수 있다.

$$W = \Delta K \tag{7}$$

또는

$$W = \frac{1}{2}mv_2^2 - \frac{1}{2}mv_1^2 \tag{8}$$

위 식은 알짜 힘이 한 일이 운동에너지의 변화량과 같음을 나타내며, 이것을 일-에너지 정리

(work-energy theorem)라 부른다. 우리는 일-에너지 정리로부터 물체의 운동 상태의 변화를 통해 물체에 한 일의 양을 알 수 있다.

우리는 앞에서 물체에 작용하는 힘 $\vec{F}$가 $+x$ 축 방향으로 일정하게 작용하는 경우를 다루었지만, 일반적으로 물체에 작용하는 힘 $\vec{F}$ 의 크기와 방향이 바뀌는 경우에는 힘이 한 일 W 는 다음과 같이 쓸 수 있다.

$$W = \int_{x_1}^{x_2} F_x dx \qquad (9)$$

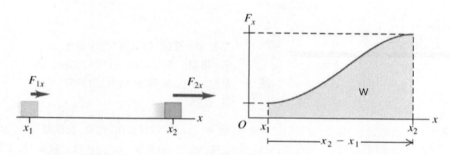

그림 3. 물체에 변하는 힘 $\vec{F}$가 작용할 때 한 일. 한 일 W 는 주어진 구간의 곡선 아래 면적으로 정해진다.

다음에는 위치에너지를 정의해 보자. 위치에너지(Potential Energy)는 물체가 어떤 위치를 차지함으로써 갖게 되는 에너지로 물체를 그 위치로 이동할 때, 외부 힘이 하는 일로 정의할 수 있다.

예를 들어, 질량 m인 공을 중력의 반대방향으로 높이 h 만큼 들어 올릴 때 공에 대해서 한 일 W 는 다음과 같다.

$$W = \vec{F} \cdot \vec{s} = mgh \qquad (10)$$

이것을 중력에 대한 위치에너지라 한다. 위치에너지를 정의할 수 있는 힘을 **보존력**이라고 하는데, 중력은 대표적인 보존력이다.

일반적으로 어떤 보존력 $\vec{F_C}$에 관련된 위치에너지 U는 보존력이 한일의 음의 값으로 정의할 수 있다.

$$U = -\int \vec{F_C} \cdot \vec{ds} \qquad (12)$$

지면에서의 위치에너지를 0으로 정의하면, 높이 h인 곳에 있는 물체의 중력 위치에너지 $U(h)$는

$$U(h) = mgh \qquad (13)$$

가 된다.

역학적 에너지(mechanical energy)란 물체의 운동 에너지와 위치 에너지의 합으로 정의된다. 중력이 작용하는 공간에서 운동하는 물체는 마찰력과 같은 비보존력의 작용을 무시할 때, 역학적 에너지 E는

$$E = U + K \qquad\qquad (14)$$

는 보존된다. 이것을 역학적 에너지 보존의 법칙이라고 한다.

평면에서의 수레의 운동

다음 그림과 같이 카트가 도르래를 통해 줄에 매달린 물체에 의해 가속되는 경우를 생각해 보자.

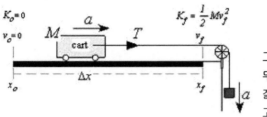

그림 4. 줄에 매달려 운동하는 두 물체. 질량 M 인 카트가 질량 m인 물체에 의해 가속되고 있다.

카트는 장력 T 에 의해 가속운동을 할 것이다. 카트는 변위 Δx를 이동하며 정지 상태로부터 최종속력 v_f까지 증가할 것이다. 마찰이 없다고 가정하면 줄의 장력 T 는 카트를 가속시키는 알짜 힘이고 카트에 가해진 일($W_{장력}$)은 카트의 운동에너지($\Delta K_{카트}$)로 변환된다.

따라서

$$W_{장력} = T\Delta x = \Delta K_{카트} \qquad\qquad (15)$$

카트가 수평 방향으로 움직이는 동안 매달린 질량 m은 수직 방향으로 움직이므로, 카트와 매달린 질량은 임의의 순간에 같은 속력과 가속도, 변위를 갖는다.

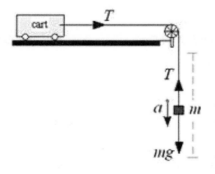

그림 5. 중력이 한 일. 카트가 수평 방향으로 운동하는 동안, 매달린 물체는 수직 방향으로 운동한다.

따라서 매달린 물체에 대해 중력이 한 일은

$$W_{중력} = mg\Delta x \qquad\qquad (16)$$

이고, 이것은 감소한 위치에너지의 크기와 같다.

$$\Delta U = -W_{중력} = -mg\Delta x \qquad\qquad (17)$$

이 계는 총질량 $(M+m)$인 물체가 힘 mg에 의해 직선운동으로 가속되어 가속도 a로 움직이는 경우로 단순화할 수 있다. 이 계의 가속도를 구해보면,

$$\sum F = (M+m)a \qquad \text{이므로} \quad mg = (M+m)a$$

즉,

$$a = \frac{m}{M+m}g \tag{18}$$

또한, 이 계의 역학적 에너지가 보존되므로 계의 운동에너지 변화는 다음과 같다.

$$\Delta K_\text{계} = -\Delta U_\text{계} = -\Delta U_\text{매달린물체} \tag{19}$$

이것은 **역학적 에너지 보존법칙**(The Law of Conservation of Mechanical Energy)을 나타낸다. 즉, 어떤 계에서 위치에너지의 변화가 생길 때, 운동에너지는 그에 대응하여 반대변화가 일어난다. 이 경우, 계의 한 부분, 매달린 물체는 중력 위치에너지가 감소하지만, 이와 동시에 계의 모든 부분에서 운동에너지 증가가 일어난다.

3. 실험 기구 및 장치

이 실험에 필요한 실험 장치 및 기구는 다음과 같다.

(1) 역학 실험장치

- 역학트랙, 고무줄 탄성 범퍼, 자기 범퍼(End Stop) 1개, 트랙 마운트, 스탠드,
- 풀리, 수평계, 추걸이, 추 세트 (질량 10g, 50g, 500g, 20g x 2개), 실 3m

(2) 센서 실험장치

- 컴퓨터, PASCO 550 Universal Interface
- 데이터 수집 및 분석 소프트웨어(Capstone), 스마트 카트 (카트 범퍼)

▶ 스마트 카트 (Smart Cart)

스마트 카트는 역학 트랙위에서 활주할 수 있는 마찰이 거의 없는 바퀴가 달린 역학수레이다. 내부에 위치, 속도, 가속도, 힘을 측정하는 센서가 내장되어 있고 블루투스를 통해서 무선으로 데이터를 전송할 수 있다. 운동학, 역학, 뉴턴의 법칙 등을 실험하는데 사용될 수 있다.

□ 표 1. 스마트 카트에 내장된 센서의 특성

	측정범위	±100 N
힘	정확도	±2 %
	해상도	0.1 N
	최대 샘플링 비율	500 Hz
위치	해상도	±0.2mm
속도	최대속도	±3m/s
	최대 샘플링비율	100 Hz
가속도	측정범위	±16g $(g=9.8m/s^2)$
	최대 샘플링비율	500 Hz
블루투스	최대 무선범위	30 m (장애물이 없을 때)

그림 6. 스마트 카트. 각종 센서가 내장된 역학수레

4. 실험 방법

우리는 이 실험에서 직선트랙 위에 카트를 올려놓고 한쪽 끝에는 도르래를 설치하여 카트와 무게 추를 실로 연결한 다음, 무게 추가 정지 상태로부터 낙하할 때 위치에너지가 계(카트+무게 추)의 운동에너지로 전환되는 것을 관찰하고 일과 에너지 관계를 정량적으로 알아볼 것이다.

준비 1 실험 기구 설치

(1) 테이블 위에 역학 트랙을 설치하고, 트랙 한쪽 끝에는 자석 범퍼를 설치한다. 자석 범퍼는 카트가 트랙 밖으로 떨어지는 것을 막아주는 역할을 한다. 이때 자석이 보이는 부분이 트랙 안쪽을 향하게 하여 카트가 범퍼에 충돌할 때 반발하도록 한다. 도르래 쪽 트랙 끝에는 고무줄의 범퍼를 설치하여 카트가 가속될 때 도르래와 충돌을 막아준다.

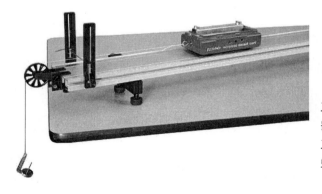

그림 7. 실험 기구 설치. 테이블 위에 역학 트랙을 설치하고, 트랙 끝에는 도르래와 카트 범퍼를 설치한다.

【주의】부품을 트랙에 고정할 때에는, 부품의 凸과 사각 너트를 트랙의 凹에 끼우고 볼트를 시계 방향으로 돌려서 조인다. 사각 너트는 볼트에서 완전히 풀리지 않게 되어 있으므로 무리한 힘을 줘서 빼내면 다시 끼울 수 없으므로 주의한다.

(2) 트랙 위에 수평계를 올려놓고, 트랙 앞뒤와 좌우 수평을 맞춘다. 트랙 받침의 조절나사를 돌려서 수준기로 전후와 좌우의 수평을 맞춘다.

(3) 트랙 위에 카트를 올려놓고 트랙의 수평을 다시 조정한다. 트랙 위에 올려놓은 카트가 저절로 움직이면, 트랙 다리에 있는 너트를 돌려서 카트가 굴러가지 않도록 수평을 맞춘다.

【주의】트랙 양끝에 카트 범퍼가 설치되지 않은 트랙 위에 카트를 올려놓지 않도록 한다. 카트 바퀴는 마찰이 거의 없어서 카트가 계속 굴러가서 바닥으로 추락하게 된다.

(4) 실로 추걸이와 스마트 카트를 연결하여 실을 도르래에 걸어준다. 실이 트랙과 평행하도록 도르래의 높이를 조정한다.

(5) 카트를 트랙 위에서 움직여 보고, 카트가 트랙 끝에 도달하기 전에 추가 바닥에 부딪히지 않도록 실의 길이를 조절한다.

【주의】추걸이가 땅에 닿지 않도록 실의 길이를 조절하고, 카트가 트랙을 이탈해서 떨어지지 않도록 조심해서 실험한다.

준비 2 센서와 캡스톤 프로그램 설정

(1) 컴퓨터를 켜고, 캡스톤 프로그램을 실행한다.

(2) 스마트 카트의 스위치를 켜고 내장된 센서(위치, 속도, 가속도, 힘 센서)를 연결한다. 각 센서 아이콘을 선택한 후 [Properties] 아이콘(☼)을 클릭한다. 시간에 따른 카트의 위치, 속도, 가속도, 힘의 크기를 기록한다. 힘 센서의 경우 설정 창 메뉴에서 [Change Sign]을 체크한다. (힘 센서는 미는 힘을 양수, 당기는 힘을 음수로 출력한다. 이 실험에서는 당기는 힘을 양수로 표시해야 하므로 출력값의 부호를 바꾼다.)

(3) 측정 자동 완료 조건을 구성한다. 카트가 0.5m 이동하면 자동으로 측정이 완료되도록 구성한다. [Controls] 메뉴에서 [Recording Conditions]을 클릭하여 나타난 다음 화면에서 설정한다.

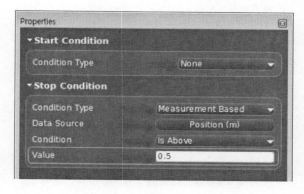

그림 8. 기록 종료 조건 설정. 시작 조건은 [Record]를 클릭하는 것이고, 종료 조건은 카트가 0.5m를 이동하면 자동으로 종료된다.

(4) 위 (3)의 설정에 의해 측정이 정상적으로 완료되는지 확인한다. 실험 진행되기 전 초기 화면에는 [Record] 버튼이 보이는데, [Record]를 클릭하면 [Stop] 버튼으로 바뀌고, 초시계 하단에 [Recording]이 표시되면서 데이터 측정이 진행된다. 카트가 0.5m 이동하면 (회전운동센서에서 측정된 변위값이 0.5m 가 되면) 자동으로 측정이 종료된다.

(5) 단위 시간 당 데이터 측정 횟수를 설정한다. 힘 센서와 회전 운동센서 모두 1초에 50회 (50Hz) 데이터를 측정한다. 모든 센서에 대해 동일한 값으로 설정해야 한다. 만약 다를 경우, 이후 과정에서 그래프의 면적을 측정할 때 오류가 발생한다.

(6) 위치에 따라 힘과 속도 그래프를 그리는 창을 생성한다(힘-위치, 속도-위치 그래프). 캡스톤 화면의 우측 [Displays] 팔레트에서 [Graph] 아이콘을 중앙으로 드래그하면 그래프를 생성한다. 그래

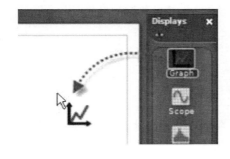

그림 9. 화면에 그래프 추가. 캡스톤 화면의 우측 [Displays] 팔레트에서 [Graph] 아이콘을 중앙으로 드래그하면 그래프 창이 생성된다.

그림 10. x축이 동기화된 그래프 추가. [Add new plot area …]를 클릭하여 추가한다.

프 창 상단의 메뉴에서 [Add new plot area …]를 클릭하여 x 축이 동기화된 그래프를 하나 더 추가한다(그림 10).

그래프 창에서 <Select Measurement>를 클릭한 후, x 축은 [Position(m)], y 축은 [Force(N)]와 [Velocity(m/s)]를 선택한다(그림 10).

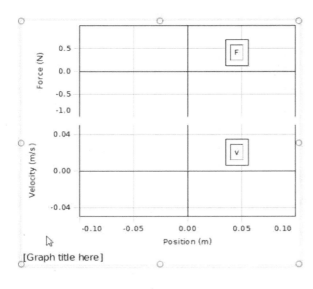

그림 11. 좌표축 선택. <Select Measurement>를 클릭한 후, x 축은 [Position(m)], y 축은 [Force(N)]와 [Velocity(m/s)]를 선택한다.

실험 1 일과 에너지

(1) 카트의 질량을 측정하고 기록한다. 전자저울을 사용하여 카트와 카트에 실린 무게 추의 질량을 함께 측정한다.

(2) 추걸이와 추의 질량을 측정하고 기록한다.

(3) 카트 위에 250g의 추를 올리고 추걸이에는 10g의 추를 걸어서 메달린 물체의 무게는 15g으로 한다. 카트의 출발 위치를 결정한다. 카트를 트랙에 놓은 후, 추걸이가 도르래 근처에 도달할 때까지 카트를 뒤로 당긴다.

(4) 카트의 힘 센서의 영점을 조정한다. 줄을 느슨하게 잡아서 힘 센서에 힘이 작용하지 않는 상태에서 화면하단의 여러 센서중 힘센서를 선택한후에 [ZERO] 버튼을 눌러 영점을 조정한다.

(5) [Record] 버튼을 클릭하여 데이터 측정을 시작한다.

(6) 카트를 출발시킨다.

【주의】 카트를 출발시킬 때는 카트를 밀거나 당기지 않도록 주의한다. 가장 좋은 방법은 수레의 움직임을 막기 위하여, 손가락으로 수레의 앞쪽을 테이블 쪽으로 누르고 있다가 수레가 움직일 방향에 있는 손을 재빨리 떼는 것이다.

(7) 카트가 추의 무게에 의해 천천히 가속되다가 고무줄 탄성 범퍼에 부딪혀서 정지한다. 카트가 일정 거리를 이동하면, 앞에서 설정한 조건에 따라 자동으로 측정이 중단된다. 실험 결과를 저장한다.

(8) 메달린 물체의 질량을 10g씩 더 증가시켜서 위 (1)~(7)의 과정을 반복한다.(총 3회)

(9) 위의 각 실험 결과를 열어서 [힘-위치, Force-Position] 그래프에서, 그래프 툴을 이용하여 적당한 영역을 선택하고, 그 영역의 그래프 면적을 구한다.

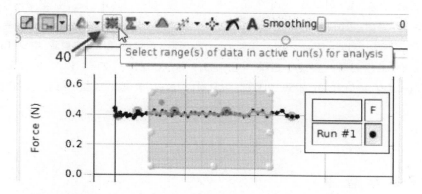

그림 12. 그래프 범위 적용. [Select range(s) …] 아이콘을 클릭한 후 나타난 창을 면적을 구하고자하는 그래프 범위에 적용한다.

이것은 두 지점 사이를 이동하는 동안 장력이 한일 $W_{장력}$이 된다. 그래프의 면적은 그림 12와 같이 먼저 [Select range(s) …] 아이콘을 사용하여 분석에 필요한 그래프 범위를 지정한다.

다음에는 그림 13과 같이 [Display area ⋯] 아이콘을 클릭하면 설정된 범위에서 그래프의 면적이 표시된다. 이 때 그래프의 좌표는 [Show coordinates ⋯] 아이콘을 사용하여 확인할 수 있다.

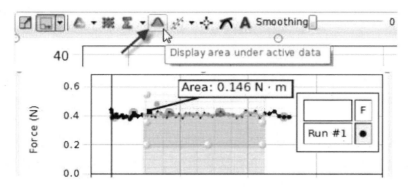

그림 13. 그래프 면적 측정. [Display area ⋯] 아이콘을 클릭하면 그림 10에서 설정된 범위의 면적이 표시된다.

(10) [속도-위치, Velocity-Position] 그래프에서 (9)에서 선택한 영역과 동일한 두 지점 사이의 운동 에너지 변화를 구한다.

(11) 분석1: 카트의 운동 분석. 일-에너지 정리에 따르면 카트에 가해지는 장력 T에 의해 카트가 가속 되므로 카트에 가해지는 힘인 장력이 한 일은 카트의 운동에너지의 변화량과 같다. $W_{장력}=\Delta K_{카트}$ 이것을 표에 기록하고 상대오차를 계산한다.

(12) 분석2: 카트+ 추+ 지구 계의 역학적 에너지는 보존 되므로 $\Delta U_{계}+\Delta K_{계}=0$ 이고 $\Delta U_{계}=-W_{중력}=-mg\Delta x$이고, $\Delta K_{계}=\Delta K_{카트}+\Delta K_{추}$ 이다. 임의의 두 위치에서 위치에너지의 변화와 운동에너지의 변화를 그래프로부터 얻어서 표에 기록하고 상대오차를 계산한다.

(13) 분석3: 추의 운동 분석. 일-에너지 정리에 따르면 추에 총 해준 일($W_{추}$)은 추의 운동에너지 변화량($\Delta K_{추}$)과 같다. 추에 가해지는 힘은 중력과 장력이이므로 $W_{추}=\Delta K_{추}$ 이고, $W_{추}=W_{장력}+W_{중력}$ 이고, 추에 장력이 한일 $W_{장력}=W_{추}-W_{중력}=-T\Delta x$이다. 장력은 힘의 방향과 추의 이동 방향이 서로 반대이므로 음의 일을 한다. 장력을 계산해보면 $T=(W_{추}-W_{중력})/(-\Delta x)=(\Delta K_{추}-W_{중력})/(-\Delta x)$이 되고 이 값과 카트에 작용하는 힘인 장력을 비교해보고 상대오차를 계산한다.

종료 실험 종료 후 할 일

실험을 완료하면 반드시 실험 장비를 정리한 후 조교의 확인을 받고 퇴실한다.

(1) 실험용 컴퓨터에 저장한 실험 데이터 파일을 모두 삭제하고 휴지통을 비운다.

(2) 컴퓨터와 인터페이스를 끈다.

(3) 트랙 받침은 트랙에 조립한 상태로 보관한다.

(4) 모든 볼트류를 분실하지 않도록 주의하고, 적절한 위치에 끼워 놓는다.

트랙 받침, 카트 범퍼, 센서 고정대의 고정볼트/사각너트는 빠지지 않게 되어 있으므로 강제로 빼지 않는다.

【주의】 역학 트랙에 부품을 고정하는데 사용한 사각너트는 고정 볼트를 시계 반대 방향으로 살짝 풀어주고 천천히 부품을 빼낸다. 이 때 사각 너트는 볼트에서 완전히 풀리지 않게 되어 있으므로, 무리한 힘을 줘서 빼내면 다시 끼울 수 없으므로 주의한다.

5. 질문 사항

(1) 일-에너지 이론의 실험적 증명은 이론과 잘 일치하는가? 만약, 오차가 많이 난다면 구해진 데이터로 부터 카트에 작용하는 마찰력을 구해보고 마찰력에 의한 일을 계산해보자.

(2) 행거의 운동에너지에 비해 마찰일의 크기는 얼마나 큰가? 계의 에너지 손실은 어떠한 요인을 찾을 수 있을까? 질량 60g을 추걸이에 걸고 앞의 실험 과정을 반복하여 데이터를 구하고 기록해보자.

스마트 카트를 활용한 **일과 에너지**

학 과		학 번		이 름	
실 험 조		담당 조교		실험 일자	

	카트 질량 M [kg]	매달린 물체의 질량 m [kg]
1		
2		
3		
평균		

분석1 일-에너지 정리(The Work Energy Theorem)

-장력 T 에 의해 카트가 움직일 때, 위치에 따른 힘과 운동에너지의 변화를 분석한다.

$W_{장력} = \Delta K_{카트}$ 이것을 표에 기록하고 상대오차를 계산한다.

	카트에 해준 일 T-x 그래프 하단의 면적 $W_{장력} = <T> \cdot \Delta x$ [J]	카트의 운동에너지 변화 $\Delta K_{카트} = \frac{1}{2}M(v_2^2 - v_1^2)$ [J]	상대 오차 (%)
1			
2			
3			

① $W_{장력}$: T-x 그래프 첨부 ② $K_{카트}$-x 또는 v-x 그래프 첨부

분석 2 역학적 에너지 보존

-전체 계의 역학적 에너지를 분석한다. $U_{계} - x$ 와 $K_{계}$-x (그래프 첨부)

	계의 위치에너지 변화[J] $\Delta U_{계} = -mg\Delta x = -W_{중력}$	계의 운동에너지 변화[J] $\Delta K_{계} = \Delta K_{카트} + \Delta K_{추}$	오차(%)	에너지 손실 $\epsilon = \Delta U_{계} + \Delta K_{계}$
1				
2				
3				

실험 3 매달린 물체(추)의 에너지 관찰

① 일－에너지 정리에 따르면 추에 총 해준 일($W_추$)은 추의 운동에너지 변화량($\Delta K_추$)과 같다. 추에 가해지는 힘은 중력과 장력이므로 $W_추 = \Delta K_추$ 이고, $W_추 = W_{장력} + W_{중력}$ 이고, 추에 장력이 한 일 $W_{장력} = W_추 - W_{중력} = -T\Delta x$ 이다. 실험의 각 조건에서 추에 작용하는 장력이 하는 일을 계산해 보고 이를 통해 추에 작용하는 장력을 계산해보자. 이 값을 실험1에서 측정한 카트의 힘센서에 의해 측정되는 평균장력 $<T>$ 과 비교해보자

	추에 가해진 일 $W_추 = \Delta K_추$	중력이 추에 의한 일 $W_{중력} = mg\Delta x$	장력이 추에 한 일 $W_{장력}$ $= W_추 - W_{중력}$	추에 작용하는 장력 $T = \dfrac{\Delta K_추 - W_{중력}}{-\Delta x}$	카트에 작용하는 측정된 장력<T>	T와 <T> 사이의 오차(%)
1						
2						
3						

② 매달린 물체의 수직 운동에서 장력에 의한 일은 ＋ 인가, －인가? 그 이유는? 계의 전반적인 운동양상과 에너지 변화를 설명해보자.

12. 스마트 카트를 활용한 운동량 보존 법칙

뉴턴 역학체계 안에서 운동량 보존은 뉴턴법칙을 직접적으로 적용하기 힘든 경우에도 운동을 효과적으로 분석할 수 있게 해준다. 운동량 보존법칙은 에너지 보존법칙만큼 중요한 법칙이다. 운동량 보존 법칙은 광속에 가깝게 빠른 속도로 운동하는 물체나 원자의 구성요소같이 매우 작은 크기의 물체처럼 뉴턴의 법칙이 적절하지 못한 경우에도 유효하다. 운동량 보존 법칙은 '충돌'이나 '폭발'과 같은 비교적 간단한 문제를 취급할 때 아주 편리하게 적용된다.

탄성 및 비탄성 충돌은 질량이 다른 두 개의 역학 카트로 시행된다. 마그네틱 범퍼는 탄성 충돌에 사용되며 Velcro® 범퍼는 완전 비탄성 충돌에 사용된다. 두 경우 모두 운동량은 보존된다. 또한 카트의 플런저를 눌러서 폭발상황을 만들 수 있고 이 경우에도 운동량이 보존된다. 카트 속도는 카트의 속도 센서로 기록된다. 카트의 운동에 마찰이 미치는 영향은 매우 작다. 폭발, 탄성충돌, 완전 비탄성 충돌을 스마트 카트를 이용하여 실험을 실시하고 운동량 보존의 법칙을 확인하고 또한 에너지의 보존 여부를 확인한다.

1. 실험 목적

두 물체가 충돌(탄성, 완전 비탄성, 폭발)하는 경우 충돌 전후에 선운동량이 보존되는지 확인하여 운동량 보존법칙을 이해하고 충돌 전후의 운동에너지가 보존되는지도 확인한다.

2. 실험 이론

알짜 외력이 작용하지 않을 때 충돌하는 두 물체 전체 계의 총운동량은 보존된다.

충돌전 전체 계의 운동량 = 충돌 후 전체 계의 운동량

$$m_A \vec{v}_A + m_B \vec{v}_B = m_A \vec{v}_A + m_B \vec{v}_B \qquad \left[\sum \vec{F}_{ext} = 0 \right]$$

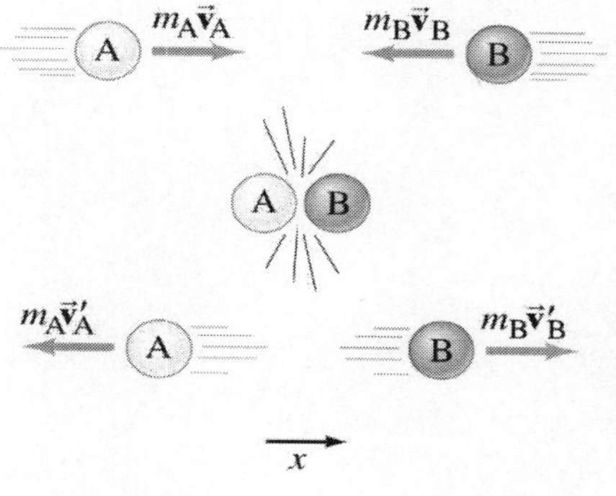

그림1. 충돌하는 두 공으로 이루어진 계의 전체 운동량 벡터는 보존된다

어떠한 충돌에서나 운동량은 보존 된다. 충돌에서 운동에너지도 보존되면 탄성충돌, 보존되지 않으면 비탄성 충돌이라 한다.

탄성충돌: 운동량 보존, 운동에너지 보존 (충돌 전 전체 운동 에너지 = 충돌 후 전체 운동 에너지)

비탄성 충돌: 운동량 보존, 운동에너지 보존 안 됨

완전 비탄성 충돌: 충돌 후 한 덩어리가 되어 같은 속도로 날아가는 것이다.

운동량 보존 법칙은 충돌이나 '폭발'과 뿐만 아니라 로켓의 추진(rocket propulsion)현상도 이해할 수 있다.

3. 실험 기구 및 장치

(1) 역학 실험장치

－역학트랙, 마그네틱 범퍼, 벨크로 범퍼, 수평계, 500g 금속막대

(2) 센서 실험장치

－컴퓨터, PASCO 550 Universal Interface

－data 수집 및 분석 software (Capstone), 스마트 카트 2대(빨간색과 파란색)

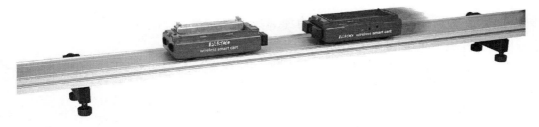

그림 2. 충돌 실험 장치

4. 실험 방법

준비 1 실험 기구 설치

(1) 테이블 위에 역학 트랙을 설치하고 양쪽 끝에는 마그네틱 범퍼를 설치한다.

(1) 빨간색과 파란색 스마트카트에 마그네틱 범퍼를 장착한다.

(2) 트랙위에 수준기를 올려놓고 좌우 수평을 맞춘다. 어느 쪽으로도 살짝 움직였을 때 가속되지 않아야 한다.

(3) 두 카트의 질량과 사용할 500g 금속막대의 질량을 정밀 측정한다. (유효숫자 4개)

준비 2 센서와 캡스톤 프로그램 설정

(1) 컴퓨터를 켜고 캡스톤 프로그램을 실행한다

(2) 왼쪽 도구 [Tools] 팔레트에서 [Hardware Setup]을 클릭한다. 빨간색과 파란색 스마트카트를 연결하고(각 조의 시리얼 넘버를 확인해서 연결) 내장된 센서 (위치, 속도)를 설정한다.

(3) 표와 그래프 템플릿을 선택하여 표의 칼럼을 추가하여 시간, 속도(Red), 속도(Blue)를 설정하고, 그래프는 속도-시간 그래프에서 속도(Red), 속도(Blue)를 동일한 y축에 나오도록 설정한다.

(4) 속도의 부호를 확인한다. 측정자의 기준으로 볼 때 수레가 오른쪽으로 움직일 때 양의 속도가 되도록 한다.

(5) 파란색 카트가 빨간색 카트의 오른쪽에 있는 상태에서 마그네틱 범퍼가 모두 오른쪽에 있게 둔다. 측정을 시작하고 두 카트를 오른쪽으로 민다. 두 속도 모두 양수여야 한다. (카트를 움직여 확인해 본다. 카트는 카트의 마그네틱 범퍼 방향으로 움직일 때 양의 속도로 인식함)

(6) 다음과 같이 도구[Tools] 팔레트에서 [Calculator]를 클릭하여 수식을 생성한다. 총운동량과 총운동에너지에 대해 함수를 선언한다. 빨간색 카트를 '1'의 첨자로 표현하고 파란색 카트를 '2'의 첨자로 표현한다.

【주의】 : 질량값의 소수점 아래숫자 개수를 서로 일치시켜야 함

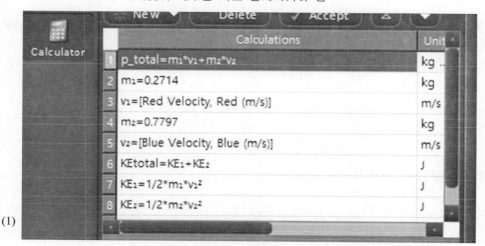

(1)

그림3. [Calculator]를 클릭하여 총운동량과 총운동에너지의 수식을 생성한다

(8) 그래프에 시간 대 총운동량과 총운동에너지 그래프를 각각 추가한다.

실험1 폭발- A. 동일 질량 카트

두 카트의 질량을 동일하게 해서 폭발상황을 만든다. 스프링 플런저를 누른 후 방아쇠를 작동시켜 폭발상황을 만들 수 있다.

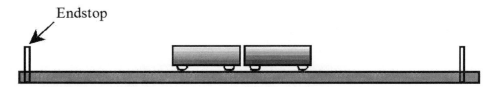

그림 4. 동일질량 폭발실험 세팅

(1) 폭발 상황을 만들기 위해 파란색 카트의 마그네틱 범퍼는 그대로 우측으로 두고, 두카트의 플런저 쪽이 마주 보도록 빨간색 카트를 180° 돌려서 플런저가 우측 마그네틱 범퍼가 좌측이 되도록 놓는다. 카트의 플런저를 눌러 2번 위치에 놓는다. 한 카트가 다른 카트와 접촉하고 있는 한 어느 쪽 플런저가 눌려 있는 것이 중요하지는 않다. 트랙 중앙에서 두 개의 카트가 다른 카트와 접촉하도록 놓는다.

(2) 빨간색 카트를 반대로 하고 있으므로 (빨간색 카트의 마그네틱 범퍼가 좌측으로 세팅되므로 왼쪽으로 이동할 때 음의 속도로 인식시키기 위해) 동일한 좌표계를 유지하려면 빨간색 카트의 setup을 열고 빨간색 스마트 카트 위치 센서 옆에 있는 속성 버튼을 클릭하고 부호 변경을 선택한다. (빨간색 스마트 카트는 마그네틱 범퍼 쪽으로 움직일 때 음의 속도로 인식함)

(3) [RECORD]를 눌러 측정을 시작하고 카트가 움직이도록 플런저 방아쇠 누른다. 추 또는 매스바로 방아쇠를 누르는 것이 효과적이다.

(4) 카트가 트랙 끝에 도달하기 전에 [STOP]을 눌러 기록을 중지한다.

(5) 그래프에서 도구를 사용하여 폭발 직후의 빨간색 및 파란색 카트의 속도, 총 운동량, 총 운동에너지를 찾아서 표에 기록한다.

속도:v, 운동량:p, 운동에너지:KE 라고 표현하고, 첨자는 빨간색:r, 파란색:b, 처음:int, 나중:fin 으로 표현한다.

(6) 그래프 총운동량-시간, 총운동에너지-시간 그래프를 첨부한다.

폭발- B. 질량이 서로 다른 카트

파란색 카트의 질량을 변화시켜 충돌시킨다.

(1) 500g 금속 막대를 파란색 카트에 넣는다. [CALCULATOR]의 m2 값을 변경한다. 파트 A의 1~6단계를 반복한다.

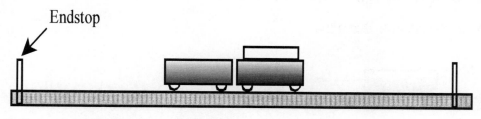

그림 5. 서로 다른 질량 폭발 실험 세팅

실험 2 완전 비탄성 충돌- A. 동일 질량 카트

두 카트의 질량을 동일하게 해서 완전 비탄성 충돌을 만든다. 완전 비탄성 충돌을 위해 벨크로 범퍼를 이용한다. 정지한 파란색 카트를 향해 빨간색 카트를 밀어서 충돌시키면 벨크로 범퍼에 의해 두 카트는 붙어서 같이 움직인다.

그림 6. 동일질량 완전 비탄성 충돌 실험 세팅

위의 그림과 같이 Velcro® 범퍼가 서로 마주 보게 하여 빨간색과 파란색 카트를 트랙에 정지해 놓는다. (플런저를 완전히 밀어 넣어서 서로 영향을 주지 않도록 한다) [CALCULATOR]의 m_2 값을 변경한다.

(1) 빨간색 카트를 반대로 하고 있으므로 동일한 좌표계를 유지하려면 setup을 열고 빨간색 스마트 카트 위치 센서 옆에 있는 속성 버튼을 클릭하고 부호 변경을 선택한다. (실험1과 동일)

(2) [RECORD]를 눌러 측정을 시작하고 빨간색 카트를 파란색 카트 쪽으로 밀어준다. 두 카트가 충돌하여 함께 움직여 트랙 끝에 도달하기 전에 [STOP]을 눌러 측정을 중지한다.

(3) 그래프에서 충돌 직전과 직후에 두 카트의 속도를 찾고, 총운동량, 총운동에너지도 찾아서 표에 기록한다. 그래프를 확장하여 관심 있는 영역만 보는 것이 도움이 된다.

(4) 파란색 카트의 초기 속도는 0.0 m/s이고, 최종 속도는 빨간색 카트가 서로 붙어 있기 때문에 동일하다.

(5) 그래프 총운동량-시간, 총운동에너지-시간 그래프를 첨부한다.

완전 비탄성 충돌- B. 질량이 서로 다른 카트

파란색 카트의 질량을 변화시켜 충돌시킨다.

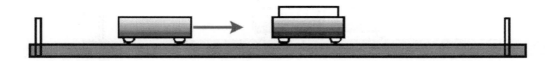

그림 7. 서로 다른 질량에 대해 완전 비탄성 충돌 실험 세팅

(1) 500g 금속 막대를 파란색 카트에 넣는다. [CALCULATOR]의 m_2 값을 변경한다. 파트 A의 1~6단계를 반복한다.

실험 3 탄성 충돌- A. 동일 질량 카트

탄성 충돌을 위해 마그네틱 범퍼를 이용한다. 두 카트의 마그네틱 범퍼가 서로 마주보게 하여 충돌시킨다.

그림8. 동일질량 완전 탄성 충돌 실험 세팅

(1) 위 그림과 같이 마그네틱 범퍼가 서로 마주보게 하여 빨간색과 파란색 카트를 트랙에 정지해 놓는다. 이제 빨간색 카트는 원래 양의 방향에 있고 파란색 카트는 반전되었으므로 데이터 요약을 열고 빨간색 스마트 카트 위치 센서 옆에 있는 속성 버튼을 클릭하여 기호 변경을 선택 취소하고 파란색 스마트 카트 위치 센서 속성을 열고 기호 변경 선택한다

(2) 마그네틱 범퍼가 서로 마주보게 하여 빨간색 및 파란색 카트를 트랙에 정지해 놓는다. [CALCULATOR]의 m_2 값을 변경한다.

(3) [RECORD]를 눌러 측정을 시작하고 빨간색 카트를 파란색 카트 쪽으로 밀어준다. 빨간색 카트가 정지해 있는 파란색 카트와 탄성 충돌한다.

(4) 카트 중 하나가 트랙 끝에 도달하기 전에 [STOP]을 눌러 측정을 중지한다.

(5) 그래프에서 충돌 직전과 직후에 두 카트의 속도를 찾고 총운동량, 총운동에너지도 찾아서 표에 기록한다. 그래프를 확장하여 관심 있는 영역만 보는 것이 도움이 된다.

(6) 파란색 카트의 초기 속도는 0.0m/s이다. 파란색 카트의 최종 속도를 찾는다.

(7) 그래프 총운동량-시간, 총운동에너지-시간 그래프를 첨부한다.

탄성 충돌- B. 질량이 서로 다른 카트

파란색 카트의 질량을 변화시켜 충돌시킨다.

그림 8. 서로 다른 질량에 대해 완전 탄성 충돌 실험 세팅

(1) 500g 금속 막대를 파란색 카트에 넣는다. [CALCULATOR]의 m_2 값을 변경한다. 파트 A의 1~6단계를 반복한다.

종료 실험 종료 후 할 일

실험을 완료하면 반드시 실험 장비를 정리한 후 조교의 확인을 받고 퇴실한다.

(1) 실험용 컴퓨터에 저장한 실험 데이터 파일을 모두 삭제하고 휴지통을 비운다.

(2) 컴퓨터와 인터페이스를 끈다.

(3) 트랙 받침은 트랙에 조립한 상태로 보관한다.

(4) 모든 볼트류를 분실하지 않도록 주의하고, 적절한 위치에 끼워 놓는다.

트랙 받침, 카트 범퍼, 센서 고정대의 고정볼트/사각너트는 빠지지 않게 되어 있으므로 강제로 빼지 않는다.

【주의】역학 트랙에 부품을 고정하는데 사용한 사각너트는 고정 볼트를 시계 반대 방향으로 살짝 풀어주고 천천히 부품을 빼낸다. 이 때 사각 너트는 볼트에서 완전히 풀리지 않게 되어 있으므로, 무리한 힘을 줘서 빼내면 다시 끼울 수 없으므로 주의한다.

5. 질문 사항

(1) 어떤 종류의 충돌에서 운동량은 보존되는가?

(2) 총 속도는 충돌 전후에 보존되는가?

(3) 어떤 유형의 충돌에 대해 에너지가 보존되는가?

제 III 부 : 역학 실험

(4) 폭발에서 얻어진 추가적인 운동 에너지는 어디에서 왔는가?

스마트 카트를 활용한 운동량 보존 법칙

학 과		학 번		이 름	
실 험 조		담당 조교		실험 일자	

빨간 카트의 질량:_____kg

파란 카트의 질량:_____kg

추의 질량:_____kg

▶ 충돌 전후 속도 측정

	카트 질량	m_r [kg]	m_b [kg]	$v_{r,init}$ [m/s]	$v_{b,init}$ [m/s]	$v_{r,fin}$ [m/s]	$v_{b,fin}$ [m/s]
폭발	동일 질량			0.0	0.0		
	다른 질량			0.0	0.0		
완전 비탄성 충돌	동일 질량				0.0		
	다른 질량				0.0		
탄성 충돌	동일 질량				0.0		
	다른 질량				0.0		

▶ 폭발

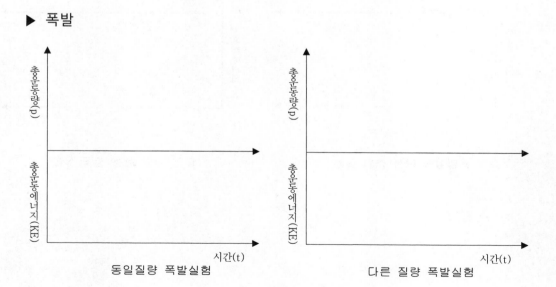

동일질량 폭발실험   다른 질량 폭발실험

▶ 완전 비탄성충돌

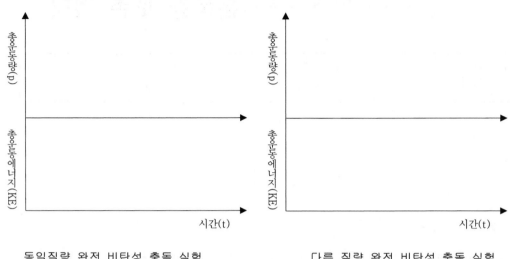

동일질량 완전 비탄성 충돌 실험   다른 질량 완전 비탄성 충돌 실험

▶ 탄성 충돌

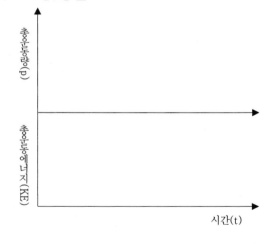
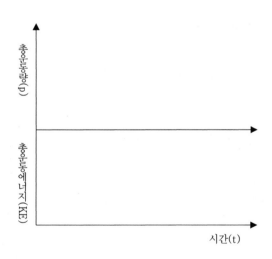

동일질량 탄성 충돌 실험   다른 질량 탄성 충돌 실험

▶ 분석

1. 각 충돌에 대해 각각의 카트의 충돌 전 총운동량과 충돌 후 총운동량을 계산하여라.

2. 충돌 전과 충돌 후 총운동량의 차이를 % 값(총운동량 변화/처음총운동량X100)을 계산하여라.

		카트 질량	$p_{r,init}$ [kgm/s]	$p_{b,init}$ [kgm/s]	$p_{total,init}$ [kgm/s]	$p_{r,fin}$ [kgm/s]	$p_{b,fin}$ [kgm/s]	$p_{tot,fin}$ [kgm/s]
폭발		동일 질량	0.0	0.0				
		다른 질량	0.0	0.0				
완전 비탄성 충돌		동일 질량		0.0				
		다른 질량		0.0				
탄성 충돌		동일 질량		0.0				
		다른 질량		0.0				

3. 각 충돌에 대해 각각의 카트의 충돌 전 총운동에너지와 충돌 후 총 운동에너지를 계산하여라.
   (또는 그래프에서 해당 데이터를 찍어서 기입한다.)

4. 충돌 전과 충돌 후 총운동에너지의 차이를 % 값(총운동에너지 변화/처음총운동에너지X100)을 계산하여라.

		카트 질량	$KE_{r,init}$ [J]	$KE_{b,init}$ [J]	$KE_{tot,int}$ [J]	$KE_{r,fin}$ [J]	$KE_{r,fin}$ [J]	$KE_{tot,fin}$ [J]	$\triangle KE_{tot}$ [J]
폭발		동일 질량	0.0	0.0					
		다른 질량	0.0	0.0					
완전 비탄성 충돌		동일 질량		0.0					
		다른 질량		0.0					
탄성 충돌		동일 질량		0.0					
		다른 질량		0.0					

13. 힘 센서를 활용한 충격량과 작용반작용의 법칙

일상에서 물체가 충돌하는 일은 자주 발생한다. 두 물체가 서로 충돌할 때 매우 짧은 시간 동안 순간적으로 큰 힘이 작용한다. 이 때문에 뉴턴의 운동 제2 법칙 $F=ma$로 이러한 현상을 설명하기는 쉽지 않다. 물리학에서는 이와 같은 충돌 현상을 설명하기 위해 운동량과 충격량 개념을 도입한다. 충돌이나 폭발과 같은 현상에서도 총운동량이 보존되고 각각의 물체가 받은 충격량은 자신의 운동량 변화와 같다는 충격량-운동량 정리가 성립한다고 알려져 있다.

우리는 힘 센서와 스마트 카트를 이용하여 물체가 서로 충돌하는 실험을 하고, 충돌하는 두 물체 사이에 작용반작용의 법칙과 충격량-운동량 정리가 성립하는가를 알아볼 것이다. 힘 센서를 이용하여 충돌하는 두 물체 사이에 작용하는 힘을 측정하여 뉴턴의 운동 제3 법칙인 작용반작용의 법칙이 성립하는가를 확인하고, 스마트 카트에 내장된 속도 센서로 속도를 측정하여 충격량-운동량 정리가 성립하는가를 알아볼 것이다.

1. 실험 목적

역학 트랙 위에서 스마트 카트를 이용한 충돌실험을 하고 충돌 전후에 카트의 운동량 변화가 카트가 받는 충격량과 같은지 확인한다. 이와 동시에 충돌하는 두 물체 사이에 작용하는 힘이 작용-반작용의 법칙을 따르는지 확인한다.

2. 실험 이론

(1) 운동량과 운동량 보존의 법칙

운동량(momentum)이란 운동하는 물체가 운동하려는 정도를 나타내는 물리량으로, 운동량($\vec{p}$)은 물체의 질량(m)과 속도($\vec{v}$)의 곱으로 다음과 같이 정의된다.

$$\vec{p} = m\vec{v} \tag{1}$$

운동량은 선 운동량(linear momentum)이라고도 부르며, 속도와 마찬가지로 크기와 방향을 갖는 벡터량이다.

뉴턴의 운동 제2법칙, $\Sigma\vec{F} = m\vec{a}$를 다른 형태로 고쳐보면 다음과 같이 쓸 수 있다.

$$\Sigma\vec{F} = m\frac{d\vec{v}}{dt} = \frac{d\vec{p}}{dt} \tag{2}$$

여기서 질량 m은 상수이므로 미분기호 속으로 들어갈 수 있고, $\vec{p} = m\vec{v}$임을 이용하였다.

식 (1)에서 물체에 작용하는 알짜 힘이 없다면

$$0 = m\frac{d\vec{v}}{dt} = \frac{d\vec{p}}{dt} \tag{3}$$

이 된다. 이 식은 물체에 작용하는 알짜 힘이 없을 경우

$$\vec{p} = m\vec{v} = 일정 \tag{4}$$

즉, 물체의 운동량이 보존됨을 말해준다. 위 식은 하나의 물체가 아니라, 다음 그림과 같이 외력이 작용하지 않는 두 개 이상의 물체가 충돌하는 계(system)에서도 적용된다.

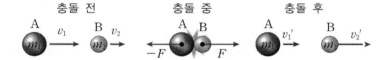

그림 1. 운동량 보존의 법칙. 외력이 작용하지 않으면서 두 물체가 충돌하는 경우 충돌 전후의 총운동량은 보존된다.

$$m_1\vec{v}_1 + m_2\vec{v}_2 = m_1\vec{v}'_1 + m_2\vec{v}'_2 \tag{5}$$

이것을 운동량 보존의 법칙이라고 말한다.

뉴턴 역학체계 안에서 운동량 보존은 뉴턴법칙을 직접적으로 적용하기 힘든 경우에도 운동을 효과적으로 분석할 수 있게 해준다. 운동량 보존법칙은 에너지 보존법칙만큼 중요한 법칙이다. 운동량 보존 법칙은 광속에 가깝게 빠른 속도로 운동하는 물체나 원자의 구성요소같이 매우 작은 크기의 물체처럼 뉴턴의 법칙이 적절하지 못한 경우에도 유효하다.

(2) 운동량-충격량 정리

운동량과 운동에너지는 유사해 보이는 물리량이다. 다시 말해 운동량 $\vec{p} = m\vec{v}$ 와 운동에너지 $K = \frac{1}{2}mv^2$ 은 물체의 질량과 속도에 의존한다. 두 물리량의 차이를 수학적으로 말한다면 운동량은 크기가 속도에 비례하는 벡터량이고 운동에너지는 속력의 제곱에 비례하는 스칼라량이다. 하지만 두 양은 물리적으로 상당히 다른 양이다. 두 양의 물리적인 차이를 알려면 운동량에 밀접히 관련된 충격량을 알아야 한다.

충격량은 물체가 받은 충격의 정도를 나타내는 물리량으로 정의되며, 크기와 방향을 갖는다. 어떤 물체가 t_1 부터 t_2까지 Δt 시간간격 동안 일정한 총 힘 $\Sigma\vec{F}$ 가 작용되었다면 **충격량(impulse)**은 총 힘과 시간 간격의 곱으로 나타낼 수 있다.

$$\vec{I} = \Sigma\vec{F}(t_2 - t_1) = \Sigma\vec{F}\Delta t \tag{6}$$

운동량 변화율 $\frac{d\vec{p}}{dt}$는 총운동량 변화량 $\vec{p}_2 - \vec{p}_1$를 시간간격 $t_2 - t_1$으로 나눈 것과 같기 때문에

$\sum \vec{F} = \dfrac{\vec{p_2} - \vec{p_1}}{t_2 - t_1}$ 이고 이 식을 변형하면 $\sum \vec{F}\,(t_2 - t_1) = \vec{p_2} - \vec{p_1}$ 이 된다. 이 식을 위의 (6)식과 비교하면

$$\vec{I} = \vec{p_2} - \vec{p_1} \qquad\qquad (7)$$

이 되는데, 이를 **충격량-운동량 정리(Impulse-Momentum Theorem)**라고 한다. 즉, 한 물체에 주어진 시간 동안 생긴 운동량 변화는 물체에 작용한 총 힘의 충격량과 같다.

충격량은 $\sum \vec{F}$ 와 방향이 같은 벡터량이며 SI 단위는 N·s이다. 충격량-운동량 정리는 힘이 일정하지 않은 경우에도 적용되는데

$$\vec{I} = \int_{t_i}^{t_f} \sum \vec{F} dt \qquad\qquad (8)$$

이 정의에 의해서 충격량-운동량 정리인 (3)식은 알짜힘이 시간에 따라 변하는 경우에도 적용된다.

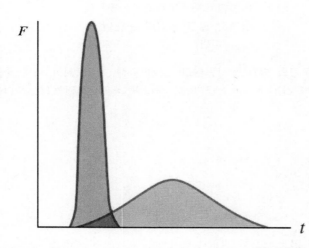

그림 2. **충격량**. 일정한 운동량을 가진 물체가 충돌할 경우, 어떤 충돌인가에 관계없이 똑같은 충격량을 갖는다.

일정한 운동량을 가진 물체가 충돌할 경우, 딱딱한 충돌이나 부드러운 충돌에 관계없이 똑같은 충격량을 갖는다(곡선 하단의 면적이 같다). 딱딱한 충돌은 짧은 시간에 큰 힘을, 부드러운 충돌은 비교적 긴 시간에 작은 힘이 물체에 작은 힘이 가해진다. 이를 이용한 안전장치가 에어백이다. 에어백은 자동차 사고가 날 경우, 운전자가 똑같은 충격량을 받지만 충돌 시간을 늘림으로써 유해한 힘의 크기를 줄이는 역할을 한다.

물체가 장벽에 부딪히게 될 때, 충돌이 일어나는 상황에 따라 물체에 관한 힘은 변화한다. 물체(충격)의 운동량에 있어서의 변화는 다음 두 가지 방법으로 계산될 수 있다.

(1) 충돌 이전의 속력($\vec{v_i}$)과 충돌 이후의 속력($\vec{v_f}$)을 이용하여 : $\Delta \vec{p} = m\vec{v_f} - m\vec{v_i}$

(2) 충돌하는 중 시간에 따른 힘의 변화를 이용하여 충격량($\vec{I}$)는 : $\vec{I} = \int \vec{F} dt = \vec{F}_{avg}\,\Delta t = \Delta \vec{p}$

위 (1), (2)에 따라 운동량의 변화량과 충격량의 크기는 같다. 실험을 통하여 위의 관계를 알아본다.

(3) 작용 반작용의 법칙

상호작용하는 두 물체는 서로 상대방의 물체에 힘을 작용한다. 그림 3에서 m_2가 m_1에 가하는 힘을 가하면($\vec{F}_{12}$라고 표기), m_1도 마찬가지로 m_2에 힘을 가한다($\vec{F}_{21}$이라고 표기). 이때 두 힘은 크기가 같고 방향이 반대이다. 즉,

$$\vec{F}_{12} = -\vec{F}_{21} \tag{9}$$

의 관계가 성립한다. 이를 뉴턴 운동 제3법칙 또는 작용 반작용의 법칙이라고 한다. 이때 두 힘 중 하나를 작용이라고 하면 다른 하나를 반작용이라고 한다.

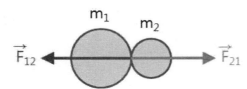

그림 3. 작용 반작용의 법칙. 한 물체가 다른 물체에 힘을 미치면 다른 물체도 그 물체에 크기가 같고 방향이 반대인 힘을 미친다.

두 물체가 서로 충돌하는 경우에도 작용 반작용의 법칙이 성립한다. 다시 말해, 두 물체가 서로 충돌하는 경우, 두 물체 사이에는 매우 큰 힘이 작용하는데, 이 힘들 역시 하나가 작용이라면 다른 하나는 반작용이 된다.

3. 실험 기구 및 장치

(1) 역학 실험장치

- 역학트랙(ME-9452), 자기 범퍼(End Stop, 2) , 스프링 범퍼 2개, 스텐드,힘 센서 브라켓
- 트랙 다리, 스탠드, 수평계
- 500g 쇠 막대

(2) 센서 실험장치

- 컴퓨터, PASCO 550 Universal Interface, 무선 힘센서
- 데이터 수집 및 분석 소프트웨어(Capstone), 스마트 카트

4. 실험 방법

이 실험에서는 트랙의 끝에 무선 힘센서를 고정하고 스마트 카트와 충돌할 때 충격량과 카트의 운동

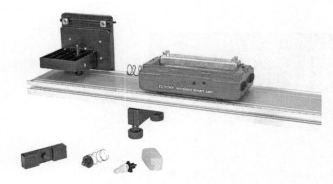

그림 4. **충돌 실험 장치.** 마찰이 거의 없는 역학 트랙 위에서 역학수레를 이용하여 충돌 실험을 할 수 있다.

량 변화, 그리고 탄성을 다르게 했을 때 충격량을 비교하고 작용 반작용 법칙을 확인한다.

준비 1 실험 기구 설치

(1) 역학 트랙을 설치하고 한쪽 끝에는 자기범퍼 다른 한쪽에는 힘센서 브라켓을 설치한다

(2) 힘센서 브라켓에 무선 힘센서를 설치하고 센서 앞부분에 자기범퍼를 설치한다

(3) Smart Cart에도 자석 범퍼를 장착한다.

(4) 트랙위에 수평계를 올려놓고 좌우 수평을 맞춘다

준비 2 센서와 캡스톤 프로그램 설정

(1) 컴퓨터를 켜고 캡스톤 프로그램을 실행한다.

(2) 왼쪽 도구 [Tools] 팔레트에서 [Hardware Setup]을 클릭한다. 프로그램이 실행되면서 다음과 같이 연결된 무선 장치를 탐색하는 화면이 나타나고, 사용 가능한 무선 장치들(스마트 카트, 무선힘센서)을 찾아서 알려준다.

그림 5. 사용 가능한 무선장치를 찾아서 알려준다.

(3) 위 화면에 나타난 스마트 카트(Smart Cart, Red)를 클릭한다.

스마트 카트에 내장되어 있는 센서들(위치, 힘, 가속도, 자이로)이 다음 그림과 같이 차례로 화면에 표시된다.

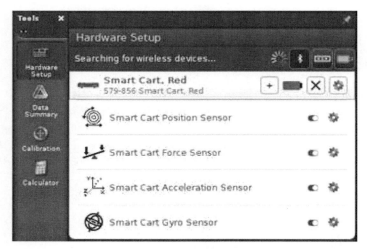

그림 6. 스마트 카트에 내장된 무선센서들이 표시된다.

사용할 센서를 선택한 후 [Properties] 아이콘(☼)을 클릭한다. 시간에 따른 카트의 위치, 속도, 가속도, 힘 센서를 설정한다. 힘 센서가 화면에 표시되면 [Properties] 아이콘을 클릭한다. [Change Sign]을 체크한다. (힘센서는 미는 힘을 양수, 당기는 힘을 음수로 출력한다. 이 실험에서는 두 힘이 서로 반대 방향으로 작용하므로 하나를 음수로 표시하기 위해 부호를 바꾼다.)

(4) 캡스톤 [Hardware Setup]을 클릭하여 무선 힘 센서 연결을 확인한다. [Hardware Setup]에서 센서는 자동으로 인식된다.

(5) 단위 시간 당 데이터 측정 횟수를 설정한다. 샘플링은 1초에 200 회 (200Hz) 데이터를 측정한다. 모든 센서에 대해 동일한 값으로 설정한다. 만약 다를 경우, 이후 과정에서 그래프의 면적을 측정할 때 오류가 발생한다.

(6) [Displays] 팔레트에서 [Graph] 아이콘을 중앙으로 드래그하여 그래프를 추가한다.우측 [Displays] 팔레트에서 [Graph] 아이콘을 왼쪽 화면 중앙으로 드래그하면 그래프 화면이 생성된

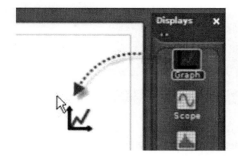

그림 7. 화면에 그래프 추가.
캡스톤 화면의 우측
[Displays] 팔레트에서
[Graph] 아이콘을 중앙으로
드래그하면 그래프 창이
생성된다.

다. 다음에는 그래프 상단에 나타나는 메뉴에서 [Add new plot area …]를 클릭하면 x축이 동기화된 그래프가 추가된다.

그림 8. x축이 동기화된 그래프 추가. [Add new plot area …]를 클릭하여 추가한다.

(7) 캡스톤의 Calculator에서 운동량 (p=mv)를 선언한다. ※카트추의 질량을 바꿀 때마다 m값 변경※

(8) 표를 드래그한 후 표의 칼럼을 추가하여 시간, 속도, 힘(카트), 힘(무선 힘센서)을 설정한다. 두개의 그래프의 x축과 y축에 놓여있는 <Select Measurement>를 클릭한 후 x축으로 [Time(s)], y 축으로 [Force(N)] 와 [p(kgm/s)]를 각각 설정하고, 힘은 힘(카트), 힘(무선힘센서) 를 모두 설정한다. (우측 마우스키를 눌러 add similar measurement를 눌러서 힘(카트), 힘(무선힘센서)를 체크해서 동시에 두 개의 측정을 한 그래프를 보여줄 수 있다.)

실험 1 자기적 반발력을 이용한 충돌실험

충돌 범퍼를 자기 범퍼를 사용하고, 충돌실험을 한다.

(1) 데이터 기록하기 전 무선 힘 센서 윗면의 tare 버튼을 눌러 0점 조절한다 (매 측정마다 한다)

(2) 스마트 카트의 힘센서도 화면 아랫쪽의 카트 힘센서를 선택하여 영점조절 버턴을 누른다 (매 측정마다 한다)

(3) 카트, 추 질량 측정하고 표에 기록한다

(4) 카트에 추(500g)을 싣고 Smart Cart의 플런저를 1단으로 맞춘 후 End Stop앞에 정지시킨다.

(5) 캡스톤 프로그램 메뉴 하단의 [Record] 버튼을 클릭한 뒤 카트의 방아쇠를 눌러 카트를 출발시킨 후 Force Sensor와 충돌 후 운동방향이 바뀔 때까지 과정을 Capstone으로 측정한다. 이때 화면상에 그래프(운동량-시간, 힘-시간)가 같이 나타나며, 카트가 정지하면 [Stop] 버튼을 클릭하여 측정을 종료한다.

(6) 운동량-시간의 그래프를 확인한다.

(7) 그래프에서 smart tool의 커서 아이콘을 눌러 충돌전 운동량과 그때의 시간 및 충돌후 운동량과 그때 시간을 데이터 표에 기록한다. 그래프를 같이 첨부해서 제출한다.

(8) 힘-시간의 그래프에서 충격량을 구한다

(9) 그래프상에서 충돌에 대응되는 영역을 선택한 뒤 상단의 면적 계산 아이콘을 눌러 면적을 계산한다. 이때 이 면적이 충격량이며 그 값을 표에 기록한다. 그래프를 같이 첨부해서 제출한다.

(10) 위의 (4)~(9)의 과정을 반복한다.

실험 2 용수철 반발력을 이용한 충돌 실험 [용수철1(약한 것), 용수철2(강한 것)]

스마트 카트의 범퍼를 용수철로 바꾸어서 위의 실험을 반복한다 (카트 질량 재측정 필요) 범퍼를 약한 용수철 또는 강한 용수철 범퍼로 바꾸고 **실험 1** 의 충돌실험을 한다.

종료 실험 종료 후 할 일

실험을 완료하면 반드시 실험 장비를 정리한 후 조교의 확인을 받고 퇴실한다.

(1) 실험용 컴퓨터에 저장한 실험 데이터 파일을 모두 삭제하고 휴지통을 비운다.

(2) 컴퓨터와 인터페이스를 끈다.

(3) 트랙 받침은 트랙에 조립한 상태로 보관한다.

(4) 모든 볼트류를 분실하지 않도록 주의하고, 적절한 위치에 끼워 놓는다. 트랙 받침, 카트 범퍼, 센 서 고정대의 고정볼트/사각너트는 빠지지 않게 되어 있으므로 강제로 빼지 않는다.

【주의】역학 트랙에 부품을 고정하는데 사용한 사각너트는 고정 볼트를 시계 반대 방향으로 살짝 풀 어주고 천천히 부품을 빼낸다. 이 때 사각 너트는 볼트에서 완전히 풀리지 않게 되어 있으므로, 무리한 힘을 줘서 빼내면 다시 끼울 수 없으므로 주의한다.

5. 질문 사항

(1) '운동량–충격량 정리'가 얼마나 잘 성립하는지 논하라. 위 실험 결과에서 운동량의 변화량과 충격 량이 어떠한 관계가 있는지 '실험 이론'의 내용과 '실험 결과'를 토대로 비교하여 설명하라.

(2) 단단한 물체와의 충돌과 부드러운 물체와의 충돌에서 충격력과 충돌시간을 비교하라.

(3) 위의 비교를 응용하여, 차량의 에어백이 정면충돌 시 탑승자가 다치는 것을 어떻게 막을 수 있는 지 설명하라.

(4) 이번 실험을 응용하여 실생활에서 찾아볼 수 있는 예는 무엇이 있는가? 그리고 어떻게 응용되고 있는지 설명하라.

힘 센서를 활용한 충격량과 작용반작용의 법칙

학 과		학 번		이 름	
실 험 조		담당 조교		실험 일자	

실험 1 자기적 반발력을 이용한 충돌 실험

• 충돌 전/후의 운동량의 변화와 충격량 구하기

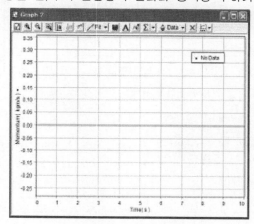

카트의 운동량 – 시간 그래프

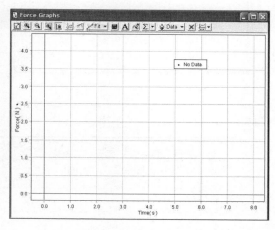

카트와 무선힘 센서의 힘 – 시간 그래프

• 카트의 총 질량 : $m =$_____[kg]

실험 횟수	충돌 전 속도 v_i [m/s]	충돌 후 속도 v_f [m/s]	운동량의 변화량 $\Delta p = m(v_f - v_i)$	충돌 지속 시간 $\Delta t = t_f - t_i$	카트가 받은 충격량 I [N·s]	벽이 받은 충격량 I' [N·s]
1						
2						
3						
4						
5						
평 균						

상대오차 =운동량의 변화량/충격량 ×100= _____[%]

실험 2-1 약한 용수철 반발력을 이용한 충돌 실험

• 충돌 전/후의 운동량의 변화와 충격량 구하기

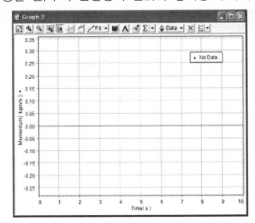

카트의 운동량 - 시간 그래프

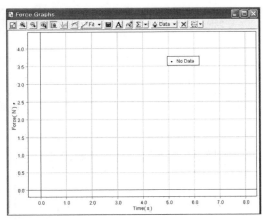

카트와 무선힘 센서의 힘 - 시간 그래프

• 카트의 총 질량 : $m =$ _____ [kg]

실험 횟수	충돌 전 속도 v_i [m/s]	충돌 후 속도 v_f [m/s]	운동량의 변화량 $\Delta p = m(v_f - v_i)$	충돌 지속 시간 $\Delta t = t_f - t_i$	카트가 받은 충격량 I [N·s]	벽이 받은 충격량 I' [N·s]
1						
2						
3						
4						
5						
평 균						

상대오차 =운동량의 변화량/충격량 ×100= _____ [%]

실험 2-2 강한 용수철 반발력을 이용한 충돌 실험

• 충돌 전/후의 운동량의 변화와 충격량 구하기

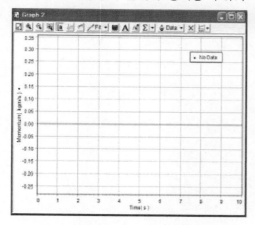

카트의 운동량 - 시간 그래프

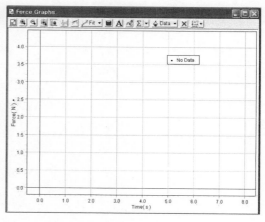

카트와 무선힘 센서의 힘 - 시간 그래프

• 카트의 총 질량 : $m =$ _____[kg]

실험 횟수	충돌 전 속도 v_i [m/s]	충돌 후 속도 v_f [m/s]	운동량의 변화량 $\Delta p = m(v_f - v_i)$	충돌 지속 시간 $\Delta t = t_f - t_i$	카트가 받은 충격량 I [N·s]	벽이 받은 충격량 I' [N·s]
1						
2						
3						
4						
5						
평 균						

상대오차 =운동량의 변화량/충격량 ×100= _____[%]

14. 로터리모션 센서를 활용한 관성모멘트 측정

어떤 물체는 질량이 있으나 크기를 무시하거나 매우 작은 경우 그 물체를 간단히 하나의 질점으로 다룰 수 있다. 하지만 우리 주위에 있는 실제의 물체들은 크기와 모양을 갖는다. 이 때문에 이러한 물체에 힘을 가하면 물체는 그 형태와 질량의 분포에 따라 회전운동을 하게 된다.

관성모멘트는 크기가 있는 물체의 운동을 기술하는데 필요한 물리량이다. 직선운동을 하는 물체의 경우, 질량이 관성(운동 상태를 유지하려는 성질)의 역할을 하는 것처럼 회전운동을 하는 물체의 경우, 관성모멘트가 관성의 역할을 한다. 이 때문에 관성모멘트를 회전관성이라고도 한다. 크기가 있는 물체의 운동을 다룰 때는 병진운동뿐 아니라 회전운동도 고려해야 한다.

물체의 회전운동은 물체의 형태뿐만 아니라 회전축에 따라서도 달라진다. 이 실험에서는 여러 가지 형태의 강체들의 관성모멘트를 실험적으로 측정하여 관성모멘트 개념과 정의를 이해한다.

1. 실험 목적

강체는 기하학적 형태에 따라 관성모멘트가 다르다. 이 실험은 여러 가지 형태(원반, 링, 막대 등)를 갖는 강체들의 관성모멘트를 측정함으로써 관성모멘트의 개념과 정의를 이해한다.

2. 실험 이론

미식축구에서 쿼터백은 타원형의 축구공을 더 멀리 던지기 위해 장축을 중심으로 회전하며 날아가도록 공을 던진다. 빙판 위의 피겨 스케이팅 선수는 더 빠른 속도로 회전하기 위해 바깥으로 뻗었던 양팔을 최대한 몸 가까이 오므린다. 이러한 동작을 하는 이유는 관성모멘트와 각운동량 보존이다.

(1) 관성 모멘트

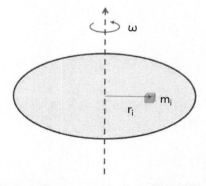

그림 1. 고정축 주위로 회전하는 강체

그림과 같이 고정축 주위로 각속도 ω로 회전하는 강체를 생각해보자. 이때 이 강체를 N개의 질점으로 구성된 질점계로 보고, 각 질점 m_i는 각속도 ω로 회전축 주위로 속도 $v_i = r_i \omega$로 회전하는 것으로

제 Ⅲ 부 : 역학 실험

볼 수 있다.

따라서 이 질점계의 총 운동에너지 K는 다음과 같이 쓸 수 있다.

$$K = \sum_{i=1}^{N} K_i = \sum_{i=1}^{N} \frac{1}{2} m_i v_i^2 \tag{1}$$

그런데, 이 강체의 모든 질점은 동일한 각속도 ω로 운동하므로, $v_i = r_i \omega$를 이용하여

$$K = \frac{1}{2} \omega^2 \sum_{i=1}^{N} m_i r_i^2 = \frac{1}{2} I \omega^2 \tag{2}$$

로 쓸 수 있다. 여기서 I는 주어진 회전축에 대한 강체의 관성모멘트이며, 다음과 같이 정의된다.

$$I \equiv \sum_{i=1}^{N} m_i r_i^2 \tag{3}$$

강체 내의 질점이 연속적으로 분포되어 있는 경우, 위 식(3)은

$$I \equiv \int r^2 dm \tag{4}$$

으로 표현할 수 있다.

물체의 관성모멘트는 회전축에 대한 질량의 공간적 분포에 의존한다. 식(3)과 (4)의 관성모멘트 정의식을 보면 회전축으로부터 질점까지의 거리가 커질수록 관성모멘트가 커지는 것을 알 수 있다. 다시 말해 물체의 질량이 회전축 가까이 밀집되어 있을수록 관성모멘트는 작아지고 멀어질수록 커진다.

먼저 몇 가지 대칭성이 있는 물체의 관성모멘트를 살펴보자.

그림 2와 같이 두께를 무시할 수 있는 고리나 속이 빈 원통의 중심축을 지나는 회전축에 대한 관성모멘트 I는 다음과 같다.

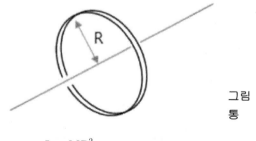

그림 2. 고리 또는 속이 빈 원통

$$I = MR^2 \tag{5}$$

여기서 M은 고리 또는 원통의 질량이고, R은 고리 또는 원통의 반경이다.

그림 3과 같은 원반이나 속이 꽉 찬 원통의 중심축을 지나는 회전축에 대한 관성모멘트 I는 다음과

같다.

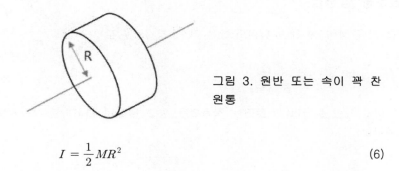

그림 3. 원반 또는 속이 �꽉 찬
원통

$$I = \frac{1}{2}MR^2 \tag{6}$$

여기서 M은 원반 또는 원통의 질량이고, R은 원반 또는 원통의 반경이다.

그림 4와 같이 두께가 있는 고리 또는 내경과 외경이 다른 원통의 중심축을 지나는 회전축에 대한 관성모멘트 I는 다음과 같다.

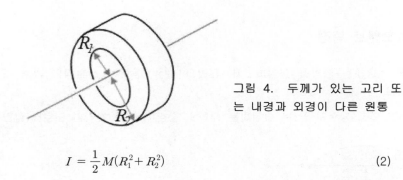

그림 4. 두께가 있는 고리 또
는 내경과 외경이 다른 원통

$$I = \frac{1}{2}M(R_1^2 + R_2^2) \tag{2}$$

여기서 M은 고리 또는 원통의 질량이고, R_1은 고리 또는 원통의 내부 반경, R_2은 외부 반경이다.

그림 5와 같이 **균일한** 가는 막대의 중앙을 관통하는 수직 회전축에 대한 회전 관성 I는 다음과 같다.

$$I = \frac{1}{12}ML^2 \tag{3}$$

여기서 M은 막대의 질량이고, L은 막대의 길이이다.

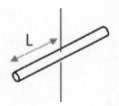

그림 5. 가는 막대

(2) 강체의 회전운동 방정식

회전운동을 하는 물체(회전 관성 I)에 대한 뉴턴의 운동 제2법칙 $\tau = I\alpha$로부터

$$I = \frac{\tau}{\alpha} \tag{4}$$

여기서 α는 각가속도이고, τ는 토크이다. 토크는 작용되는 힘과 물체의 회전축으로부터 힘의 작용점까지의 위치벡터에 의존하며

$$\vec{\tau} = \vec{r} \times \vec{F} \tag{5}$$

로 나타낼 수 있다. 여기서 $\vec{r}$은 회전축으로부터 힘이 적용된 점까지의 위치 벡터이고 $\vec{F}$는 작용된 힘이다.

$\vec{r} \times \vec{F}$ 의 크기는 $rF\sin\theta$ 로 나타낼 수 있고, θ는 $\vec{r}$과 $\vec{F}$의 방향 사이의 각도이다. 토크는 $\vec{r}$과 $\vec{F}$가 수직일 때 최대이다.

(3) 강체의 관성모멘트 측정

물체의 관성모멘트를 측정하는 방법을 생각해보자. 원반의 회전운동에서 실험적인 값을 구하기 위해 그림과 같은 실험 장치를 생각할 수 있다.

줄은 매달린 질량 m에 의해 당겨지고 r은 회전하는 원반의 중심에 고정 부착된 도르래(질량무시)의

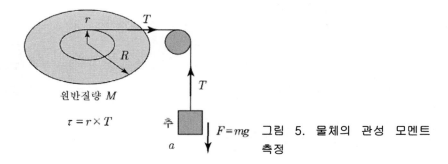

그림 5. 물체의 관성 모멘트 측정

반지름 이다. 반지름 r 은 작용하는 힘(장력) T 에 대해 수직이므로

$$\tau = rT \tag{6}$$

이고, 매달린 질량 m 에 대한 뉴턴의 제2법칙은

$$\sum F = ma = mg - T \tag{7}$$

이므로 T= m(g-a) 이다. 이 식을 (2)에 대입하면

$$\tau = rT = r \cdot m(g-a) \tag{8}$$

매달린 질량의 직선가속도 a는 회전기구의 접선가속도 a_T와 같고, 각가속도 α는 접선가속도와 다음과 같은 관계가 있다.

$$\alpha = \frac{a}{r} \tag{9}$$

식 (4),(5)를 (1)에 대입하면

$$I = \frac{\tau}{\alpha} = \frac{mr(g-a)}{a_T/r} = mr^2\left(\frac{g}{a}-1\right) \tag{10}$$

위와 같이 물체의 관성모멘트 I 는 도르래를 통해 매달린 질량 m에 의해 회전계가 회전할 때 접선가속도 a를 측정하여 구할 수 있다[2].

3. 실험 기구 및 장치

(1) 역학 실험장치

- 관성 모멘트 측정 장치 세트: 원반(120g), 링(465g), 막대(27g)

- 원반게이트, 3단 도르래, 도르래지지대, 중심축, 추걸이, 추세트

- A 베이스 스탠드, 버니어 캘리퍼, 실

(2) 센서 실험장치

- 컴퓨터 1대, PASCO 550 Interface 1대, 회전운동 센서, data 수집 및 분석 software (Capstone),

▶ 회전운동 센서 (Rotary Motion Sensor, PS-2120)

회전운동 센서는 고정된 축에 대한 회전을 감지하는 센서로, 축바퀴에 회전 운동하는 물체를 고정시키고 축이 얼마나 회전했는가를 감지한다. 회전운동 센서는 회전 각 외에 각속도, 각가속도, 그리고 선속도나 선가속도도 측정할 수 있어서 회전운동을 포함한 거의 모든 역학 실험에서 활용될 수 있다.

이 센서에 부착된 풀리는 3단계(지름: 10, 29, 48mm)로 되어 있어 어느 하나를 선택하여 이용할 수 있다. 풀리의 최대회전속도는 초당 30회전이고, 측정할 수 있는 각분해능은 0.25°, 선분해능은

---

2) 위의 식은 질량 m인 추가 정지 상태에서 t초 동안 h 거리만큼 떨어지면서 원판을 회전시킬 때 에너지 보존법칙의 관점에서도 유도할 수도 있다.

0.055mm이다.

　회전운동 센서는 일정한 간격으로 검은 띠무늬가 인쇄된 투명한 원판을 포토게이트와 같은 게이트 사이에 놓고 회전하도록 되어 있는데 이로부터 회전운동뿐 아니라 직선운동도 감지한다. 각 위치나 직선 위치가 측정되면 이를 미분하여 다른 물리량(각속도, 각가속도 또는 직선속도, 가속도 등)도 측정한다.

그림 1. 회전운동 센서. 축이 얼마나 회전했는가를 감지한다.

☐ 표 1. 회전운동 센서 PS-2120의 특성

해상도	0.02 mm (선형) 및 0.09 °
정확도	± 0.09 °
3 단계 풀리	10, 29 48mm 직경
회전 해상도	0.00157 라디안
최대 회전 속도	초당 30 회전

4. 실험 방법

준비 1 실험 기구 설치

(1) 다음 그림과 같이 실험 장치를 설치한다. 로터리모션 센서 앞쪽에 풀리를 설치한다. 도르래의 가장 작은 단(step) 도르래에 실을 묶고, 가장자리에 있는 구멍을 통과시켜 아래로 늘어뜨린 다음, 도르래의 가운데 단 둘레에 감아야 실험 도중 실이 풀리는 것을 방지할 수 있다.

그림 2. 회전관성 측정 장치

(2) 회전운동 센서를 550 인터페이스의 PASPORT 포트에 연결한다.

(3) 캡스톤 프로그램을 실행하고, '속도 vs 시간' 그래프를 구성한다. 화면 맨 하단의 Sampling rate

를 50Hz로 설정한다. 왼쪽 도구 [Tools] 팔레트에서 [Hardware Setup]을 클릭한다. 회전운동센서의 3-step pully의 설정에 들어가서 medium(29mm 직경) 로 선택한다.

실험 1 강체의 관성모멘트 측정

회전운동 센서를 활용하여 원반, 링, 막대 등과 같은 기하학적 형태를 갖는 강체의 관성모멘트를 측정한다. 이를 위해 먼저 회전축 자체의 관성모멘트를 측정한 다음 그 위에 강체들을 고정해서 강체와 회전축의 관성모멘트를 측정하여 회전축의 관성모멘트를 빼주어서 강체의 관성모멘트를 얻어낸다.

▶ (1) 축 자체의 관성모멘트 측정

(1) 먼저 3단 도르래 중 2단 도르래(중간)의 직경을 버니어 캘리퍼로 측정하여 반경 값을 표에 기록해 놓고(5회 측정) 실을 약 120cm 정도 잘라낸다.

(2) 장치의 측면과 상단에서 보았을 때 실이 풀리에 일직선으로 걸리도록 수평을 잘 맞추고 추가 거의 풀리까지 올라오도록 3단 도르래에 실을 감고 정지 상태를 유지한다.

(3) 회전체를 놓으며 [RECORD] 버튼을 누른다. 추가 바닥에 닿기 전 [STOP] 버튼을 누른다. (추의 낙하속도가 너무 빠르거나 느리면 오차가 많이 발생할 수 있으므로 추의 질량을 잘 선택해야 한다.)

(4) 측정 종료 후, :✎ (그래프 왼쪽 상단의 노란색) 아이콘을 클릭하여 fitting할 영역을 드래그하여 맞추어준다.

(5) 영역 설정 후, ✗ 아이콘을 클릭한 후 Linear mt+b를 선택하여 그래프의 최적곡선의 기울기(가속도)를 구하고 데이터 표에 기록한다.

(6) 위의 (3)~(5) 과정을 5번 되풀이한다.

(7) 가속도 평균값을 이용하여 식 (10)으로부터 자체 관성모멘트 $I_{축}$을 계산한다.

▶ (2) 원반(Disk)

(1) 측정할 원반의 반경과 질량을 재어 데이터를 기록하고 원반을 밑의 홈에 잘 맞추어 회전축 위에 올려놓는다.

(2) 원반이 수평이 되도록 잘 조정해준다.

(3) 위와 동일한 방법으로 가속도를 측정한다.

(4) 식 (10)을 이용하여 회전계의 관성모멘트를 계산한 다음, 축에 의한 값을 빼주면 원반의 관성모멘트($I_{원반}$)값이 될 것이다.

(5) 위의 과정을 5번 반복하여 실험하고 이론치와 비교하여 오차를 계산한다.

▶ (3) 링(Ring)

(1) 링의 외부반경, 내부반경을 버니어 캘리퍼로 측정하여 데이터를 기록하고 그림 2와 같이 원반 위

에 링을 올려놓는다.

(2) 추의 낙하 속도가 너무 빠르거나 느리지 않도록 추를 선택한다.

(3) 위와 동일한 방법으로 가속도를 측정한다.

(4) 식 (10)을 이용하여 전체 관성모멘트 값을 측정한다. 전체 값에서 원반 및 축의 관성모멘트 값을 빼주면 링의 관성모멘트($I_{링}$)값이 될 것이다.

(5) 위의 과정을 5번 반복하여 실험하고 이론치와 비교하여 오차를 계산한다.

▶ (4) 막대(Rod)

다음 그림과 같이 회전운동 센서에 막대를 설치한다.

(1) 38cm의 막대를 사용하여 관성모멘트를 측정할 수 있다. [그림 3]과 같이 회전운동센서 위에 막대를 설치하고 회전축으로부터 추의 중심까지의 거리를 측정하여 데이터 테이블에 기록한다.

(2) 추의 낙하속도가 너무 빠르거나 느리지 않도록 추를 선택하고 한다.

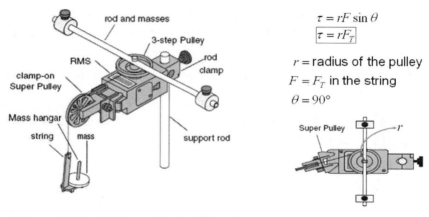

그림 3. 막대의 회전관성 측정을 위한 장치

(3) 위와 동일한 방법으로 가속도를 측정한다.

(4) 식 (10)을 이용하여 회전계의 관성모멘트를 계산한 다음, 축에 의한 값을 빼주면 막대의 관성모멘트($I_{막대}$)값이 될 것이다.

(5) 막대 위의 과정을 5번 반복하여 실험하고 이론치와 비교하여 오차를 계산한다. 막대 위의 mass의 위치를 바꾸어가면서 위의 실험을 반복하라.

5. 질문사항

(1) 회전운동의 관성을 나타내는 관성모멘트와 병진운동의 관성을 나타내는 질량의 유사점과 차이점을 비교해 보세요.

로터리모션 센서를 활용한 관성모멘트

학 과		학 번		이 름	
실 험 조		담당 조교		실험 일자	

실험 1 관성 모멘트 측정

▶ (1) 축

① 3단 스텝 도르래의 중간(2단) 반경 측정

측정횟수 r	1	2	3	4	5	평균[m]
2단						

② 추 + 추걸이(m) : _____ [kg]

★ 측정한 가속도

	1	2	3	4	5	평균 $[m/s^2]$
접선가속도 a_t						

③ $I_축 = mr^2\left(\dfrac{g}{a_t}-1\right)=$ _____ [kg·m²]

▶ (2) 원반

① 원반의 질량 M = _____0.120_____ [kg]

② 원반 반경측정

측정횟수	1	2	3	4	5	평균[m]
원반반경 R						

③ 추 + 추걸이(m) = _____ [kg]

　실 감은 3단 스텝도르래의 중간(2단) 반경 r : _____ [m]

★ 측정한 가속도

	1	2	3	4	5	평균 $[m/s^2]$
접선가속도 a_t						

④ 실험한 $I_{축+원반} = m\,r^2\left(\dfrac{g}{a_t}-1\right) =$ _____ [kg·m²]

⑤ $I_{원반} = I_{축+원반} - I_{축} =$ _____ [kg·m²]

⑥ 이론적 관성모멘트 $I_{원반} = \dfrac{1}{2}MR^2 =$ _____ [kg·m²]

⑦ (⑤, ⑥)의 상대오차 = _____ [%]

▶ (3) 링

① 링의 질량 $M =$ _____0.465_____ [kg]

② 링의 반경측정

측정횟수	1	2	3	4	5	평균 [m]
내부반경 R_1						
외부반경 R_2						

③ 추 + 추걸이$(m) =$ _____ [kg]

　　실 감은 3단 스텝도르래의 중간(2단) 반경 r : _____ [m]

★ 측정한 가속도

	1	2	3	4	5	평균 $[m/s^2]$
접선가속도 a_t						

④ 실험한 $I_{total} = m\,r^2\left(\dfrac{g}{a_t}-1\right) =$ _____ [kg·m²]

⑤ $I_{링} = I_{total} - I_{축+원반} =$ _____ [kg·m²]

⑥ 이론적 관성모멘트 $I_링 = \dfrac{1}{2}M\left(R_1^2 + R_2^2\right) =$ _____ [kg·m²]

⑦ (⑤, ⑥)의 상대오차 = _____ [%]

▶ (4) 막대

① 막대의 질량 $M =$ _____0.027_____ [kg]

② 막대의 길이 측정

측정횟수	1	2	3	4	5	평균 [m]
막대 길이 L						

③ (추 + 추걸이) 질량 $m =$ _____ [kg]

   실 감은 3단 스텝도르래의 중간(2단) 반경 r : _____ [m]

★ 측정한 가속도

	1	2	3	4	5	평균 [m/s^2]
a_t						

④ 실험한 $I_{축 + 막대} = m\,r^2\left(\dfrac{g}{a_t} - 1\right) =$ _____ [kg·m²]

⑤ $I_{막대} = I_{축 + 막대} - I_{축} =$ _____ [kg·m²]

⑥ 이론적 관성모멘트 $I_{막대} = \dfrac{1}{12}ML^2 =$ _____ [kg·m²]

⑦ (⑤, ⑥)의 상대오차 = _____ [%]

제IV부

진동과 열역학 실험

15. 모션 센서를 활용한 단순조화 운동

그넷줄에 매달린 그네나 괘종시계의 추처럼 물체가 한 지점을 중심으로 한 왕복 운동을 진동(Oscillation)또는 주기운동(periodic motion)이라고 한다. 진동은 한순간에 존재할 수 없고 시간을 따라 변한다. 용수철 끝에서 진동하는 물체의 운동은 주기 운동의 대표적인 형태이다.

진동의 가장 간단한 형태는 **단순조화운동(Simple Harmonic Motion)**이다. 단순조화운동은 모든 마찰이 없는 상황에서 일어나는 가장 이상적인 진자의 진동이 대표적이다. 단순조화운동은 원운동을 선위에 투영시킨 운동과 형태가 같다. 일상생활에서 이를 근사하여 잘 활용하는데, 시계추나 진자운동 등이 이에 해당한다.

이 실험에서는 모션센서를 활용하여 스탠드에 고정된 용수철 끝에 매달린 추의 운동을 기록하고, 분석하게 된다.

1. 실험 목적

주기 운동 중에서 가장 단순한 형태인 단순 조화 운동에 대해 이론적으로 학습한 후, 용수철 진자의 운동 주기를 측정한다. 용수철에 매달린 질량의 운동이 단순조화 운동임을 캡스톤을 통해 확인하고 운동주기를 정밀하게 측정한다. 그리고 용수철에 매달린 질량과 측정한 평균 주기를 이용하여 용수철 상수를 구해서 비교한다.

2. 실험 원리

평형상태를 갖는 모든 계는 작은 변화에 대하여 평형상태를 유지하려는 특성을 갖는다. 이러한 특성은 원위치로 되돌아가려는 **복원력(Restoring Force)**으로 나타나는데, 평형에서 벗어난 변화가 작으면 복원력의 크기는 변화의 정도에 비례하여 커진다.

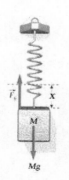

그림 1. 단순조화운동. 훅의 법칙(Hooke's law)을 만족하는 이상적인 용수철에서, 복원력은 평형 상태로부터의 변위 x 에 비례한다.

그림 1과 같이 중력이 작용하는 공간에서 용수철에 매달려 있는 물체의 운동을 생각해 보자. **훅의 법칙(Hooke's law)**을 만족하는 이상적인 용수철에서, 복원력은 평형상태로부터의 변위 x 에 비례한다. 다시 말해 이상적인 용수철에서 복원력과 변위의 관계는 용수철 상수(spring constant) k 를 사용하여 다

음과 같이 표현할 수 있다.

$$F_s = -kx \tag{1}$$

물체의 질량을 M 이라고 하면 용수철이 물체에 미치는 복원력은 $-kx$ 이고, 물체에 가해진 알짜 힘은

$$F = Mg - kx \tag{2}$$

그리고 일반적으로 역학계는 현재의 운동 상태를 계속 유지하려는 관성도 가지고 있기 때문에 이러한 계의 운동은 단순 조화 운동(Simple Harmonic Motion)으로 나타난다.

단순 조화 운동은 용수철에 매달린 물체나 단진자 뿐 아니라 LC 전기진동이나 고체물질이나 분자 내에서의 원자의 진동 등 많은 현상이 물리계에서 나타나기 때문에 매우 중요하다. 그리고 마찰력을 포함하면 더욱 정확한 형태로 물체의 실제 운동을 서술할 수 있다.

뉴턴의 운동 제2법칙으로부터

$$\frac{d^2 x}{dt^2} = -\frac{k}{M}x + g \tag{3}$$

를 얻는다. 이 미분방정식의 일반해는

$$x = A \cos \omega_0 t + \frac{Mg}{k} \tag{4}$$

로, 여기서 각속도 $\omega_0 = (k/M)^{1/2}$ 이고, 주기 T 는

$$T = 2\pi \sqrt{\frac{M}{k}} \tag{5}$$

이고, 진동수 f 는

$$f = \frac{1}{T} = \frac{1}{2\pi} \sqrt{\frac{k}{M}} \tag{6}$$

이다. 진동수 f 를 고유 진동수(natural frequency), 또는 자연 진동수라 한다.

용수철이 진동함에 따라 진자의 에너지는 운동에너지와 위치에너지 사이에서 연속적으로 바뀌며 변한다. 마찰을 무시하면 계의 총 에너지는 변하지 않는다. 질량이 최고점에 있을 때 중력적 위치에너지는 최대가 되고 최저점에 있을 때 탄성 위치에너지는 최대가 될 것이다.

3. 실험 기구 및 장치

단순 조화 운동 실험에 필요한 실험 장치 및 기구는 다음과 같다.

(1) 역학 실험장치

– 받침대, 지지막대, 추걸이, 추세트, 용수철 (2종)

(2) 센서 실험장치

– 컴퓨터, 컴퓨터 인터페이스(PASCO 550 Interface)
– 모션 센서(Motion Sensor, PS-2103A), 전원공급기(Power Amplifier ; CI-6552)

▶ 모션 센서 (Motion Sensor, PS-2103A)

모션 센서는 초음파 펄스(ultrasonic pulse)를 이용하여 물체의 위치(거리)를 측정하는데 사용된다.

그림 2. 모션 센서. 초음파 펄스(ultrasonic pulse)를 이용하여 물체의 위치(거리)를 측정한다.

모션 센서의 사양은 다음 표와 같다.

표 1. 모션 센서의 사양

Range	0.15 to 8 m
Resolution	1.0 mm
Maximum Sample Rate	50 Hz
Transducer Rotation Range	360°
Measurement mode	Narrow/Standard

모션 센서의 측정거리는 최소 15 cm ~ 최대 8 m이고, 측정방향 전환은 0~360°, 측정모드 선택은 딥 스위치로 Narrow/Standard 중 선택할 수 있다. 여기서 Narrow 모드는 측정거리 2m로 제한되고, Standard는 8 m 거리까지 측정 가능하다. 비측정체 신호 제거회로가 있어서 측정물체의 운동경로 근처에 있는 잡음신호 제거하여 깨끗한 데이터를 얻을 수 있다.

모션센서는 일반적인 물체의 위치, 속도, 가속도를 측정 실험이나, 충돌에 의한 물체의 에너지, 운동량보존 실험, 그리고 스프링에 의한 물체의 단조화운동 측정 등에 사용될 수 있다.

4. 실험 방법

준비 1 실험 기구 설치

(1) 다음 그림과 같이 모션 센서와 용수철 진자를 설치한다. 스탠드의 지지대에 용수철을 매단 다음,

그림 3. 실험장치 구성. 스탠드 지지대에 용수철을 매달고 그 아래쪽에는 모션 센서를 위치시킨다.

측정범위
(15cm~8m)

　　용수철 끝에는 밑이 평평한 진동용 추걸이를 걸고, 추걸이 아래쪽에는 모션 센서를 놓는다.

(2) 측정모드는 딥 스위치의 Narrow 모드로 선택한다.

(2) 인터페이스의 전원을 켜고, 컴퓨터 전원을 켠다.

(3) 모션 센서를 인터페이스의 port1에 연결한다.

(4) 추가 상하로 부드럽게 진동하도록 스프링을 작은 진동영역 내에서 늘려서 진동시킨다.

【주의】 추가 좌우로 진동하지 않도록 주의하고, 모션센서와 진동하는 추걸이 사이의 최소거리는 15cm 이상이 되도록 한다. 추가 모션센서에 떨어지지 않도록 과도하게 큰 진폭으로 진동시키지 않도록 주의한다.

실험 1 단순조화운동

(1) 추걸이에 100g의 질량을 매단다. 추 질량을 결과보고서 표에 기록한다.

(2) 컴퓨터를 켜고 캡스톤 프로그램을 실행한다

(3) 왼쪽 도구 [Tools] 팔레트에서 [Hardware Setup]을 클릭한다. 모션센서를 설정한다.

(4) 표와 그래프가 있는 템플릿을 선택하고 표는 시간, 위치, 속도 데이터 칼럼을 만들어 주고, 위치-시간 그래프와 속도-시간의 그래프와 가속도-시간 그래프를 측정하도록 설정한다.

(5) 추를 아래로 살짝 잡아당겨 상하로 진동하게 한다.

(6) 주기가 7개 이상이 나올 때까지 측정한다. 위치 곡선은 사인 함수의 그래프와 닮아야 한다. 그렇지 않다면, 모션 센서와 추걸이와의 일직선을 확인한다.

(7) Stop 버튼을 눌러 데이터 기록을 멈춘다.

(8) Scale to Fit 버튼을 클릭하여 그래프 축을 재조정한다.

(9) 스마트 커서(Smart Cursor) 를 선택하여 위치 그래프의 첫번째 최대 값과 첫번째 0 및 첫번째 최소에 커서를 맞춰어 시간과 값을 결과보고서의 표에 이를 기록한다.

(10) 속도와 가속도에 대해서도 동일한 방법으로 찾아서 기록한다

실험 2 질량과 늘어난 길이를 이용한 용수철 상수 측정

용수철 상수는 용수철 한쪽 끝에 질량을 매달 때 늘어난 길이를 측정하여 알아낼 수 있다. 추를 매달 았을 때 늘어난 길이를 Δx라 하면, 용수철의 복원력은 $F = k\Delta x = mg$ 로부터 계산할 수 있다. 스프링 의 한쪽 끝에 질량을 매달 때 늘어난 길이를 측정하여 스프링 상수를 결정해보자.

(1) 매달아 놓은 용수철에 질량을 달지 않은 상태에서 끝점의 위치를 자를 이용하여 측정한다.

(2) 추의 질량을 100, 120, 150, 170, 190 g 으로 변화시키면서 처음 지점으로부터 용수철 끝점의 이 동거리를 측정해서 표에 기록한다.

(3) 늘어난 길이와 추의 질량사이의 그래프를 그려서 선형 추세선의 값을 얻어서 용수철 상수를 얻어낸 다.

실험 3 진자의 질량과 주기와 용수철 상수

용수철에 매달린 질량과 측정한 평균 주기의 상관성을 확인하고 이를 이용하여 용수철 상수를 구해보 자.

(1) 100g의 추를 매단다.

(2) Start 버튼을 눌러 데이터 측정을 시작한다.

(3) 추를 아래로 살짝 잡아당겨 상하로 진동하게 한다.

(4) 흔들리는 물체의 위치-시간 그래프에서 주기가 10개 이상이 나올 때까지 측정한다.

(5) Stop 버튼을 눌러 데이터 기록을 멈춘다.

(6) 스마트 커서(Smart Cursor)를 선택하여 위치 그래프의 첫 번째 최댓값과 11번째 최댓값 사이의 시 간 차이를 구하고 (10번 진동) 10을 나누어 주기값을 얻어서 표에 기록한다.

(7) 추의 질량을 120g, 150g, 170g, 190g으로 늘려 위의 과정 (2) ~(6)을 반복한다

진자계의 역학적 에너지 보존

용수철이 진동함으로서 에너지는 운동에너지와 위치에너지 사이에서 연속적으로 바뀌며 변화할 것이다. 마찰을 무시할 때 계의 총 에너지는 상수이다.

(1) 시간에 따른 용수철 진자의 중력 위치에너지와 탄성 위치에너지를 기록한다.

(2) 시간에 따른 용수철 진자의 운동에너지를 기록한다.

(3) 시간에 따른 용수철 진자의 역학적 에너지를 기록한다.

5. 질문 사항

(1) 진자의 속도의 절대치가 가장 클 때 물체의 위치는 어디인가?

(2) 진자가 중력적 위치에너지가 가장 큰 지점은 어디인가? 이때 진자의 속도는 얼마인가?

(3) 진자가 운동에너지가 가장 큰 지점은 어디인가? 이때 진자의 속도는 얼마인가? 질량이 최고점에 있을 때 중력적 위치에너지는 최대가 되고 최저점에 있을 때 탄성 위치에너지는 최대가 될 것이다.

(4) 모션센서(초음파센서)의 작동속도란 무엇인가? 작동원리를 설명하여 보자.

(5) 모션센서의 작동속도(Trigger Rate)를 더욱 높일 때 그래프의 상단부분이 측정되지 않고 잘리는 이유는 무엇 때문일까? 초음파센서의 작동원리를 잘 생각하여 설명해보라.

모션센서를 활용한 단순조화운동

학 과		학 번		이 름	
실 험 조		담당 조교		실험 일자	

실험 1 단조화운동 기록과 분석

모션 센서로 기록한 시간에 따른 진자의 변위, 속도, 가속도 그래프를 첨부한다.

위의 그래프를 분석하여 다음 값을 찾아 기록한다.

최고점	첫 번째 최고점		첫 번째 0		첫 번째 최저점	
	시간	값	시간	값	시간	값
위치						
속도						
가속도						

실험 2 용수철 상수

매단 추걸이+추의 질량에 따른 용수철 길이 변화를 기록한다.

기울기 a가 a=g/k 이므로 k=g/a 이다. 따라서 용수철 상수 k=_____ [N/m]

추걸이의 질량(m_1) = _____ [kg]

측정횟수	추걸이 질량 m_1 [kg]	추의 질량 m_2 [kg]	총질량 $m = m_1 + m_2$	늘어난 길이	용수철 상수
1					
2					
3					
4					
5					
평균					

실험 3 진자의 질량과 주기

진자의 질량을 변화시키면서 진자의 주기를 측정한다.

추걸이의 질량(M) = _____ [kg]

측정횟수	추걸이 질량 m_1 $[kg]$	추의 질량 m_2 $[kg]$	총질량 $m = m_1 + m_2$	주기 측정값	주기 계산값
1					
2					
3					
4					
5					

* 엑셀을 사용하여 질량(m) 대 주기(T, T^2)의 그래프를 그리시오

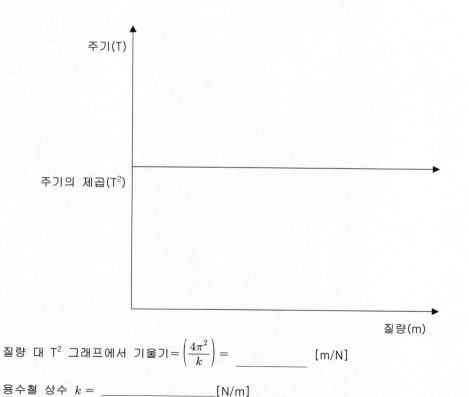

질량 대 T^2 그래프에서 기울기 = $\left(\dfrac{4\pi^2}{k} \right)$ = _____ [m/N]

용수철 상수 k = _____ [N/m]

16. 온도 센서를 활용한 열의 일당량 측정

역학적 에너지는 열에너지로, 열에너지는 역학적 에너지로 변환시킬 수 있다. 이 실험은 전기에너지가 열에너지로 바뀌는 과정에서 열과 일의 관계를 이해하고, 열의 일당량을 측정하는 실험이다.

열의 역학적, 전기적 일당량 실험 장치를 통하여 역학적인 일, 또는 전기적인 일의 총량이 전부 열로 변환될 때 열에너지는 수행된 일의 총량과 같다. 역학적(또는 전기적)인 일과 열에너지 사이의 등가성을 이해하고 에너지 보존법칙에 의해 줄-칼로리 단위의 관계식, 열의 일당량을 측정한다.

1. 실험 목적

전기에너지와 전류의 열작용으로 발생된 열량을 측정하여 열의 일당량을 측정한다.

2. 실험 이론

역학적 에너지는 열에너지로, 열에너지는 역학적 에너지로 변환시킬 수 있다. 이때 1kcal가 일 몇 줄에 해당하는가를 열의 일당량이라고 한다. 따라서 한 일 W와 열량 Q 사이에는

$$W = JQ \qquad (1)$$

의 관계가 성립하며 J는 열의 일당량이다.

저항 R의 저항선에 전류 I 가 t초 동안 흐르면 열을 발생시키는 데 사용된 전기에너지는

$$W = I^2 Rt = VIt \qquad (2)$$

이다. 전기에너지에 의해 발생된 열은 열량계 속의 물과 용기의 온도를 T_1에서 T_2로 상승시키며, 이 열량 Q는

$$Q = C(m + M)(T_2 - T_1) \qquad (3)$$

이다. 여기서 m은 물의 질량, M은 용기, 교반기 및 온도계 등의 전체 물당량, 그리고 C는 물의 비열로서 $1cal/g \cdot ℃$ 이다. 물당량은 물과 비열이 다른 물체의 열용량을 물의 열용량과 같다고 할 때 물의 질량 얼마에 해당하는가를 나타낸다.

위의 식 (1), (2), (3)으로 부터 열의 일당량은

$$J = \frac{VIt}{C(m + M) \cdot (T_2 - T_1)} \quad (J/Cal)$$

가 된다. 열역학적인 물리량의 정의는 다음과 같다.

① 열량(Q) : 순수한 물 1g을 1℃ 올리는 데 필요한 열량을 1cal라 한다. 1cal=4.187(J)

② 비열(C) : 어떤 물질 1g의 온도를 1℃ 올리는 데 필요한 열량

    ∘ 물의 비열은 1cal/g 또는 4.187J/g 이 된다.

    ∘ 질량이 m, 초기 온도가 t_1인 물질에 에너지(열)Q를 가하여 물질의 나중 온도가 t_2가 되었을

때 물질의 비열 ⇒ $C = \dfrac{Q}{m(t_2 - t_1)}$

③ 열용량 : 물질의 온도를 1℃ 올리는 데 필요한 열량. 물질의 비열과 질량의 곱.

④ 물당량(M) : 어떤 물질의 열용량과 같은 열용량을 갖는 물의 질량.

⑤ 전기적 에너지(W) : 전력이 시간t 동안 한 일 (전력 = 전압(V) X 전류의 크기(I))

3. 실험 기구 및 장치

(1) 열역학 실험 장치

- 열량계, 온도계, 전원 공급 장치, 초시계, 저울, 비커

(2) 센서 실험 장치

- 컴퓨터, 550 인터페이스, 캡스톤 프로그램
- 온도 센서

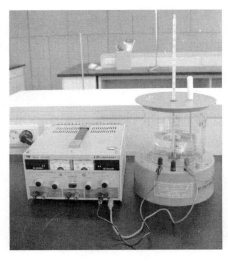

그림 1. 열의 일당량 측정
장치

4. 실험 방법

일당량을 구하기 위한 데이터를 측정한 후 열량계의 물당량 측정 실험을 하여 물당량을 계산한다.

실험 1 일당량 측정

(1) 물통이 빈 상태에서 열량계의 질량을 측정한다.

(2) 물통에 물을 채워 질량을 측정한 후 1)번 질량을 빼 물의 질량을 구한다.

(3) 전원 공급 장치의 전압이 6V가 되도록 조정한 후 전류를 기록하고 전원을 끈다.

(4) 온도계로 물의 온도를 측정한 후 전원 공급 장치와 열량계를 연결한다.

(5) 전원 공급 장치의 전원을 켬과 동시에 초시계를 작동시켜 전원을 켜는 순간부터의 시간을 재고 전류를 측정한다.

(6) 처음 온도보다 약 10℃ 정도 온도가 올라갔을 때 전원을 끄고 그때의 온도(T_2)와 걸린 시간 t를 기록한다.

실험 2 물당량 M의 측정

(1) 비커에 담아둔 물의 온도 T_w를 잰다.

(2) 일당량 측정 실험의 6)단계에서 T_2가 된 상태의 열량계에 온도 T_w인 비커의 물을 부어 물통의 물이 2/3 이상 차도록 한다.

(3) 온도계로 저어주면서 온도변화를 관찰하고 일정 온도에 이르면 그 온도(T_f)를 읽는다.

(4) 열량계의 전체 질량을 측정하여 2)단계의 열량계와 물의 질량만큼을 빼 나중에 부어준 물의 질량 (m_w)을 구한다.

(5) 나중에 부은 물(m_w)이 흡수한 열량은 $(T_f - T_w)m_w$이고, 열량계와 기존의 물이 잃어버린 열량은 $(m + M)(T_2 - T_f)$이다. 이 두 열량이 같으므로 열량계의 물당량은

$$M = m_w \left(\frac{T_f - T_w}{T_2 - T_f} \right) - m \quad \text{이다.}$$

5. 질문 사항

(1) 왜 물의 비열이 대부분의 물체보다 더 큰가?

(2) 다른 물체의 비열도 물당량을 이용하여 구할 수 있는가?

온도 센서를 활용한 열의 일당량 측정

학 과		학 번		이 름	
실 험 조		담당 조교		실험 일자	

실험 1 열의 일당량 측정

1. 물의 질량 m	
2. 초기 온도 T_1	
3. 나중 온도 T_2	
4. 평균 전압 V	
5. 평균 전류 I	
6. 시 간 t	
7. 나중에 부은 물의 질량 m_w	
8. 나중에 부은 물의 온도 T_w	
9. 최종 온도 T_f	

물당량 : $M = m_w (\dfrac{T_f - T_w}{T_2 - T_f}) - m$ = _____ [kg]

물의 일당량 : $J = \dfrac{VIt}{C(m+M)(T_2 - T_1)}$ = _____ [J/Cal]

제Ⅴ부

파동과 광학 실험

17. 신호 발생기를 이용한 현의 정상파

양끝이 고정된 현을 진동시키면 현을 따라 양쪽으로 진행하는 파동이 만들어진다. 이 파동은 현의 양끝에서 각각 반사되어 되돌아와서 간섭을 일으킨다. 조건이 맞으면 이 간섭파는 서로 중첩되어 파동이 더 이상 진행하지 않는 것처럼 보이는 정상파가 만들어진다. 정상파는 파동의 간섭으로 만들어지며 중간에 생긴 마디나 배가 제자리에 머물러 있으며 이동하지 않는 파동이다. 이러한 현의 진동은 기타, 피아노 같은 현악기가 소리를 만드는 근본적인 원리이다.

정상파는 같은 진동수와, 파장, 진폭을 갖는 두 파동이 서로 마주보며 진행할 때, 만들어진다. 우리는 이 실험에서는 현에서 정상파를 만들어내고 정상파의 공명진동수의 관계를 알아볼 것이다. 그리고 정상파의 파장과 주파수로부터 파동의 전파속도를 구하고, 그 결과를 현의 장력과 선밀도로부터 구해지는 파동의 전파속도와 일치하는지 확인해 볼 것이다.

1. 실험 목적

현에서 전파하는 파동을 정상파가 만들어지는 조건에서 관측하여 파동의 파장과 주파수로부터 전파속도를 구한다. 그리고 파동의 전파속도는 현의 장력과 선밀도와도 관계가 있음을 살펴보고, 이를 이용하여 파동의 전파속도를 구해 볼 것이다.

2. 실험 원리

파동(wave)은 매질 내의 한 점에서 생긴 매질의 진동 상태가 매질을 통해서 퍼져 나가는 현상을 말한다. 예를 들어 호수에 돌멩이를 던지면 돌멩이가 빠진 곳이 흔들리고 그곳으로부터 물결이 사방으로 퍼져나가는 것을 볼 수 있다.

이것은 물 위에 떠 있는 나뭇잎의 움직임을 지켜보면 알 수 있다. 나뭇잎은 제자리에서 상하운동을 할 뿐 물결을 따라 이동하지 않는다는 것을 보여준다. 다시 말해 물결의 파동은 물의 직접적인 이동은 없고 상하 방향으로의 움직임만이 전파되는 것이다.

파동은 이와 같이 매질을 통해 운동이나 에너지가 전달되는 현상이다. 에너지는 시간이 지나면 공간상으로 퍼져나가지만 매질 자체는 운동을 매개할 뿐 이동하지 않는다. 파동은 시간과 공간으로 주어지는 한 점에서 정의되는 물리량이 변화하는 것이다.

그러나 파동은 매질의 존재와 상관없이 정의되어야 한다. 예를 들어 전자기파는 매질 없이 전달되는 파동이다. 양자역학에서는 물질의 기본 성질로 파동성을 이야기하며, 매질 없이 정의되는 근본적인 개념이다.

매질이 파동 방향과 수직인 방향으로 움직이는 파동을 **횡파**(transverse wave)라고 하며, 파동 진행 방향으로 매질을 압축하고 팽창시키는 파동을 **종파**(longitudinal wave)라고 한다. 음파는 종파인데 이 경우 공기의 압축과 이완이 파동의 방향과 같은 방향으로 형성된다. 횡파인 물결파와 마찬가지로 파동 진행 방향으로 매질(물질)의 이동은 없으며 매질의 움직임(변위)도 파동 진행 방향인 것만 다르다.

현을 따라 진행하는 파동의 방정식

현을 따라 진행하는 파동의 식은

$$y = A \sin(kx - \omega t) \tag{1}$$

과 같이 표현된다. 이 식에서 k는 파수(wave number), ω는 각진동수(angular frequency)라고 하는데, 파장 λ, 주기 T, 주파수 f와 다음의 관계를 갖는다.

$$k = \frac{2\pi}{\lambda}, \qquad \omega = \frac{2\pi}{T} = 2\pi f \tag{2}$$

전파하는 파동은 그 파동이 전자기파이거나 역학적 파동이거나 관계없이 파동의 전파속도 v는 다음 관계식을 만족한다.

$$v = f\lambda \tag{3}$$

현을 따라 진행하는 파동의 전파속도 v는 현의 장력 T와 현의 선밀도 μ로부터 다음과 같이 근사된다.

$$v = \sqrt{\frac{T}{\mu}} \tag{4}$$

식(3)과 (4)로부터 정상파를 형성하는 진동수 f는 장력 T의 제곱근에 비례함을 알 수 있다(현의 길이가 고정된 경우). 즉,

$$f = \frac{1}{\lambda} \sqrt{\frac{T}{\mu}} \tag{5}$$

현에서의 정상파

양쪽 끝이 고정된 현을 진동시키면 현을 따라 진동수와 진폭이 같은 두 파동이 처음의 평형 위치 주위로 진동하는 것을 볼 수 있다. 그리고 이러한 진동으로 생긴 변위는 현을 따라 현의 양쪽 끝으로 진행하면서 각각의 파동을 만들어낸다. 이렇게 발생한 두 개의 파동은 진동수와 진폭이 똑같고 서로 반대쪽 방향으로 진행한다.

두 파동은 각각 줄의 서로 다른 쪽 끝에서 반사되어 되돌아오면서 두 개의 파동이 서로 중첩되어 일반적인 간섭법칙에 따라 결합하는데, 어떤 조건에서는 두 개의 파동은 서로 보강간섭을 하여 진폭이 두 배로 커지고, 양쪽 끝에는 마디가 생긴다. 이때 파동은 진행하지 않고 제자리에서 진동하는 파동, 즉 정상파가 형성된다.

정상파가 형성되는 경우는 처음에 흔들어준 현의 진동수가 조건에 잘 맞으면 나타난다. 이 때 진동수를 두 배로 높이거나 절반으로 줄이면 또 다른 정상파가 형성되는 것을 볼 수 있다.

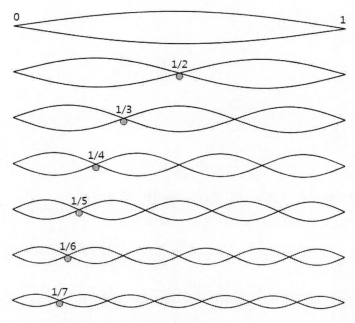

그림 1. 현에서 만들어지는 정상파.

현의 길이가 L인 경우, 배의 수가 n일 경우 정상파의 파장 λ_n는 다음과 같이 나타낼 수 있다.

$$\lambda_n = \frac{2L}{n} \tag{6}$$

이러한 정상파를 배음(harmonics)이라고 하며, 가장 긴 파장을 갖는 정상파를 기본음이라고 한다.
식(3)과 (6)으로부터 정상파의 파장 λ 와 현의 고유진동수 f 는

$$f_n = \frac{v}{\lambda_n} = \frac{n}{2L} \sqrt{\frac{T}{\mu}} \tag{7}$$

이다. 여기서 n은 정상파의 배수이다.

진동이 현에 수직한 경우(횡파) 진동수 f와 현의 진동수 f_1은 같게 된다. 즉

$$f = f_1 = \frac{v}{\lambda_1} = \frac{1}{2L} \sqrt{\frac{T}{\mu}} \tag{8}$$

이다.

하지만 진동이 현에 평행한 경우(종파)에는 임의적 진동이 두 번 진동하는 동안 현은 1회 진동하므로 현이 공명을 일으킬 때는 현의 진동수 f_2는

$$f_2 = \frac{v}{\lambda_2} = \frac{2}{2L} \sqrt{\frac{T}{\mu}} \qquad\qquad (9)$$

이 된다.

3. 실험 기구 및 장치

(1) 파동 실험 장치

- 스탠드(2), 짧은 로드, 직각 클램프, 도르래, 현, 추걸이, 추세트, 줄자
- 파동 구동기(Mechanical Wave Driver, SF-9324) 또는 리플 발생기

(2) 센서 실험 장치

- 컴퓨터, PASCO 550 유니버설 인터페이스, 캡스톤 프로그램(신호 발생기)
- Force 센서

▶ 파동 구동기 (Mechanical Wave Driver, SF-9324)

파동 구동기는 역학적인 파동을 만들어낼 수 있도록 진동을 발생시키는 장비이다. 제너레이터나 파워 앰프를 통해 나오는 교류 전원을 연결하면 스피커가 진동하여 연결된 구동플러그를 진동시킨다. 스피커는 주파수 0.1Hz~1kHz 범위에서 최대 5mm p-p 진폭으로 구동하여 사인파 뿐 아니라 사각파, 삼각파, 톱니파 등을 발생시킬 수 있다.

그림 2. 파동 구동자(왼쪽) 신호발생기로부터 나오는 신호를 받아서 역학파를 생성하는 진동을 발생시키는 장비이다. 리플 발생기(오른쪽)를 이용할수도 있다.

파동 구동기의 사양은 다음과 같다.

- 주파수 범위: 0.1Hz~1kHz

- 진폭: 50Hz에서 5mm (주파수 증가 시 감소)

- 입력 임피던스: 4Ω

- 전압전류: 교류 10V-1A 이내에서 사용

- 정상전류: 0.25A 이내

【주의】 장비 규격을 초과하여 전압, 전류를 가하면 장비 손상의 우려가 있으므로 주의하여야 한다.

▶ 캡스톤 신호 발생기 (Signal Generator)

캡스톤 신호발생기는 PASCO 550 유니버설 인터페이스(UI-5001)와 함께 사용할 수 있는 신호 발생기이다. PASCO 550 인터페이스와 연결하여 PASCO Capstone 소프트웨어를 이용하면 별도의 외부 전원공급 장치 없이 DC 및 다양한 AC 파형을 제어 할 수 있다.

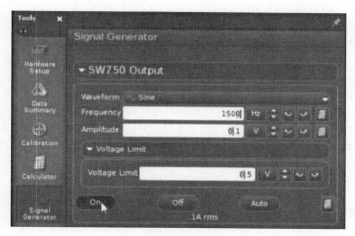

그림 3. 캡스톤의 신호 발생기. PASCO 550 유니버설 인터페이스(UI-5001)와 함께 사용할 수 있는 신호 발생기로 DC 및 다양한 AC 파형을 제어할 수 있다.

4. 실험 방법

준비 1 실험 기구 설치

(1) 다음 그림과 같이 정상파 실험 장치를 설치한다. 책상 위에 설치한 두 스탠드 사이에 파동 구동기를 연결하고, 파동 구동기에는 550 인터페이스의 출력 신호를 연결한다. (리플 발생기는 자체 만

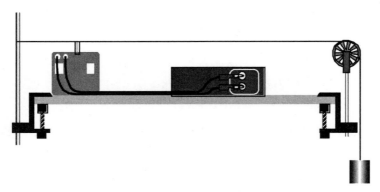

그림 4. 정상파 실험 장치. 신호 발생기를 파동 구동기와 연결하고, 구동기에 현을 같은 높이로 구동기와 도르래와 연결한 추에 매단다. (리플 발생기는 자체 만으로 파동을 발생할 수 있다)

으로 파동을 발생할 수 있다)

(2) 파동 발생장치 끝에 현의 한쪽 끝을 묶고 반대쪽 끝은 추를 걸 수 있게 고리 모양으로 만든다. 신호발생기 높이로 구동기와 도르래와 연결한 추에 매단다.

(3) 파동발생기를 실 아래에 놓아라. 실이 바닥에 평행하게 파동발생기의 맨 위에 있는 가는 구멍에 넣어 파동발생기가 실을 아래위로 진동할 수 있게 하라. 진동하는 실의 높이는 도르래와 평행하게 맞춘다.

(4) 현의 고리에 100g의 추를 달고 반대쪽 스탠드에 걸친다. 실의 끝에 추걸이를 매단 후 추를 올려 추걸이와 추의 질량이 100g이 되도록 한다. 현의 수평거리는 100~150cm 정도로 하고 현의 수평거리를 측정한다.

준비 2 예비 실험

(1) 컴퓨터 전원을 켜고, 캡스톤 프로그램을 실행한다.

(2) 파동 발생장치의 전원을 켜고 신호 발생기 윈도우를 화면에 띄운다 (그림 3 참조). 신호 발생기 윈도우에서 파형은 sine 파, 주파수는 60Hz, 진폭은 2V, 전압 한계는 6V로 설정한다. 그리고 스위치 모드의 off 버튼을 눌러 신호발생기를 Auto가 아닌 On, Off로 사용할 수 있도록 한다. (리플 발생기는 위의 두 과정이 필요 없음.)

【주의】 Data Summary 창에는 RAM에 쌓이는 모든 Data가 표시된다. 신호 발생기에서 On을 누른 후 Data Summary 창에 Data가 생성되지 않는 것을 확인한다. 이를 확인하지 않으면 신호 발생기가 동작하는 동안 계속 데이터가 축적되어 컴퓨터의 RAM에 쌓이게 되어 컴퓨터가 다운될 수 있다.

(3) 주파수를 바꾸어가면서, $n = 1, 2, 3, \ldots$의 정상파가 만들어지는 주파수를 찾는다. 주파수를 낮은 진동수에서부터 서서히 올려가며 정상파가 만들어지는 파동 발생장치 진동수 대역 내의 진동수들을 찾아본다.

(4) 파동 발생장치 진동수 대역 내의 정상파를 모두 찾았으면, 추의 질량을 늘려가며 위 (3)의 과정을 반복한다.

실험1 현의 선밀도 측정

현의 선밀도는 주어진 현에 대한 자료로부터 알아내거나 현의 길이와 질량을 직접 측정하여 알아낼 수 있다. 또 다른 방법은 정상파 공명 실험을 통해서 알아낼 수 있는데 우리는 다음 2가지 방법을 사용할 것이다.

(1) 신호 발생기의 주파수를 바꾸어가면서 공명진동수 측정

현의 길이(l = 일정)를 일정하게 유지하고, 신호 발생기의 주파수를 바꾸어가면서 정상파가 만들어지는 공명 진동수를 찾는다.

(1) 줄자를 사용하여 진동할 실의 길이 l을 측정하고, 실의 높이도 도르래와 평행하게 맞춘다.

(2) 신호 발생기의 전압을 6V로 고정하고, 주파수를 바꾸어가며 현의 정상파의 배수 $n = 1$이 되는 공명진동수를 찾아 기록한다.

(2) 현의 정상파의 배수 $n = 2,3,4,5$가 되는 공명진동수를 찾아 기록한다. 신호 발생기의 전압을 6V로 고정하고, 주파수를 바꾸어가며 공명진동수를 찾아서 기록한다.

(3) 위 (1)~(2)에서 찾은 공명 진동수(f) 대 배의 수(n)의 그래프를 그린다.

공명 진동수 $f = \dfrac{n}{2l}\sqrt{\dfrac{T}{\mu}}$ 의 관계에 있다.

(4) 위의 그래프의 기울기(a)로부터 현의 선밀도를 구한다.

그래프의 기울기 $a = \dfrac{1}{2l}\sqrt{\dfrac{T}{\mu}}$ 의 관계에 있으므로, $\mu = \dfrac{T}{4a^2l^2}$ 이다.

(2) 현의 길이를 바꾸어 가면서 공명 진동수 측정

신호 발생기의 주파수(f = 일정)를 일정하게 유지하고(30~40Hz), 현의 길이를 바꾸어가면서 공명진동수를 찾는다.

(1) 현의 정상파의 배수 $n = 1$이 되도록 진동수를 조절하라.

(2) 현의 길이를 바꾸어 정상파의 배수 $n = 2,3,4,5$가 되는 길이를 찾아 표에 기록한다.

(3) 현의 길이(l) 대 배의 수(n)의 그래프를 그린다.

현의 길이 $l = \dfrac{n}{2f}\sqrt{\dfrac{T}{\mu}}$ 의 관계에 있다.

(4) 위의 그래프의 기울기(a)로부터 현의 선밀도를 구한다.

그래프의 기울기 $a = \frac{1}{2f}\sqrt{\frac{T}{\mu}}$ 의 관계에 있으므로, $\mu = \frac{T}{4a^2f^2}$ 이다.

실험 2 공명 진동수와 줄의 장력 사이의 관계

현의 길이(l)를 일정하게 유지하고, 현에 걸리는 장력(T)을 바꾸어 가면서 현의 공명 진동수를 측정한다.

(1) 현의 정상파의 배수 $n = 1$이 되도록 신호 발생기의 주파수를 조절한다.

(2) 추의 질량을 100g, 150g, 200g, 250g, 300g 으로 바꾸고 위의 실험을 반복하여 공명진동수를 찾아서 기록한다.

(3) 위 (1)~(2)에서 찾은 공명 진동수(f) 대 장력(T 또는 $\sqrt{T}$)의 그래프를 그린다.

공명 진동수 $f = \frac{n}{2l}\sqrt{\frac{T}{\mu}}$ 의 관계에 있다.

(4) 위 (3)의 그래프로부터 공명진동수(f)와 $\sqrt{T}$ 사이의 기울기를 찾아라.

5. 질문사항

(1) 현의 선밀도를 구하는 방법 3가지를 설명하세요

(2) 현의 기본진동 주파수와 현의 장력은 어떤 관계를 가지는가?

신호 발생기를 이용한 현의 정상파

학　과		학　번		이　름	
실 험 조		담당 조교		실험 일자	

실험 1 현의 선밀도

※ 현의 선밀도 측정값 : $\mu_0 = $ _____ kg/m

(1) 주파수를 바꾸면서 실험 (현의 길이 l=일정)

※ 현의 길이 $l = $ _____ m, 현의 장력 T=(추+추걸이)무게 = _____ N

횟수	배의 수 n [개]	공명 진동수 f [Hz]	파장 $\lambda = 2l/n$ [m]	속도 $v = f\lambda$ [m/s]
1				
2				
3				
4				
5				

※ 위의 표를 이용하여 공명 진동수(f) 대 배의 수 (n)의 그래프를 그려라.

※ 위의 그래프의 기울기 값(a)으로부터 현의 선밀도 μ를 구하라.

공명 진동수 : $f = \dfrac{n}{2l}\sqrt{\dfrac{T}{\mu}}$ → 기울기 $a = \dfrac{1}{2l}\sqrt{\dfrac{T}{\mu}}$

(2) 현의 길이를 바꾸면서 측정 (진동수 f=일정)

※ 진동수 $f=$ _____ Hz, 현의 장력 T=(추+추걸이)무게 = _____ N

횟수	배의 수 n	현의 길이 l $[m]$	파장 $\lambda = 2l/n$ $[m]$	속도 $v = f\lambda$ $[m/s]$
1				
2				
3				
4				
5				

※ 위의 표를 이용하여 현의 길이(l)와 배의 수 (n)의 그래프를 그려라

※ 위의 그래프의 기울기 값(a)으로부터 현의 선밀도 μ를 구하라.

공명 진동수 : $f = \dfrac{n}{2l}\sqrt{\dfrac{T}{\mu}}$ → 기울기 $a = \dfrac{1}{2l}\sqrt{\dfrac{T}{\mu}}$

실험 2 공명 진동수와 줄의 장력 사이의 관계

횟수	장력† $T\,[N]$	배의 수 n	공명진동수 $f\,[Hz]$	파장		
				$\lambda_{계산}$††	$\lambda_{측정}$	$\lambda_{계산} - \lambda_{측정}$
1						
2						
3						
4						
5						
6						
7						
8						

† 현의 장력 : T=(추+추걸이)의 무게, †† 파장(계산값) : $\lambda_{계산} = \dfrac{n}{f}\sqrt{\dfrac{T}{\mu}}$

※ 현의 공명진동수 (f)와 현에 걸리는 장력 (T) 사이의 그래프를 그려라

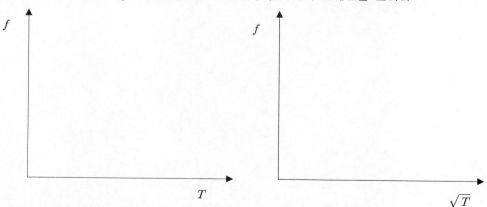

※ 위의 그래프에서 진동수(f) 와 $\sqrt{T}$ 사이의 비례 관계식을 찾아라.

18. 리플 탱크를 이용한 파동의 간섭

파동은 한 지점에서 일어난 변위가 시간과 공간을 따라 주위로 퍼져나가는 현상이다. 두 개 이상의 파동이 동시에 한 지점에 도달하면, 그 지점에서는 두 파동이 중첩되면서 때로는 강하게 때로는 약하게 합쳐지는 현상이 나타나는데, 이러한 현상을 파동의 간섭(interference)이라 한다. 간섭은 파동의 특별한 성질의 하나로서 둘 이상의 동일한 진동수의 파동이 진행방향이나 위상을 달라지면서 공간을 전파될 때 나타난다. 이때 합성된 파동의 세기가 각각의 파동의 세기를 합한 것보다 더 커지는 것을 보강간섭, 줄어드는 것을 소멸간섭(상쇄간섭)이라 한다.

이 실험은 파동의 간섭현상을 관찰하는 실험으로, 리플탱크(ripple tank)라는 파동 실험 장치를 이용한다. 리플탱크는 수면파를 발생시키고 관찰하는 실험장치로, 얇은 물을 담을 수 있는 유리 탱크, 수면파를 일으키는 진동자, 그리고 조명등과 스크린으로 구성된다. 진동자는 여러 가지 진동수의 수면파를 발생시키고, 위쪽에 달린 조명등은 수면파를 아래쪽 스크린에 확대 투영시켜 관찰하기 쉽게 해준다. 리플탱크는 파동의 간섭뿐 아니라 반사와 굴절, 회절 등 파동의 여러 특성들을 관찰하는데 사용된다.

1. 목 적

리플탱크를 이용하여 두 파원에서 발생하는 파동의 간섭 현상을 관찰하고, 관측한 간섭무늬로부터 파동의 파장과 속력을 계산한다.

2. 이 론

호수에 돌을 던지면 돌이 떨어진 지점을 중심으로 동심원의 파문이 퍼져나가는 것을 쉽게 볼 수 있다. 이러한 물의 파동, 즉 수면파는 적당한 크기의 파장과 진동수를 가지고 있어 공간에 펼쳐진 파동의 모습이나 수면 위 한 지점에서의 수면의 높이가 시시각각으로 변하는 수면의 진동을 눈으로 쉽게 알아볼 수 있어서 파동의 여러 현상을 설명하는 좋은 예가 된다.

줄의 파동도 눈으로 그 움직임을 잘 관찰할 수 있지만 이 파동은 1차원 파동이어서 간섭 현상이 거의 나타나지 않는다. 또 음파나 빛의 경우에는 간섭이 특이하게 나타나지 않거나 간섭이 일어나는 상황을 만들기가 어렵다. 이에 비하여 수면파의 간섭인 경우 간섭의 전모가 공간 전체에 걸쳐서 잘 드러나는 편이다.

리플탱크 실험 장치는 이러한 수면파의 간섭을 효과적으로 보여주는 실험 장치이다. 그림 1처럼 동시에 같은 진동수로 두 지점에 파동을 발생시키면 이 지점으로부터 수면파가 동심원으로 퍼져 나간다. 이때 파가 만들어지는 두 지점의 거리가 적당하면 지역에 따라 진동이 크게 일어나는 보강간섭의 영역과, 진동이 적게 일어나는 소멸간섭의 영역이 생겨난다.

두 수면파의 진동수를 동일하게 하면서 막대로 물을 진동시키는 시간차(위상차)를 일정하게 유지하면 보강간섭이나 소멸간섭의 영역이 변하지 않고 일정한 형태를 유지하여 가간섭성을 가진 파동을 만드는 것이 용이하다.

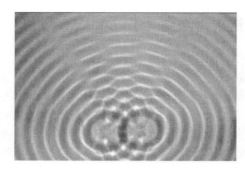

그림 1. 수면파의 간섭무늬. 두 지점에서 발생한 수면파가 동심원 형태로 퍼져나가면서 소멸간섭을 일으키는 지점들이 요동이 없는 선(마디선)을 형성한다.

리플탱크 실험 장치를 통해 간섭이 생기는 상황을 살펴보면 수면파가 물의 표면, 즉 2차원의 공간 위의 위치에 따라 진동의 폭이 큰 영역과 적은 영역이 확연하게 구분되어 보인다. 특히 장치의 위부분에 조명을 매달아서 아래로 비추면 수면의 굴곡에 의한 렌즈의 효과로 잔 물결이 탱크 밑의 스크린에 밝고 어두운 무늬로 나타난다. 이러한 장점으로 안해 리플탱크는 물결파의 반사, 굴절, 간섭 및 회절 등 파동의 기본 특성을 살펴보는데 이용된다.

간섭 조건

동시에 같은 진동수로 두 지점에 파동을 발생시키면 이 지점으로부터 수면파가 동심원으로 퍼져 나간다. 이때 파가 만들어지는 두 지점의 거리가 적당하면 지역에 따라 진동이 크게 일어나는 보강간섭의 영역과, 진동이 적게 일어나는 소멸간섭의 영역이 생겨난다.

진폭 A와 진동수 $f = \dfrac{\omega}{2\pi}$가 같고, 경로차가 Δ인 두 파동의 진동변위가 $y_1 = A \sin(kx - \omega t)$와 $y_2 = A \sin(k(x + \Delta) - \omega t)$일 때, 두 파동의 중첩에 따른 합성 파동은 다음과 같이 주어진다.

$$y = y_1 + y_2 = 2A \cos\left(\frac{k\Delta}{2}\right) \sin\left(k\left(x + \frac{\Delta}{2}\right) - \omega t\right) \qquad (1)$$

여기서 k는 파수(wave number) 또는 전파상수(propagation constant)로서 파장 λ와 $k = \dfrac{2\pi}{\lambda}$의 관계를 가진다. 이 합성파의 진폭이 최대가 되는 완전 보강간섭(perfectly constructive interference) 조건을 구하면 다음과 같다.

$$\cos\frac{k\Delta}{2} = \pm 1, \ \frac{k\Delta}{2} = n\pi, \ \Delta = n\frac{2\pi}{k} = n\lambda = \frac{\lambda}{2}(2n) \qquad (2)$$

한편 이 합성파의 진폭이 최소, 즉 0이 되는 완전소멸간섭(perfectly destructive interference) 조건을 구하면 다음과 같다.

$$\cos\frac{k\Delta}{2} = 0, \ \frac{k\Delta}{2} = \frac{2n-1}{2}\pi, \ \Delta = \frac{2n-1}{2}\frac{2\pi}{k} = \frac{\lambda}{2}(2n-1) \quad (3)$$

여기서 n은 정수를 나타낸다.

정리하면 두 파동의 경로차가 파장의 정수배이거나 반파장의 짝수배가 되는 지점에서는 **보강간섭**이 일어나고, 경로차가 반파장의 홀수배가 되는 지점에서는 **소멸간섭**이 일어난다.

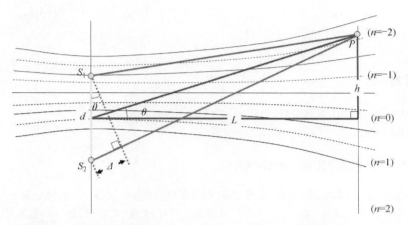

그림 2. 파동의 간섭. 실선은 보강간섭, 점선은 소멸간섭이 일어나는 지점들을 연결한 것이다.

그림 2와 같이 거리가 d만큼 떨어진 두 파원 S_1, S_2에서 같은 파장 λ의 구면파가 같은 위상으로 발생할 때, 두 파원의 중심에서 L만큼 떨어져있고, 두 파원을 연결하는 선과 평행한 임의의 선을 고려하자. 이 임의의 선을 따라 중앙에서 h만큼 떨어진 지점 P와 두 파원의 중심이 이루는 각이 θ라고 하면 근사적으로 두 파원에서 발생하는 구면파 사이의 경로차 $\Delta = S_2P - S_1P$는 다음과 같다.

$$\Delta = d\sin\theta \tag{4}$$

이때 점 P에서 완전보강간섭이 일어난다고 하면, 식(2)로부터 파동의 파장 λ와 속도 v는 다음과 같다.

$$d\sin\theta = n\lambda, \, d\frac{h}{\sqrt{L^2+h^2}} = n\lambda \tag{5}$$

$$\lambda = \frac{d}{n}\frac{h}{\sqrt{L^2+h^2}} \tag{6}$$

$$v = f\lambda \tag{7}$$

만일 점 P에서 완전소멸간섭이 일어난다고 하면, 식(3)으로부터 파동의 파장 λ와 속도 v는 다음과 같다.

$$d\sin\theta = \frac{\lambda}{2}(2n-1), \, d\frac{h}{\sqrt{L^2+h^2}} = \frac{\lambda}{2}(2n-1) \tag{8}$$

$$\lambda = \frac{2d}{2n-1}\frac{h}{\sqrt{L^2+h^2}} \tag{9}$$

제 V 부 : 파동과 광학 실험

$$v = f\lambda \qquad\qquad (10)$$

3. 실험장치

- 리플 탱크(Ripple Tank) 실험장치
- 스크린용 백지, 전등

▶ 리플탱크 실험장치(ripple tank)

파동실험을 보여주는 장치이다. 파동이 공간을 전파하여 나가는 것을 우리 눈으로는 관찰하기 어렵지만 리플탱크를 이용하면. 마치 넓은 바다에서 물결을 내려다보듯 파면을 볼 수 있어서 파동에 관한 개념을 설명하거나 이해하는데 유용하다.

리플 탱크는 리플 발생기(ripple generator), 할로겐 등, 스트로브(strobe), 아크릴 거울, 아크릴 스크

그림 3. 리플 탱크를 이용한 파동의 간섭 실험.

린 등으로 구성된다. 리플 발생기는 4부분으로 구성되는데, 첫 번째는 부분은 Ripple Generator에 전원을 공급해 주는 어댑터 잭이다. 여기에 전원을 공급하고 실험을 시작한다. 두 번째는 Ripple이 발생하는 양쪽 막대의 위상을 조절해 주는 장치이다. 이것을 조절함에 따라 양쪽에 Ripple이 동일한 위상으로 발생할 수도 있고 다를 수도 있다. 세 번째는 Ripple의 진폭을 조절하는 단추이다. 이를 풀고 조절함에 따라 Ripple의 진폭이 달라진다. 네 번째는 유리면 위에 있는 물에 Ripple을 발생시키는 부분으로, 이 부분이 물에 살짝 닿도록 해야 한다.

4. 실험 방법

준비 실험 기구 설치

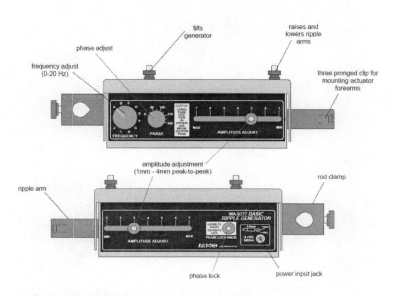

그림 4. 리플 발생 장치

(1) 리플탱크, 스크린용 백지, 전등을 그림 3과 같이 배치한다.
(2) 리플탱크에 물을 부은 후 수평이 되도록 조절한다.

실험 1 수면파의 간섭 실험

(1) 리플 발생장치를 작동시키고 전등과 스크린의 위치를 조정하여 관측이 쉽게 되도록 한 후, 두 파원의 위치, 중앙선 및 가장 어두운 곳(즉, y_{max}지점)을 백지 위에 그려 놓는다.
(2) 어두운(y_{max})지점들의 x, L, n 과 d로부터 λ를 구한다. 이때 y_{max}지점들은 잔물결이 전등에 의하여 투사된 상이므로 확대된 배율을 고려한다.
(3) 두 점파원의 거리 d와 리플 발생장치의 진동수를 바꾸어 주면서 위의 과정을 반복한다.

5. 질문 사항

(1) 두 파원 사이의 거리를 바꾸면 어떻게 될까? 파의 간격과 파장, 그리고 보강간섭과 소멸간섭의 곡선의 수 사이에는 어떤 관계가 있는가?
(2) 정상파와 간섭 사이에 비슷한 점과 다른 점이 무엇인가?

(3) 1차원 파동의 경우 간섭이 있을 수 있는가?

(4) 파장을 λ, 파원의 간격을 a로 하고, 수평방향을 x, 수직방향을 y축으로, 좌표원점을 두 파원의 중앙으로 하여 보강간섭을 하는 곡선의 식을 유도하라.

리플탱크를 이용한 파동의 간섭

학 과		학 번		이 름	
실 험 조		담당 조교		실험 일자	

실험 1 수면파의 간섭 실험

(1) 파원의 간격 $d =$ _____ [m], 진동수 $f =$ _____ [Hz]

횟수	h	L	n	파장 λ	속력 v
1					
2					
3					
4					
5					

(2) 파원의 간격 $d =$ _____ [m], 진동수 $f =$ _____ [Hz]

횟수	h	L	n	파장 λ	속력 v
1					
2					
3					
4					
5					

19. 광학대를 이용한 렌즈의 초점거리

렌즈(lens)는 빛을 모으거나 분산시키는 도구로, 보통 유리로 만든다. 렌즈는 빛의 직진과 굴절의 성질을 이용하여 상을 확대, 축소한다. 빛은 동일한 매질을 통과할 때는 직진하나 다른 매질을 만나면 반사, 굴절한다.

렌즈와 연관 지어 설명하면 공기 중을 통과하는 빛은 직진하다 렌즈를 만나면 반사, 굴절하게 된다. 렌즈의 주재료인 유리는 빛 대부분을 통과시키기 때문에 반사가 적고 대부분 굴절하게 된다. 빛은 렌즈의 두꺼운 쪽으로 굴절하기 때문에 렌즈의 가운데 부분의 두께가 가장자리보다 두꺼운 볼록렌즈의 경우 가운데 쪽으로 빛이 모이게 되고 렌즈의 가장자리 부분의 두께가 가운데보다 두꺼운 오목렌즈의 경우에는 빛이 가장자리로 굴절되므로 빛이 퍼져 나가게 된다.

1. 실험 목적

오목렌즈나 볼록렌즈의 초점거리를 결정하고 볼록렌즈에 의한 상의 배율을 측정한다. 볼록렌즈에서 빛의 굴절이 어떻게 발생하는지 원리를 알아보고 볼록렌즈의 초점 거리를 측정하는 방법과 물체와 상의 관련성에 관하여 알아본다.

2. 실험 원리

렌즈에 의한 상의 크기나 종류, 상이 맺히는 위치를 알기 위해서는 렌즈에 관한 다음 공식을 사용하면 된다.

 1) 모든 빛은 왼쪽에서 오른쪽으로 진행하는 것으로 그린다.
 2) 모든 물체의 거리(s)는 렌즈의 왼쪽에서 측정할 때 양의 값, 렌즈의 오른쪽에서 측정할 때 음의 값으로 한다.
 3) 모든 상의 거리(s')는 렌즈의 오른쪽에 있을 때 양의 값, 렌즈의 왼쪽에서 측정될 때 음의 값을 가진다.
 4) 볼록렌즈의 초점거리(f,f')는 양의 값, 오목렌즈의 초점거리(f,f')는 음의 값으로 정한다.
 5) 물체와 상이 광축의 위로 생기면 양의 값, 광축의 아래로 생기면 음의 값으로 정한다.
 6) 렌즈의 면이 볼록할 경우 반지름을 양의 값, 오목할 경우 반지름을 음의 값으로 정한다.

물체와 렌즈에 의해 맺혀진 상의 위치는 렌즈 공식에 의하여 다음과 같이 주어진다.

$$\frac{1}{a} + \frac{1}{b} = \frac{1}{f} \tag{1}$$

여기서 a는 물체와 렌즈 간의 거리, b는 렌즈와 상까지의 거리, f는 렌즈의 초점거리이다. b가 양의 값이면 상은 실상이고 스크린에 상이 맺힌다. b가 음의 값이면 상은 허상이고 렌즈를 통과한 빛은 발산하게 되고 눈으로 이 빛을 보았을 때 렌즈 뒤쪽에 있는 상을 볼 수 있다.

제 Ⅴ 부 : 파동과 광학 실험

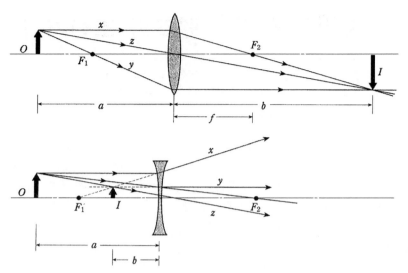

그림 1. 볼록렌즈와 오목렌즈에 의한 상

   광축과 평행한 광선이 렌즈를 통과하여 광축과 한 점에서 만날 때 이 점을 주초점이라 하고, 렌즈의 중심으로부터 주초점까지의 거리를 초점거리라 한다. 볼록렌즈의 초점거리는 양의 값이고 오목렌즈는 음의 값을 갖는다.

   렌즈에 의해 형성된 상의 배율은 상의 길이 I와 물체의 길이 O의 비로 정의된다. 이것은 또한 상의 거리와 물체의 거리의 비와 같다. 즉

$$m = \frac{I}{O} = \frac{b}{a} \tag{2}$$

이다.

3. 실험 기구 및 장치

① PASCO 렌즈(볼록렌즈(좌)와 오목렌즈(우))

② 광학대

③ 스크린

④ 광원과 물체(원, 화살표 2개)

4. 실험 방법

준비 실험 기구 설치

(1) 광학대의 양끝에 스크린과 화살표 모양의 물체를 두고, 물체의 뒤편에서 스크린을 향하여 광원으로 비춘다.

(2) 물체와 스크린을 고정시킨 다음 거리(D)를 측정한다. 이때, 물체와 스크린까지의 거리는 렌즈의 초점거리의 약 5배 정도가 좋다.

(3) 렌즈를 물체 가까이 놓고 스크린에 확대된 상을 관찰하면서 렌즈를 좌우로 조금씩 움직여 스크린에 가장 선명한 상이 나타나도록 렌즈를 조정하라. 물체와 렌즈, 스크린 등의 중심이 일직선상에 있도록 하고, 광축에 수직하도록 광축정렬을 한다.

실험 1 볼록렌즈(75mm Focus Length)1

(1) 렌즈로부터 물체와의 거리(a)와 스크린까지의 거리(b)를 측정하여 기록한다. 또한, 물체의 크기와 상의 크기를 측정하라.

(2) 렌즈를 스크린 가까이 움직여 축소된 선명한 상이 스크린에 나타나도록 하여 렌즈로부터 물체와의 거리(a')와 스크린까지의 거리(b')를 측정하여 기록한다. 또한, 축소상의 크기를 측정하라.

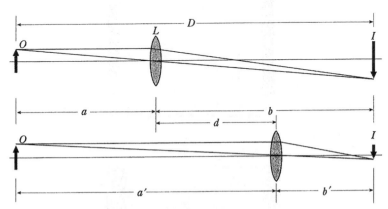

그림 2. 공액초점방법에 의한 볼록렌즈의 초점거리 측정

(3) 위의 과정 (1)~(2)을 D를 변화시키며, 5회 이상 반복하여 측정한다.

(4) 렌즈 공식(식 (1))을 이용하여 초점거리를 구하라.

(5) 과정 (1)와 (2)에서 렌즈의 움직인 거리를 d라고 하면 ($d = a' - a$ 혹은 $b - b'$), 렌즈의 초점거리는 다음 관계식과 같이 표현된다.

$$f = \frac{D^2 - d^2}{4D} \tag{3}$$

식 (3)을 이용하여 렌즈의 초점거리를 구하라(그림 2 참조).

(6) 확대된 상과 축소된 상의 크기와 물체의 크기로부터 구한 렌즈의 배율과 물체와 상의 거리로부터 구한 배율을 비교하라.

실험 2 볼록렌즈(75mm Focus Length)2

(1) 렌즈를 광학대의 중앙 정도에 위치 시킨 후 고정시킨다.

(2) 렌즈에서 물체까지의 거리(a)와 렌즈에서 스크린까지의 거리(b)를 똑같이 맞춘 뒤 물체와 스크린을 같은 비율로 움직여 선명한 상이 스크린에 나타나는 지점을 찾아 그때의 a, b ($a = b$)를 기록한다.

(3) $f = \dfrac{D^2 - d^2}{4D}$ 에서 d가 0이므로 $f = \dfrac{D}{4}$ 을 이용하여 초점거리를 구한다.

(4) 과정 (2)~(3)을 렌즈의 위치를 변화시키면서 5회 반복한다.

실험 3 오목렌즈(-150mm Focus Length)

오목렌즈 그 자체는 빛을 발산시키기 때문에 실상을 만들 수 없다. 따라서, 실험 1 에서 사용한 볼록렌즈를 함께 사용하여 초점거리를 측정한다.

(1) 실험 1 에서와 같이 볼록렌즈를 두고 스크린에 선명한 상이 맺히게 한다. 이 때 스크린을 뒤로 움직일 수 있도록 공간을 둔다.

(2) 렌즈와 스크린의 위치를 측정한다.

(3) 볼록렌즈와 스크린 사이에 오목렌즈를 둔다. 오목렌즈의 발산하는 성질 때문에 볼록렌즈에 의해서 생긴 상보다 먼 곳에 상이 생기게 된다.

(4) 스크린을 움직여서 선명한 상이 맺히게 거리를 조정하고, 오목렌즈와 스크린의 위치를 측정한다.

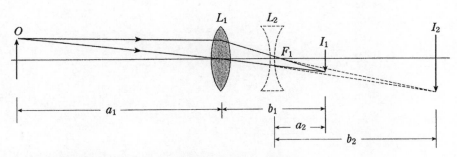

그림 3. 가상 물체에 의한 오목렌즈의 초점거리 측정

(5) [그림 3]과 같이 a_2 (< 0)와 b_2를 계산하여 식 (1)로부터 오목렌즈의 초점거리(f)를 구한다.

【주의】 과정 (1)에서 생긴 실상이 오목렌즈의 가상 물체가 되고, '가상물체'는 오목렌즈와의 거리(a_2)가 음(-)의 값을 갖게 하는 것에 유의하라.

【주의】 오목렌즈를 볼록렌즈에 너무 가깝게 위치시키지 않도록 한다.

5. 질문 사항

(1) 광축을 정렬하는 이유를 설명해 보라.

(2) 볼록렌즈와 오목렌즈의 상 작도법에 대해서 알아보고(물체가 초점거리 안에 있을 때와 밖에 있을 때), 각각에 대해 상을 작도하여라.

광학대를 이용한 렌즈의 초점거리

학 과		학 번		이 름	
실 험 조		담당 조교		실험 일자	

실험 1 볼록렌즈

실제 초점거리: ___7.5___ [cm]

단위 [cm]

a	b	a'	b'	D	d	물체의 크기	확대상		축소상		f
							크기	배율	크기	배율	

초점거리 평균 : _____ [cm]
상대오차 : _____ [%]

* 물체가 광축위에 있지 않을 때 어떠한 영향을 주는가? (광축 정렬)

단위 [cm]

스크린의 위치	렌즈의 위치	물체의 위치	a	b	D	$f = \dfrac{D}{4}$

초점거리 평균 _____ [cm]
상대오차 : _____ [%]

실험 2 오목렌즈

실제 초점거리: ___-15.0___ [cm]

【주의】 a_2가 음(−)의 값을 갖는 것에 유의하라.

단위 [cm]

볼록렌즈에 의한 상의 위치	오목렌즈의 위치	오목렌즈에 의한 상의 위치	a_2	b_2	f

초점거리 평균 : _____ [cm]

상대오차 : _____ [%]

제VI부

전자기학 실험

20. 디지털 멀티미터(테스터기)를 이용한 전기저항, 전압, 전류 측정

멀티미터는 전기 및 전자 회로에서 사용되는 중요한 도구 중 하나이다. 멀티미터는 전기적인 특성, 예를 들면 전압, 전류, 저항 등을 측정할 수 있을 뿐만 아니라 회로의 연속성 검사, 회로의 수리 유지 보수에도 활용할 수 있다. 정확한 전기 정보를 제공하여 안전하고 효율적인 작업을 가능하게 한다.

멀티미터를 사용하는 방법과 전압, 전류, 저항, 연속성 등 다양한 전기적 특성을 측정하고 테스트하는 방법에 대해 알아보자.

1. 실험 목적

멀티미터는 여러 가지 전기적인 양을 측정하는 전자계측기이다. 멀티미터를 사용하여 저항, 전류, 전압을 측정하는 방법을 익힌다.

2. 실험 원리

(1) 멀티미터 사용법

측정을 위해서는 프로브를 멀티미터 전면 단자에 꽂아서 사용한다.

통상적으로 검은색 프로브는 전면의 검은 단자 또는 COM에, 빨간색 프로브는 측정하려는 값이나 신호에 따라서 해당 단자에 꽂아서 사용한다.

그림1. 멀티미터 아날로그 멀티미터, 디지털 멀티미터 , 멀티미터 프로버

(2) 저항(Ω)측정

※주의사항※

①전류가 흐르고 있는 저항 측정 금지

② 저항코드로 저항을 읽은 뒤 기능스위치를 단위로 맞추고 측정

③ 저항을 읽을 수 없을 때 배율을 큰 값으로 두기

④ 측정 후, OFF로 기능스위치 돌리기

(+)단자

(-)단자

그림2   저항 측정시 멀티미터에 단자 연결과 선택스위치의 위치

(1) 저항을 측정하기 위해서는   전환 스위치를   그림과 같이 저항 영역으로 돌린다. 검은 색 프로브는 전면의 검은 단자 (COM)에, 빨간색 프로브는 VmA 로 표시된 빨간색 단자에 꽂아서 사용한다.

(2) 전환스위치를 Ω로 표시된 저항 측정위치의 적절한 범위를 선택한다

(3) 만일 측정하는 저항의 범위를 모른다면 우선 가장 큰 범위를 선택한다

(4) 프로브를 측정코자하는 저항의 양단에 접촉한후 표시된 값을 읽는다. 만일 값이 표현되지 않으면 한 단계 낮은 범위로 전환하여 값이 표시되는 위치에서 찾아 읽는다.

(5) 멀티미터가 저항을 측정하는 원리는 멀티미터 내부의 전지를 이용하여 외부의 프로브에 연결된 저 항에 전압을 걸어주었을 때 저항에 흐르는 전류를 측정하여 저항을 구한다.

(6) 저항을 정확히 측정하려면 저항 양단에 멀티미터 프로브 이외의 다른 것은 접촉하지 않아야 함.

(7) 회로의 저항을 측정할 때는 회로로부터 분리하여 측정해야 한다.

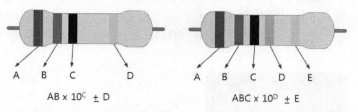

AB x 10^C ± D   ABC x 10^D ± E

그림 3. 저항 색 코드. 왼쪽은 4개의 색 띠로, 오른쪽은 다섯 개의 색 띠로 저항값을 표시하였다.

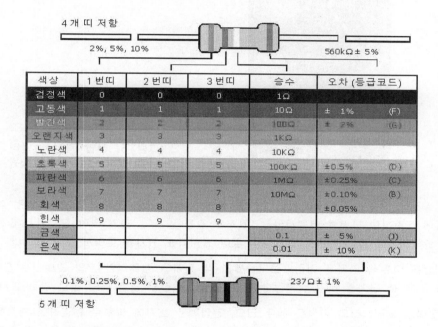

색상	1번띠	2번띠	3번띠	승수	오차 (등급코드)	
검정색	0	0	0	1Ω		
고동색	1	1	1	10Ω	± 1%	(F)
빨간색	2	2	2	100Ω	± 2%	(G)
오렌지색	3	3	3	1KΩ		
노란색	4	4	4	10KΩ		
초록색	5	5	5	100KΩ	±0.5%	(D)
파란색	6	6	6	1MΩ	±0.25%	(C)
보라색	7	7	7	10MΩ	±0.10%	(B)
회색	8	8	8		±0.05%	
힌색	9	9	9			
금색				0.1	± 5%	(J)
은색				0.01	± 10%	(K)

그림 4. 저항 색 코드 읽는 법. 위쪽 그림은 저항의 색 띠가 4개인 경우 아래쪽은 색 띠가 5개인 경우에 읽는 방법을 보여준다.

(8) 저항을 읽을 때 선택된 저항레인지는 측정할 수 있는 최대 저항을 의미한다. 레인지를 2000에 두고 측정한 경우 150이 화면에 나오면 150Ω으로 읽고, 레인지를 200k에 두고 측정한 경우 150이 화면에 나오면 150kΩ으로 읽어야 한다.

(3) 저항 코드 읽기

회로 소자로 사용되는 저항체는 보통 색 코드로 표시되어 있다. 저항값을 멀티미터로 측정하지 않고도 색 코드를 읽어서 알아낼 수도 있다. 저항을 색코드로 표시하는 방법은 여러가지가 있는데 흔히 4개 혹은 5개의 색 띠로 나타내는 방법이 많이 쓰인다. (그림3,4)

(4) 전압 측정

멀티미터로 전압을 측정하려면 저항 측정의 경우와 마찬가 지로 검은 색 프로브는 전면의 검은 단자 (COM)에, 빨간색 프로브는 mAVW로 표시된 빨간색 단자에 꽂아서 사용한다. 전환 스위치는 측정하고 자 하는 전압이 교류이면 V~ 또는 AC V, 직류이면 V-- 또는 DC V로 표시 된 위치에서 적절한 전압 범위를 선택한다. 만약 측정하고자 하는 전압 값의 범위를 모른다면 우선 가장 큰 높은 전압 범위 (1000V)를 선택한다.

그림 5. 전압 측정시 멀티 미터에 단자 연결과 선택스위 치의 위치

(1) 어떤 소자에 걸리는 전압을 측정하려면 검은색 프로브는 낮은 전압 단자에, 그리고 빨간 색 프로브 는 높은 단자에 접촉하여 병렬로 연결시켜서 표시된 값을 읽는다. 만약 값이 표시되지 않는다면 전 환 스위치를 한 단 계씩 낮은 범위로 전환하여 값이 표시되는 위치를 찾아서 값을 읽는다.

(2) 표시되는 전압은 검은색 단자를 기준으로 한 빨간 색 단자의 상대적인 전압 값이므로(전위차), 만 약 빨간 색과 검은 색 단자를 바꾸어 측정할 경우 표시되는 전압 값은 음의 전압 값을 표시한다.

(3) 전압측정 모드에서 멀티미터의 저항은 매우 크다. 전압계는 소자에 병렬로 연결하여 측정해야 하므 로 저항이 커야지 소자에 흐르는 전류를 변화시키지 않고 작은 전류만 전압계 쪽으로 흘려서 소자 양단의 전위차를 읽는다.

(4) 전압을 읽을 때 선택된 저항레인지는 측정할 수 있는 최대 전압을 의미한다. 레인지를 20에 두고 측정한경우 12가 화면에 나오면 12V로 읽고, 레인지를 200m에 두고 측정한 경우 12가 화면에 나 오면 12mV 으로 읽어야 한다.

(5) 전류 측정

전류를 측정하기 위한 멀티미터의 단자는 낮은 전류 측정 단자(최대 200mA, 멀티미터의 기종에 따라 다름)와 높은 전류 측정 단자(최대 10A)가 있다. 검은색 프로브는 이전과 마찬가지로 검 은색 단자에 꽂지만, 빨간색 단자는 측정하려는 전류 값의 범위에 따라서 적절한 단자에 꽂아야 한다.

(1) 만약 측정하려는 전류값이 최대값을 초과할 경우 멀티미터의 퓨즈가 손상되므로 주의가 필요하다

(멀티미터를 연결하기 전에 전류값을 대략적으로 계산하여 최대 전류값을 초과하지 않도록 한다).

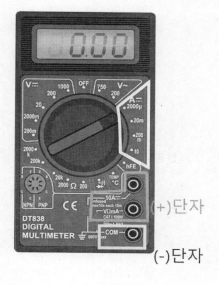

(+)단자

(-)단자

그림 6. 전류 측정시 멀티
미터에 단자 연결과 선택 스
위치의 위치

(2) 회로에 흐르는 전류를 측정하려면 전류가 흐르는 회로의 중간에 멀티미터를 연결하여 측정한다. 예를 들어 저항에 흐르는 전류를 측정하기 위해서는 전류가 흐르는 회로를 끊고 그 사이에 멀티미 터를 저항과 직렬로 연결하여 측정한다. 전류 측정 모드에서 멀티미터 전류측정 단자 사이의 저항 값은 매우 작으므로 통상적으로 무시하는 경우가 많다. 전류계의 저항이 아주 작아야 하는 이유는 회로 내에 직렬로 연결하여 측정하므로 회로의 저항을 증가시키지 않기 위해서이다. 만일 전류계 를 소자와 병렬 연결시키면 대부분의 전류가 전류계로 흐르게 되어 전류계의 퓨즈가 손상되므로 주의가 필요하다.

(3) 전류을 읽을 때 선택된 저항 레인지는 측정할 수 있는 최대 전류를 의미한다. 레인지를 10에 두 고 측정한 경우 5.0가 화면에 나오면 5.0A로 읽고, 레인지를 20m에 두고 측정한 경우 5.0이 화면 에 나오면 5.0mA으로 읽어야 한다.

3. 실험기구 및 장치

멀티미터, 프로브 1set, 브래드 보드, 저항 4가지, 점프선 2개, DC 전원 장치

(1) DC 전원 장치 (전원공급장치)

(1) 왼쪽으로 돌린 후 전원 켜기/끄기

(2) 서서히 전압 올리기

그림7. DC 전원 장치 (전
원공급장치)

(2) 브레드 보드

브레드보드는 납땜이 필요 없는 간단한 전자회로 실험용 기판이다. 약 0.25cm 간격으로 구멍이 있는
플라스틱으로 된 틀 아래에 전류가 흐를 수 있는 라인이 배치된 형태이다. 주로 교육용이나 간단한 전
자회로 실험용 등으로 쓰인다.

그림 8의 브레드보드를 예로 들어 설명하면, 구멍 다섯 개짜리 부분(abcde, fghij)은 각각 내부적으로
세로로 서로 연결되어 있고, 구멍 두 개짜리 부분은 각각 내부적으로 가로로 서로 연결되어 있다.
abcde와 fghij 열은 서로 분리되어 있으나, 빨강선과 파랑선으로 표시된 가로 열은 다섯 개 단위로 서
로 떨어져 있는 것처럼 보이지만 내부적으로 서로 연결되어 있다.

브레드보드를 사용할 때 보통 가로 부분은 전원(DC)을 공급하는데 사용하고, 다섯 개짜리 부분에 걸
쳐서 부품 다리를 꽂아서 쓴다. 멀티 탭의 콘센트 접점처럼 긴 구리판을 반 접어서 그 틈새에 끼워 쓰
는 구조로 만들어져 있다.

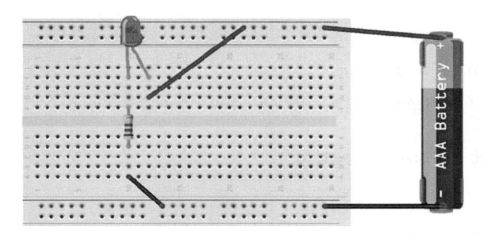

그림8. 브레드 보드

브레드 보드에 저항이나 다이오드와 같은 전자 부품을 꽂을 때 는 부품의 다리를 서로 다른 열에 꽂아서 사용한다. 아래와 위쪽에 있는 두 줄은 공통 접지선이나 전원 공급선으로 사용한다 (그림에서 연두색으로 나타낸 구멍은 서로 연결되어 있음을 나타내고, 굵은 선은 금속도선을 나타낸다).

4. 실험방법

실험 1 저항 측정

(1) 주어진 소자 상자 안에서 서로 다른 3개의 저항을 선택한다.

(2) 표에 저항의 색깔을 차례대로 쓰고 저항값을 숫자로 각각 기록한다.

(3) 멀티미터의 전환스위치를 저항으로 돌려서 저항값을 측정해서 각각 기록한다.

(4) 오차를 계산한다

실험 2 전압측정

(1) 저항 1개를 선택해서 색저항값을 읽고 저항값을 측정하고 기록한 후, 브래드 보드에 꽂고 점퍼선을 연결해서 전원(DC 전원 장치)과 연결한다.

(2) 전원공급장치에 잭을 연결하여 전류를 저항에 공급하고 다이얼을 조절하여 2.0V를 인가한다(+단자에 빨간 선을 사용하고 −단자에 검은 선을 사용하여 연결한다.)

(3) 멀티미터의 다이얼을 직류전압으로 돌려서 저항에 걸리는 전압을 병렬 연결로 측정한다. (빨간빛 프로브가 전압이 높은 쪽으로 할 것.)

(4) 전원의 전압을 3.0V로 증가한 후 저항에 걸리는 전압을 측정해서 기록한다.

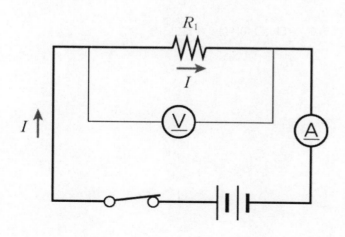

그림 9. 전류와 전압을 측정하는 방법.

제 Ⅵ부 : 전자기학 실험

저항에 걸리는 전압을 측정하려면 검은색 프로브는 낮은 전압 단자에, 그리고 빨간 색 프로브는 높은 단자에 접촉한 후 표시된 값을 읽는다. 그림 9와 같이 전압계를 저항과 병렬로 연결하여 측정한다. 저항에 흐르는 전류를 측정하기 위해서는 전류가 흐르는 회로를 끊고 그 사이에 멀티미터를 직렬로 연결하여 측정한다.

실험 3 **전류측정**

(1) 저항 1개를 선택해서 색 저항값을 읽고 저항값을 측정하고 기록한 후, 브레드보드에 꽂고 점퍼선을 연결해서 전원과 연결한다.

(2) 전원공급장치에 젝을 연결하여 전류를 저항에 공급하고 다이얼을 조절하여 2.0V를 인가한다(+단자에 빨간선을 사용하고 −단자에 검은선을 사용하여 연결한다.)

(3) 멀티미터의 다이얼을 직류전류로 돌려서 저항에 직렬로 연결하여 흐르는 전류를 측정한다. (멀티미터를 전류 측정 모드로 저항에 병렬로 연결하면 멀티미터에 너무 큰 전류가 흘러서 고장이 남)

(4) 전원의 전압을 3.0V로 증가한 후 저항에 흐르는 전류를 측정해서 기록한다.

(5) 전원의 전압을 4.0V로 증가한 후 저항에 흐르는 전류를 측정해서 기록한다.

(6) 이론값은 V=IR 의 옴의 법칙을 이용해서 전류를 계산한다.

5. 질문 사항

(1) 특정 소자나 회로에 흐르는 전류를 측정하기 위해 전류계는 그 소자와 직렬로 연결해야 한다. 그 이유는 무엇인가?

(2) 이상적인 전류계는 저항이 0에 가깝다. 그 이유는 무엇인가?

(3) 특정 소자나 회로의 두 지점의 전위차(전압)을 측정하기 위해 전압계는 그 소자와 병렬로 연결한다. 그 이유는 무엇인가?

(4) 이상적인 전압계는 저항이 매우 커야 된다. 그 이유는 무엇인가?

디지털 멀티미터(테스터기)를 이용한 전기저항, 전압, 전류 측정

학 과		학 번		이 름	
실 험 조		담당 조교		실험 일자	

실험 1 저항 측정

	색저항 읽기[Ω]	색저항값 ±오차 [Ω]	멀티미터로 측정한 저항값[Ω]	상대오차 %
1				
2				
3				

실험 2 전압 측정

선택한 저항값:_____[Ω]

	전원공급 전압 [V]	멀티미터로 측정전압값 [V]	상대오차 %
1	2.0		
2	3.0		
3	4.0		

실험 1 전류 측정

선택한 저항값:＿＿＿＿＿＿＿[Ω]

	전원공급 전압 [V]	멀티미터로 측정 전류값 [A]	계산한 전류값 [A], 이용	오차 %
1	2.0			
2	3.0			
3	4.0			

21. 도전판을 이용한 등전위선 그리기

 단위 양(+)전하를 전기장 안에서 어느 기준점에서 다른 점까지 옮기는 데 필요한 일의 최소 양을 전위라고 한다. 단위 양(+) 전하를 전기장과 반대 방향으로 움직이려면 외부에서 일을 해주어야 한다.

 전기장 안에서 전위가 같은 점들을 이은 선[면]을 **등전위선[면]**이라고 한다. 등전위선[면]에 있는 모든 점들은 전위차가 없기 때문에 등전위선[면]을 따라 전하를 이동시켰을 때 외력이 한 최소한의 일은 0이 된다.

1. 실험 목적

 여러 가지 형태의 전극 사이에 형성되는 전기력선과 등전위선에 관한 성질을 알아본다. 이를 위해 전기 전도성 용지 위에 두 개의 전극을 올려놓고 양단에 전압을 걸어주어 두 전극 사이에 전류를 흐르게 하였을 때 그 사이에 형성되는 등전위선을 조사한다.

2. 실험 원리

 전기장 내에서 전하량 q의 하전입자가 힘 F를 받을 때, 그 점에서의 전기장은

$$E = \frac{F}{q}$$

로 정의된다.

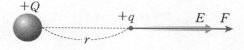

그림 1. 전기장의 정의. 전기장은 단위 양전하가 받는 힘으로 정의된다.

 전기장 안에 양(+)전하를 두었다고 가정할 때, 그 전하가 받는 힘의 방향을 연속적으로 연결한 가상의 선을 **전기력선**이라고 한다.

 전위 V는 단위 전하당의 전기적 위치에너지로 정의된다. 전위차를 가진 두 전극 사이에는 항상 전기장이 존재하며, 전기장 내에는 같은 전위를 갖는 점들이 존재한다. 이 점들을 연결하면 3차원에서는 등전위면을 이루고, 2차원에서는 등전위선을 이룬다.

 전기장 내에서 전기력선이나 등전위선[면]은 무수히 많이 그릴 수 있다. 하나의 점전하 Q가 있는 점을 중심으로 하는 방사선이며(그림 1(a)), 등전위면은 Q점을 중심으로 하는 동심구면이 된다.

 공간에 하나의 점전하가 있을 때, 점전하를 중심으로 하는 모든 구의 표면은 등전위면이 된다. 두 긴 도선에 각각 (+)전하와 (−)전하가 분포되어 있을 때에는 두 도선 사이에 있는 평면과 도선을 중심으로 한 원통 표면이 등전위면이다. 등전위면은 전기력선과 서로 수직을 이룬다. 지도의 등고선에서 지면의 경사가 급한 곳은 등고선이 밀하고 경사가 완만한 곳은 등고선이 소한 것처럼, 전기장이 센 곳에서는

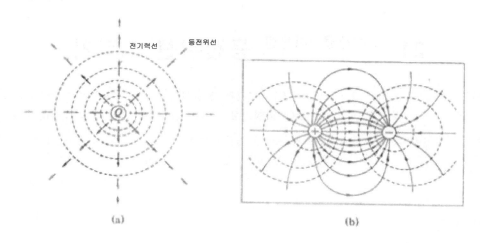

그림 2. 전기력선과 등전위선. $+Q$의 점전하와 $-Q$의 점전하가 공간에 놓여 있을 때는 이와 같은 전기력선과 등전위선을 그릴 수 있다.

등전위면이 밀하고 전기장이 약한 곳은 등전위면이 소하다.

전하의 이동이 없을 때에는 도체 안에서의 전기장이 0이기 때문에 전하의 이동이 없을 때 도체 내부의 전위는 모든 점에서 같다. 따라서 도체 표면은 등전위면이 된다. 등전위면 위에서 전하를 이동시키는 데 필요한 일은 영(0)이므로, 그 면에 접한 방향에는 전기장의 값이 없다. 따라서, 전기장의 세기는 그 면에 수직이다. 전기장이 일을 한다는 것은 정전하가 전위의 높은 곳에서 낮은 곳으로 이동해가는 경우이므로, 전기력선은 전위의 높은 곳에서 낮은 곳으로 향한다.

전기장 E의 방향은 그 점에서 전위 V가 가장 급격히 감소하는 방향이며, 그 방향으로의 미소변위를 dl이라 하면 E와 V 사이의 관계식은

$$V = -\int \vec{E} \cdot \vec{dl}$$

또는

$$\vec{E} = -\frac{dV}{dl}\vec{n}$$

이다. 여기서 $\vec{n}$은 등전위면(선)에 수직인 단위벡터이다. 따라서, 전기장 E는 등전위선(면)에 수직이 된다.

편의상 2차원 평면에 대해서 실험적인 이론을 생각해 보자. 즉, 어느 도체판의 두 단자를 통해서 전류를 흘릴 때, 도체판 내에서의 전류의 유선의 방향은 전기장의 방향을 나타낸다. 이 유선에 수직인 방향에는 전류가 흐르지 않으므로 전위차도 없다. 이와 같은 점을 이은 선은 등전위선이 된다. 따라서, 도체판상의 두 점 사이에서 전류가 흐르지 않는다면, 이 두 점은 등전위선 상에 있는 점이다.

결과적으로, 전기장 내에서 같은 전위를 갖는 점들을 연결한 **등전위선**과 각 지점에서의 전기장 벡터를 연속적으로 이어놓은 **전기력선**은 서로 수직하게 교차하게 된다.

3. 실험 기구 및 장치

(1) 전자기학 실험장치

- 코르크 판, 전도성 용지(Conductive Paper), 고정 핀(4)
- 직류 전원 장치, 전원 연결선
- 디지털 멀티미터, 멀티미터 연결 단자
- 금속 전극판(3쌍), 전도성 잉크 펜(Silver paste)

(2) 센서 실험장치

- 없음

▶ 전도성 용지(Conductive Paper, PK-9025B)와 전도성 펜(Conductive Ink Pen – PK-9031B)

전도성 용지는 용지 자체에 탄소가 포함되어 있어 전기 전도성을 띠는 종이(Conductive Paper)이다. 파스코에서 제공하는 전도성 종이의 규격은 23 x 30 cm이고, 표면에 격자 눈금이 새겨져 있다. 전도성 펜에는 은(Silver)이 휘발성 물질에 녹아 있어서 원하는 전극판이나 도형을 그리면 전기가 통하는 도체가 된다. 뚜껑을 잘 닫아두지 않으면 휘발성 물질이 날아가 사용하기 어렵게 된다.

그림 3. 전도성 용지와 전도성 잉크 펜. 전도성 용지(왼쪽)는 탄소를 포함하고 있어서 전기전도성이 있다.

4. 실험 방법

준비 실험 기구 설치

(1) 다음 그림과 같이 코르크 판위에 전도성 용지를 올려놓고 용지의 네모서리에 핀을 꽂아서 고정시킨다.

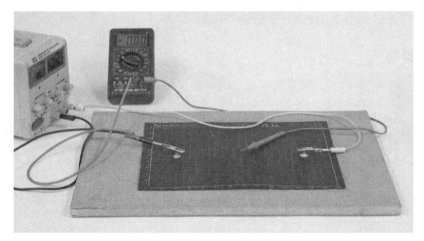

그림 4. 등전위선 측정 배치도

(2) 전도성 용지 위에 두 개의 금속 전극판을 올려놓는다.
(3) 전원 연결선으로 전원의 양극과 음극을 위의 두 개의 금속 전극판과 연결한다.
(4) 다음에는 멀티미터의 (−)단자(공통 단자, 검은색 탐침)를 전원의 (−)단자에, 멀티미터의 (+)단자(빨간색 탐침)를 전원의 (+)단자에 연결한다.

실험 1 등전위선 찾기

(1) 전원을 켜고, 전압이 $10\,V$가 되도록 조정한다.

(2) 멀티미터의 (−)단자를 전원의 (−)극과 연결된 금속 전극판에 갖다 댄다. 그리고 멀티미터의 (+)단자는 전도성 용지에 갖다 대면 멀티미터에 전압이 표시된다. 이때 전도성 용지 위의 두 전극을 직선으로 연결하는 가상의 선을 따라 멀티미터의 (+)단자를 옮겨가면서 전압을 측정하면 0~10 V의 전압이 측정될 것이다. 1V 간격으로 그 위치를 용지 위에 표시해둔다.

(3) 이제 멀티미터의 (−)단자를 위 (2)에서 표시해둔 1V 위치에 고정시키고, (+)단자를 이동하면서 검류계의 바늘의 움직임을 본다.

바늘의 움직임이 작은 지점은 등전위점 가까이에 있음을 의미한다. 그 근처에서 (+)단자를 움직여 가면서 검류계의 바늘이 영점이 되는 위치를 찾아서 그 위치를 표시한다.

(4) (+)단자를 (3)에서 찾은 점 옆 지점으로 이동해가면서 (3)의 실험을 반복한다.

(5) 위 (4)에서 찾은 지점들을 하나의 선으로 이은 등전위선을 그린다.

(6) 위 (3)의 멀티미터 (−)단자를 2V 위치로 옮긴 다음 위의 (3)~(5) 과정을 되풀이 하여 등전위선 찾는다.

(7) 이런 방법으로 3 ~ 9 V 위치의 등전위선을 찾아서 그린다.

(8) 전극판의 모양을 아래 그림과 같이 바꾸고, 위 (2)~(7)의 실험을 반복하여 등전위선을 찾는다.

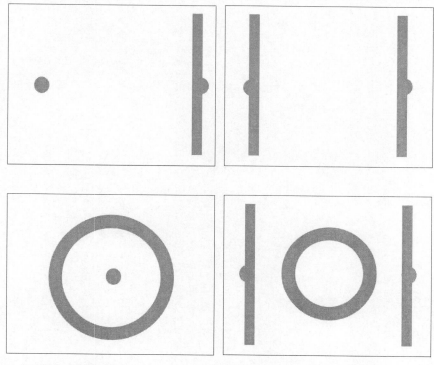

그림 7. 전극 배치

5. 질문 사항

1. 정전기적 평형 상태에 있는 도체 상의 모든 점은 전위가 같은가?

2. 원형 도체 내부의 각 점에서 측정한 전위는 같은가?

3. 속이 빈 도체의 내부 공간에서도 등전위인가?

도전판을 이용한 등전위선 그리기

학 과		학 번		이 름	
실 험 조		담당 조교		실험 일자	

여러 전극 모양의 전극배치에 대해 측정한 등전위선 모양을 그려서 제출한다.

실험 1 등전위선 1, 2

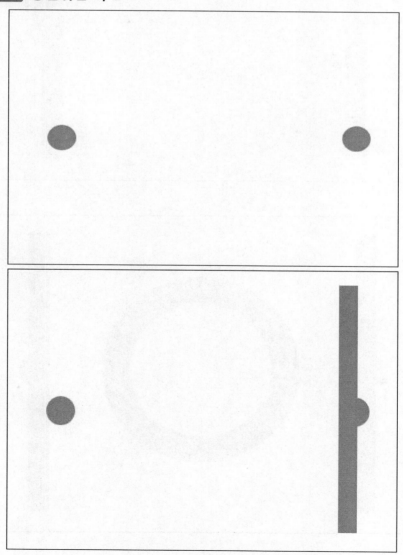

실험 2 등전위선 3, 4

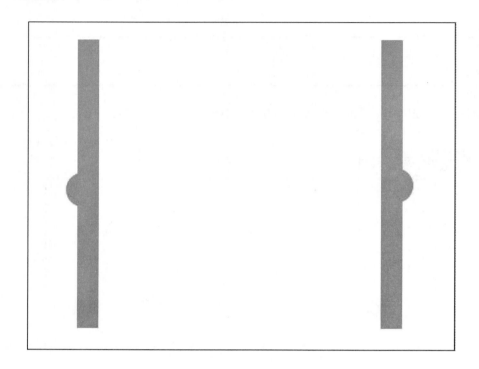

실험 3 등전위선 5

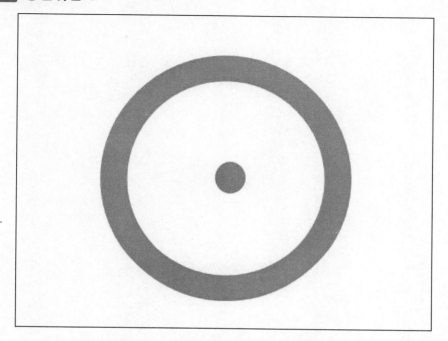

22. 옴의 법칙- 직렬회로와 병렬회로의 전류와 전압

전기 저항은 도체에서 전류의 흐름을 방해하는 정도를 나타내는 물리량으로, 두 지점 사이에 전위차가 존재할 때, 저항의 크기와 전류의 크기는 서로 반비례 관계에 있다.

여러 개의 저항으로 구성된 회로에서 각각의 저항에 걸리는 전압과, 이 회로에 흐르는 전류를 디지털 멀티미터(또는 전압계와 전류계)로 측정하여 옴(Ohm)의 법칙과 키르히호프(Kirchhoff)의 법칙이 성립함으로 알아본다.

1. 실험 목적

전자회로에 쓰이는 저항과 기전력으로 구성된 회로에서 저항에 걸리는 전압과 회로에 흐르는 전류를 디지털 멀티미터(또는 전압계와 전류계)로 측정하여 옴의 법칙이 만족하는가를 확인하고 옴의 법칙의 의미를 이해한다.

2. 실험 원리

독일의 물리학자 게오르크 옴(Georg Simon Ohm, 1789 ~ 1854)은 저항체에 걸리는 전압 V 와 전류 I 를 측정하여 그들 사이에 다음과 같은 비례 관계가 성립한다는 것을 발견했다.

$$V \propto I$$

여기서 비례상수를 R 이라고 하면,

$$V = RI \qquad \text{또는} \qquad R = \frac{V}{I} \tag{1}$$

이 된다. 전류와 전압 사이의 위와 같은 관계식을 옴의 **법칙(Ohm's law)**이라 한다.

옴의 법칙은 도체의 두 지점 사이에 나타나는 전위차에 따라서 흐르는 전류가 비례하는 법칙을 말한다. 전압 V 가 일정할 때 R 이 클수록 전류 I 가 작아지므로, R 은 전류의 흐름을 방해하는 요소로, 전기 **저항(Electric Resistance)**이라 부른다. 전기 저항의 국제단위계 단위는 옴의 법칙의 발견자 옴의 이름을 따서 옴이라 부르고 기호 Ω 로 나타낸다. $\Omega \equiv V/A$ 의 관계에 있다.

보다 일반적인 관점에서 기술하면, 위 식은 전압 대신에 전기장으로 쓸 수 있다. 이때 전류 I 대신에 전류밀도 $\vec{J}$ 를, 저항 R 대신에 비저항(ρ)을 쓰게 되면

$$\vec{E} = \rho \vec{J} \tag{2}$$

으로 표현할 수 있다. 여기서 $\vec{E}$ 와 $\vec{J}$ 의 SI 단위는 각각 V/m, A/m^{2}이므로 비저항 ρ 의 SI 단위는 Ωm 가 된다.

비저항(resistivity)은 물질에 따라 다르다. 물질마다 서로 다른 값을 갖는 비저항은 전기저항의 세기 성질이고, 물질의 모양은 크기 성질이다. 따라서 전기저항은 세기 성질인 동시에 크기 성질을 보인다. 일반적으로 물체의 저항은 비저항이 클수록, 물체의 길이가 길수록, 단면적이 작을수록 커진다. $R = \rho \dfrac{l}{A}$ 라고 표현된다.

(1) 저항의 연결

회로 내에서 저항은 하나만 쓰기도 하고, 여러 개를 연결하여 사용하기도 한다. 전기회로에서 흔히 볼 수 있는 저항의 연결은 여러 개의 저항을 한 줄로 연결한 직렬연결과 나란히 연결한 병렬연결, 그리고 직렬과 병렬을 섞어서 사용한 혼합연결 등이 있다.

다음 그림과 같은 여러 저항의 직렬연결에서

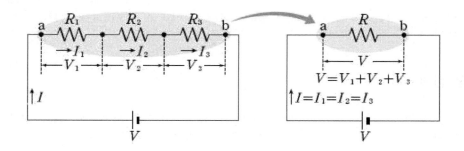

그림 1. 저항의 직렬연결. 직렬로 연결된 세 개의 저항 R_1, R_2, R_3을 대체 할 수 있는 하나의 저항값 R은?

회로에 흐르는 전류는 모두 같아야 하므로

$$I = I_1 = I_2 = I_3 \tag{3}$$

가 되고, 회로 전체에 걸리는 전압 V 는 각각의 저항에 걸리는 전압의 전체 합과 같아야 하므로

$$V = V_1 + V_2 + V_3 . \tag{4}$$

따라서 직렬 연결한 저항의 전체 합성 저항 R 은

$$R = R_1 + R_2 + R_3 \tag{5}$$

이 되고, 이 회로에 흐르는 전체 전류 I 는

$$I = \frac{V}{R} \tag{6}$$

가 된다.

따라서 일반적으로 여러 개의 저항을 일렬로 연결하는 경우, 전체 저항 R_s는 각각의 저항의 합에 해

당하는 저항체를 연결하는 것과 같다.

$$R_s = R_1 + R_2 + R_3 \cdots\cdots \tag{7}$$

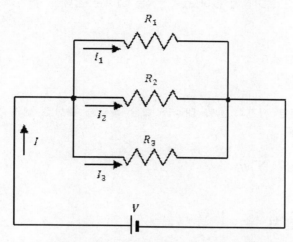

그림 2. 저항의 병렬연결. 병렬로 연결된 세 개의 저항 R_1, R_2, R_3을 대체할 수 있는 하나의 저항값 R 은?

한편, 그림 2와 같이 여러 저항을 병렬 연결하는 경우, 전체 회로에 흐르는 전류 I는 각각의 저항에 흐르는 전류(I_1, I_2, I_3)의 합과 같아야 하므로

$$I = I_1 + I_2 + I_3 \tag{8}$$

회로 전체에 걸리는 전압은 각 저항에 걸리는 전압과 같아야 하므로

$$V = V_1 = V_2 = V_3 \tag{9}$$

따라서 합성 저항 R 은

$$\frac{1}{R} = \frac{1}{R_1} + \frac{1}{R_2} + \frac{1}{R_3} \tag{10}$$

의 관계를 만족한다.

일반적으로 여러 개의 저항을 병렬로 연결하는 경우, 전체 저항은 식(11) 대신 R_p 값을 갖는 저항체를 연결하는 것과 같다.

$$\frac{1}{R_p} = \frac{1}{R_1} + \frac{1}{R_2} + \frac{1}{R_3} \cdots\cdots \tag{11}$$

(2) 키르히호프의 법칙

제1 법칙 :

어느 회로에 있어서 어느 분기점에 들어오는 전류는 나가는 전류와 같다. 즉,

$$\sum I_t = 0 \tag{12}$$

제2 법칙 :

어느 폐회로 내에서 모든 기전력 E의 대수적 합은 동일한 폐회로 내의 모든 저항에서의 전압강하 (IR)의 대수합과 같다. 즉,

$$\sum E = \sum IR \tag{13}$$

3. 실험 기구 및 장치

(1) 전자기학 실험장치

- DC 전원 공급 장치, 디지털 멀티미터(2), 바나나 플러그(2쌍)
- 저항(3), 브레드보드(Breadboard), 점퍼 선(다수)

(2) 센서 실험장치

- 없음

4. 실험 방법

실험 1 저항의 직렬연결

(1) 그림 3과 같이 3개의 저항을 브레드보드 위에 직렬로 연결한다.

(2) 저항이 직렬로 연결되어 있으므로 이 회로에 흐르는 전류 I를 옴의 법칙에 의하여 계산한다. 즉, 각 저항에서의 전압강하는 다음과 같다.

$$V_1 = IR, \quad V_2 = IR_2, \quad V_3 = IR_3$$

(3) 키르히호프의 제 2법칙에서 ((5)식에서)

$$E_b = V_s = V_1 + V_2 + V_3 = I(R_1 + R_2 + R_3)$$

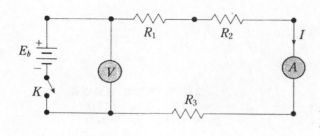

그림 3. 저항의 직렬연결.
$E = 10\,V,$ $R_1 = 500\Omega$
$R_2 = 1k\Omega$ $R_3 = 3.5k\Omega$

$$R_s = R_1 + R_2 + R_3$$

$$I = \frac{E}{R_s}$$

(4) 멀티미터로 E_b의 전압을 대강 측정하고, 색 코드에 의한 R_s도 대략 계산하면 I가 계산된다. 이것은 대략의 계산 값이다. 그림 3에서 계산 값은

$$I = 10\,V\,/\,(500\Omega + 1000\Omega + 3500\Omega) = 2 \times 10^{-3}A = 2mA \text{ 이다.}$$

(5) 위 계산 값으로 전류계 및 전압계가 적합하게 선정되었는가를 확인하고, 식 의 계산값을 결과보고서 표에 기록한다. (I, V_1, V_2, V_3값)

(6) 전원 전압 E_b를 0이 되게 조절 손잡이를 돌린다.

(7) 전압계와 전류계를 보면서 서서히 전원 E_b가 10 V되게 조절 손잡이를 돌린다.

(8) 회로에 흐르는 전류 는 테스터 전환스위치를 전류로 돌리고 저항과 직렬 연결하여 전류를 측정하고 전원 E_b 의 전압은 테스터 전환스위치를 전압으로 돌리고 저항과 병렬 연결하여 측정하여 측정값 란에 기록한다. 전류와 전압을 측정할 때에 전환스위치를 미리 계산한 값을 참고하여 해당 영역을 선택한다.

(9) 전압계로 R_1, R_2, R_3에 의한 전압강하 V_1, V_2, V_3 를 측정하는데, 테스터 전환스위치를 전압으로 돌린 후 저항과 병렬 연결하여 측정하고 기록한다.

(10) 옴의 법칙과 키르히호프 2법칙에 의하여 Rs의 이론값을 계산하고 기록한다.

(11) R_1, R_2, R_3의 저항을 바꾸어 연결하고, 실험 1) ~ 11)을 반복한다.

(12) 색 코드의 저항값과 실험저항값을 비교 평가한다.

실험 2 저항의 병렬연결

(1) 그림 4와 같이 3개의 저항을 브레드보드 위에 병렬로 연결한다.

(2) 회로의 B 및 C점에서 키르히호프의 제 1법칙을 적용한다. 즉

$$I_p = I_1 + I_2 + I_3$$

키르히호프의 제 2법칙을 적용한다. 즉 $E_p = V_p = V_1 = V_2 = V_3 = I_p R_p$

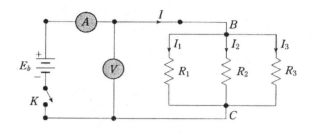

그림 4. 저항의 병렬연결.
$E = 10\,V, \qquad R_1 = 1k\Omega$
$R_2 = 2k\Omega \qquad R_3 = 3k\Omega$

(3) 병렬연결의 등가저항 R_p를 계산한다. 즉

$$R_p = \cfrac{1}{\left(\cfrac{1}{R_1} + \cfrac{1}{R_2} + \cfrac{1}{R_3}\right)}$$

병렬회로에서 R_p는 연결된 가장 낮은 분기저항보다 적은 저항값이 된다.

(4) 멀티미터로 E_b의 전압을 대강 측정(추정)하고, 연결된 저항의 색 코드에 의한 R_p도 식(11)에 의해서 계산한다. 식 (10)에 의하여 I_p를 계산하고 동시에 $I_1 = \dfrac{V_1}{R_1}, I_2 = \dfrac{V_2}{R_2}, I_3 = \dfrac{V_3}{R_3}$ 및 R_p를 계산하여 결과보고서에 기록한다.

(5) 전류계와 전압계의 눈금 선정이 적합한가를 확인한다.

(6) 전원조절 손잡이를 돌려서 E_b가 0이 되게 한다.

(7) 전류계와 전압계를 보면서 서서히 전원 E_b가 10이 되게 한다.

(8) 전압 E_b와 전류 I_p를 측정하여 기록한다.

(9) 옴의 법칙과 E_b와 I_b의 측정치에 의하여 R_p를 계산하고 기록한다.

(10) 전원을 단락시키고 I_1을 측정하기 위해서 전류계를 R_1의 (−)쪽에 직렬로 연결한다. (R_1단자에 전류계의 (+)단자를 연결해야 하며, I_1의 계산 값을 참고하여 전류계 눈금을 선 택할 것.)

(11) 단락시켰던 전원을 연결시킨 후, 전원 E_b 를 10V 되게 한다.

(12) I_1을 측정하고, 결과보고서에 기록하고, 다시 전원을 단락시킨다.

(13) I_2, I_3을 측정하기 위해서 앞의 실험 10) – 12)를 반복하고 기록한다.

(14) R_1, R_2, R_3의 저항을 바꾸어 연결하고, 실험 4) – 13)을 반복하고 기록한다.

(15) 계산 값과 실험값을 비교 평가한다.

5. 질문 사항

(1) 전류 측정 모드(선택 스위치가 전류일때) 에서 멀티미터의 휴즈가 잘 끊어지는 이유는 무엇인가?

옴의 법칙- 직렬회로와 병렬회로의 전류와 전압

학 과		학 번		이 름	
실 험 조		담당 조교		실험 일자	

실험1 직렬 회로

	직렬회로 I			직렬회로 II		
	이론값	실험값		이론값	실험값	
E_b	$E_b=V_s=10V$		E_b	$E_b=V_s=10V$		
R_1	색저항값	측정값	R_1	색저항값	측정값	
R_2	"	"	R_2	"	"	
R_3	"	"	R_3	"	"	
R_s	계산값	"	%오차	R_s	계산값	"	%오차
I_s	"	"	"	I_s	"	"	"
V_1	"	"	"	V_1	"	"	"
V_2	"	"	"	V_2	"	"	"
V_3	"	"	"	V_3	"	"	"

실험 2 병렬 회로

	병렬회로 I			병렬회로 II		
	이론값	실험값		이론값	실험값	
E_b	$E_b=V_s=10V$		E_b	$E_b=V_s=10V$		
R_1	색저항값	측정값	R_1	색저항값	측정값	
R_2	"	"	R_2	"	"	
R_3	"	"	R_3	"	"	
R_p	계산값	"	%오차	R_p	계산값	"	%오차
I_1	"	"	"	I_1	"	"	"
I_2	"	"	"	I_2	"	"	"
I_3	"	"	"	I_3	"	"	"
I_p	"	"	"	I_p	"	"	"
V_1	"	"	"	V_1	"	"	"
V_2	"	"	"	V_2	"	"	"
V_3	"	"	"	V_3	"	"	"

23. 전류/전압 센서를 활용한 다이오드 정류회로 특성

정류회로는 교류전압을 직류전압으로 바꾸어 주는 기본 회로이다. 정류회로에 사용되는 다이오드는 전류를 한쪽 방향으로만 흐르게 하는 성질이 있다. 이 실험은 다이오드의 이러한 특성을 전류센서와 전압 센서를 사용하여 알아보고, 다이오드와 저항, 그리고 축전기를 사용하여 만들어진 여러 정류회로의 특성을 조사한다.

1. 실험 목적

다이오드를 사용하여 교류를 직류로 변환할 수 있는 회로를 제작하고, 전류센서와 전압센서를 이용하여 그 회로의 특성을 조사한다.

2. 실험 원리

금속과 탄소저항체의 저항은 저항체에 걸리는 전압 V 와 전류 I 를 측정하면 그들 사이에 비례 관계가 있음을 알 수 있다.

$$V = IR \tag{1}$$

이것을 옴의 법칙이라고 하며, 이 법칙을 따르는 물질을 옴성 물질(Ohmic material)이라 부른다. 하지만 어떤 물질은 옴의 법칙을 만족하지 않는다. 다이오드와 같은 많은 반도체가 대표적이다.

다이오드(diode)는 두 종류의 반도체를 접합한 것으로, 주로 한쪽 방향으로 전류가 흐르도록 제어하는 성질이 있다. 다이오드는 이러한 성질 때문에 정류회로 널리 사용된다. 발광 등의 특성을 지니는 반도체 소자이다.

그림 1. 정류용 다이오드의 띠 표시. 흰색 또는 검은색 띠가 표시된 쪽이 음극이다. 검정색 바탕에는 흰색, 투명한 유리에는 검은색으로 띠가 표시되어있다.

다이오드는 극성을 갖고 있어서 다이오드 표면에는 그림1과 같이 극성이 표시되어 있다. 검정색 바탕인 경우에 흰 띠가, 투명한 유리의 경우에는 검은 띠가 표시되어 있는 전극이 캐소드(cathode)로, 순방향일 때 음전압을 인가하면 전류가 흐른다.

다이오드는 대부분 규소(Si)로 만들어지지만, 순수한 규소 덩어리에 불순물을 약간 첨가하면 특수한

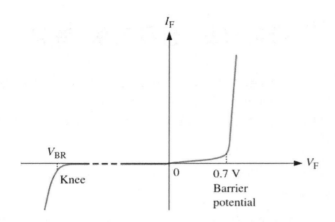

그림 2. 정류 다이오드의 특성곡선. 정방향으로 전압을 걸어주면 전압이 증가함에 따라 전류는 급격히 증가하고 역방향으로는 거의 전류가 흐르지 않는다.

전기적 성질을 띤다. 이 때 양극 쪽으로 쓰이는 것은 p형 반도체, 음극 쪽으로 쓰이는 것을 n형 반도체라고 하며, 이 둘을 접합시킨 것을 p-n 접합 다이오드라고 한다. 따라서 다이오드는 당연히 $p{\to}n$ 방향으로만 전류가 흐르며, $n{\to}p$는 전자의 척력 때문에 전기가 통하지 않는다.

정방향일지라도 다이오드도 작동시키려면 어느 정도 이상의 전압이 필요하다. 이를 문턱전압이라고 하는데, 0.7V 정도 된다. 문턱 전압이하일 경우에는 정방향일지라도 다이오드는 $M\Omega$ 정도의 저항을 가져서 전류가 거의 흐르지 않는다.

전압이 더 커지면 저항이 급격히 감소하여($1V$일 때 수 Ω 정도) 전류는 다음과 같이 지수 함수적으로 증가한다.

$$I(t) = I_s(e^{eV/kT} - 1) \tag{2}$$

여기서 I_s는 역방향 포화전류라고 하는데 보통의 전류계로는 측정되지 않을 정도로 작다. 그러나 정방향으로 전압을 걸어주면 전압이 증가함에 따라 전류는 급격히 증가한다.

다이오드는 전류가 흐르는 방향과 흐르지 않는 방향이 뚜렷하게 구별되어 정류회로에 사용된다. 다이오드에 그림 3과 같이 교류전압을 걸어주면 그림 4와 같이 전압의 sine 커브에서 반주기 동안만 전류를

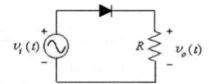

그림 3. 다이오드에 교류전압을 걸어준 경우.

흐르게 하고 나머지 반주기 동안은 전류가 흐르지 않게 된다. 이와 같은 정류형태를 반파정류라 한다.

다이오드를 4개를 사용하면 출력단자에서 한 주기 동안 내내 전류가 흐르도록 회로를 구성할 수 있다. 이와 같은 정류형태를 **전파정류**라 한다.

반파정류 혹은 전파정류로 정류한 출력전압은 $|\sin\omega t|$와 유사한 파형을 갖고, 시간에 따라 심하게 변

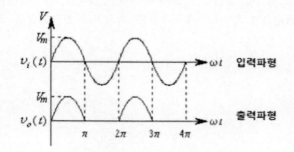

그림 4. 반파정류. 교류 전압의 sine 커브에서 반주기 동안만 전류가 흐르고 나머지 반주기 동안은 전류가 흐르지 않는다.

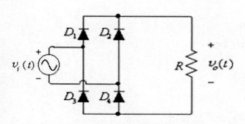 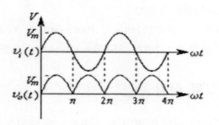

그림 5. 전파정류. 다이오드를 4개를 사용하면 출력단자에서 한 주기 동안 내 내 전류가 흐르도록 회로를 구성할 수 있다.

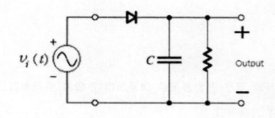

그림 6. RC 필터회로. 축전기를 이용하여 다이오드로 정류한 전압을 평탄하게 만든다.

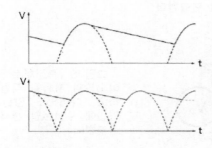

그림 7. RC 필터로 여과한 전압. RC 필터에서 축전기는 충전과 방전을 반복하며 출력파형을 평탄하게 만든다. 위쪽은 반파정류한 전압을, 아래쪽은 전파정류한 전압을 필터로 여과한 전압이다.

하는 특성을 갖는다. 따라서 시간에 따라 전압이 변하지 않는, 다시 말해 일정한 전압을 유지하는 직류 전원을 얻으려면 파형을 평탄하게 만드는 과정이 필요하다. 이와 같은 역할을 하는 회로를 **필터회로**라 한다. 필터회로에는 여러 종류가 있지만, 가장 간단한 형태는 축전기와 전기저항을 사용하는 RC 필터이다.

다음 그림은 반파정류한 전압과 전파정류한 전압을 RC 필터로 여과한 결과를 보여준다. RC 필터에서 축전기는 충전과 방전을 반복하며 출력파형을 평탄하게 만든다. 출력파형은 축전기의 전기용량이 커질수록 더 평탄하게 된다.

3. 실험 기구 및 장치

(1) 전자기학 실험 장치

- 디지털 멀티미터와 프로브
- 정류용 다이오드, 발광 다이오드(Red, Green, Yellow)
- 저항(1kΩ), 축전기, 브레드보드(Breadboard), 점퍼 선(다수)

(2) 센서 실험 장치

- 컴퓨터, PASCO 550 Interface, Capstone 데이터 분석 소프트웨어
- 전압센서(2), 아날로그 연결단자(1쌍)

4. 실험 방법

준비 실험 장치와 센서 설정

다이오드와 저항으로 이루어진 신호발생기와 2개의 무선 전압센서를 이용하여 전압을 측정한다.

(1) $1k\Omega$ 저항 소자의 저항을 멀티미터로 측정하여 기록한다.

(2) 정류 다이오드를 극성에 유의하여 회로기판에 다이오드와 1.0kΩ 저항을 배치하고 두 소자를 직렬 연결하고 interface 550 output 단자를 전원으로 연결한다.

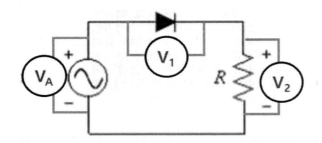

그림 8. 측정회로 구성. 다이오드와 저항을 직렬로 연결하고, 다이오드 양단과 저항 양단에 무선전압 센서를 각각 연결한다.

(3) 전원(V_A)을 모니터하기위해 아날로그 연결단자를 interface 550 아날로그 채널 A의전압센서에 연결

하고, 전압센서 하나는 다이오드 양단에(V₁), 다른 하나는 저항 양단(V₂)에 극성을 유의하여 연결한다.

전압센서 연결   Analog input: Signal output
                  자체 전압센서

그림9. PASCO 550 Interface 센서연결 포트와 아날로그 입력,
signal 출력 단자를 연결한다

(4) 캡스톤 프로그램을 실행하고, [Hardware Setup]을 클릭해서 센서 연결을 확인한다.

  센서들이 연결되었는지 확인하고 한번 더 클릭하여 메뉴를 닫는다.

(5) 캡스톤의 'Signal Output'을 다음과 같이 설정한다.

  파형: 삼각파, 주파수: 10Hz, 진폭: 5.00 V, Switch : Auto

(6) 캡스톤 화면의 하단의 'Voltage Sensor'의 모든 Sample Rate를 1 kHz로 설정

(7) 두번째 채널의 전압 V₂값은 1.0kΩ 저항을 양단의 전압이므로, 1.0kΩ 저항 의 저항에 흐르는 전류는 이 값에 mA로 표시한 값과 같다.(저항에 흐르는 전류는 $I = \dfrac{V_2}{R} = \dfrac{V_2}{1000\varOmega} = V_2[mA]$이므로)

(8) [Display] 팔레트에서 [Scope] 윈도우를 열어 신호발생기의 출력 전압 V_A와 다이오드 V₁, 저항 V₂가 함께 표시되도록 한다.

(9) 그래프 창을 하나 열어서 세로축에 저항V₂ 가 표시되도록 하고, 가로축에 시간 대신 다이오드 V₁가 표시되도록 한다. 이 그래프가 다이오드의 $I-V$ 곡선이 된다.

실험 1 다이오드의 I-V 특성 측정

(1) 정류용 다이오드

(1) [Record] 버튼을 클릭하여 데이터를 기록한다.

(2) 그림 10의 우측 그래프에서 [Smart Tool]을 사용하여 표의 특징적인 점들에서 V_1 와 V_2 를 측정하여 데이터표에 기록한다.

(3) 전류가 양인 영역에서($V_2 \rightarrow I$, 전압값이 회로의 전류값을 나타냄) 4, 2, 1, 0.5, 0.2mA의 전류값에 가까이 있는 데이터 점을 각각 선택하여 다이오드 해당 전압 V_1 및 정확한 전류 값(I)을 각각 데이터표에 기록한다.

(4) 다이오드 전압 V_1이 음인 영역에서 -2V,-4V에 가까운 데이터 점에 대해 전류값 측정하여 기록한

다.

(5) 스코프 1과 그래프2를 복사하여 엑셀 파일에 붙이거나 실험을 캡스톤 파일로 저장한다.

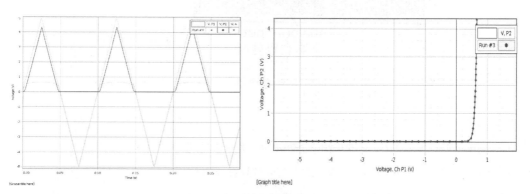

그림10 측정한 데이터의 예. 좌측 그림은 회로에 걸어준 전압(V_A)과 다이오드의 전압(V_{p1}), 그리고 저항의 전압(V_{D2})를 보여준다. 우측그림은 다이오드의 IV 특성을 보여준다.

(2) 발광 다이오드 (세가지 색)

그림 8에서 정류용 다이오드를 발광 다이오드로 바꾸고 그림 10의 그래프를 얻는다.

실험 2 정류회로의 특성 측정

(1) 전파정류회로

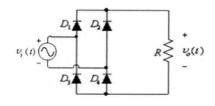

그림 11. 전파정류 회로. 다이오드 4개를 연결하여 구성한다.

그림 11과 같은 전파정류 회로를 구성하고 정류 그래프를 얻는다.

(2) RC 필터회로의 특성 측정

그림 12과 같이 RC 필터 회로를 구성하고 정류 후 필터된 그래프를 얻는다.

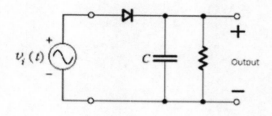

그림 12. RC 필터회로. 다이오드와 축전기를 이용하여 RC 필터회로를 구성한다.

5. 질문사항

(1) 교류신호를 다이오드를 통과시키면 통과하고 나온 전류는 어떤 모양을 갖게 되는가?

(2) 만일 60Hz의 사인파를 다이오드에 걸어주면 다이오드를 통과하고 나온 전류의 주파수는 얼마인가?

(3) 각 다이오드의 전위장벽(문턱전압)은 대략 얼마인가?

전류/전압 센서를 활용한 다이오드 정류회로 특성

학 과		학 번		이 름	
실 험 조		담당 조교		실험 일자	

실험1 다이오드의 특성

1) 정류용 다이오드의 특성 측정

$1k\Omega$ 표시 저항의 측정값 $R_B =$ _____ Ω

1. 정류용 다이오드(IN4004) I-V 특성

측정위치	$V_1(diode)$	(mA)( )	Diode 의 저항 계산 [Ω]
4mA 부근			
2mA 부근			
1mA 부근			
0.5mA 부근			
$V_1(diode)=-2V$ 부근			
$V_1(diode)=-4V$ 부근			

2. 정류용 다이오드(IN4004)의 특성 그래프

1) 정류 그래프 (I_{diode} vs time)   2) IV 곡선(I_{diode} vs V_{diode})

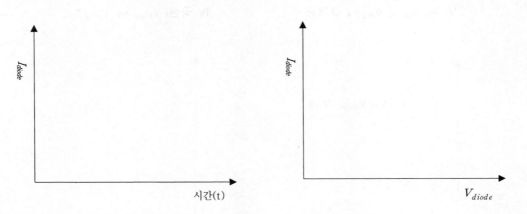

정류용 다이오드(**IN4004**)의

V(V₀, V_{diode}, V_{저항})-t 그래프

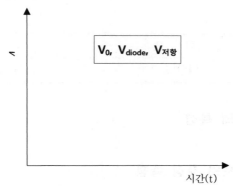

(2) 발광 다이오드 의 특성 측정

1) 발광 다이오드(red) 의 특성 측정

V(V₀, V_{diode}, V_{저항})-t 그래프   IV 곡선(I_{diode} vs V_{diode})

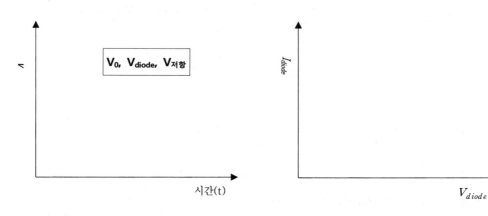

2) 발광 다이오드(green) 의 특성 측정

V(V₀, V_{diode}, V_{저항})-t 그래프   IV 곡선(I_{diode} vs V_{diode})

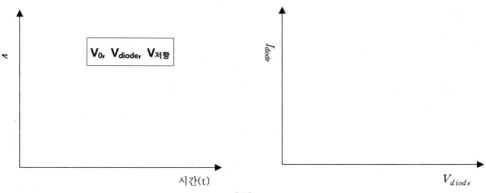

3) 발광 다이오드(blue) 의 특성 측정

V(V_0, V_{diode}, $V_{저항}$)-t 그래프

I다이오드 - V다이오드 특성

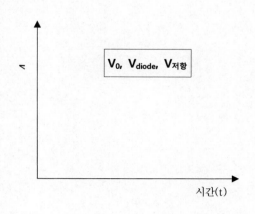

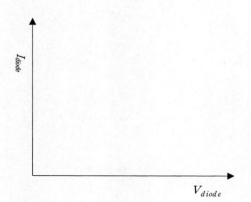

24. 전류/전압 센서를 활용한 축전기의 충·방전 실험

축전기(capacitor)는 전기 에너지와 전하(charge)를 저장하는 장치이다. 축전기에 저장된 에너지를 사용하는 대표적인 사례로 사진기의 플래시가 있으며, 축전기의 전기적 특성은 라디오나 텔레비전의 수신기와 같은 전자회로, 콘덴서 마이크 등 다양한 방법으로 활용되고 있다.

여기서는 전자 회로의 소자로 다양하게 사용되는 축전기의 특성을 알아본다. 이를 위해, 축전기와 저항이 직렬로 연결된 RC 회로에서 축전기를 충전할 때와 방전할 때 일어나는 현상을 관측하고, 축전기의 전기용량과 시간 상수의 의미를 확인한다.

1. 실험 목적

축전기와 저항이 직렬로 연결된 RC 회로를 이용하여 축전기의 충전현상과 방전현상을 관측하고, 축전기에 충전되는 전하량의 시간 변화가 지수함수를 따르는지 확인하고 축전기의 전기용량과 시간 상수의 의미를 확인한다.

2. 실험 원리

축전기를 구성하기 위해서는 두 개의 전도체를 서로 떨어뜨려 놓으면 된다. 기전력에 의해 축전기가 충전되면 한 전도체의 전자가 다른 전도체로 이동한다. 따라서, 두 전도체는 동일한 크기의 반대 부호의 전하를 갖는다. 즉, 축전기가 전하 Q 로 충전 또는 대전되었다는 것은 한 전도체가 전하 $+Q$, 다른 전도체는 전하 $-Q$를 가지고 있음을 의미한다.

전도체 사이의 전기장은 전도체의 전하 Q에 비례하므로, 전도체 사이의 전위차 V도 Q 에 비례한다. 만약 전도체의 전하의 크기를 두 배로 하면 전기장이 두 배가 되고 전도체 사이의 전위차도 두 배가 된다. 그러나 전하와 전위차의 비율은 일정하게 유지된다. 이 일정한 비율을 축전기의 **전기용량** (capacitance)이라고 한다. 전기용량 C 는 다음과 같이 나타낼 수 있다.

$$Q = CV \tag{1}$$

축전기의 전기용량 C가 커질수록 가해진 전위차 V에서 전도체의 전하 Q 가 커지므로 축전기는 더 많은 에너지를 저장할 수 있다. 따라서 전기용량은 축전기가 전기에너지를 저장할 수 있는 능력을 의미한다. 전기용량은 전도체의 모양과 크기, 전도체 사이의 유전체의 특성에 따라 달라진다. 전기용량의 SI 단위는 패럿(farad, F)이며, 전하량(Coulomb, C) 및 전압(Volt, V)과는 다음의 관계에 있다.

$$1 \text{ F} = 1 \text{ C/V}$$

축전기를 회로에 연결하여 사용하는 경우 일반적으로 저항을 직렬 또는 병렬로 연결하여 사용한다. 다음은 축전기와 저항이 직렬로 연결된 RC 회로이다. 이 회로에서 스위치를 a로 연결하면 축전기에 전하가 충전되고, 다시 스위치를 b로 전환하면 축전기에 충전된 전하가 저항 R을 통하여 방전된다.

(1) 축전기의 충전

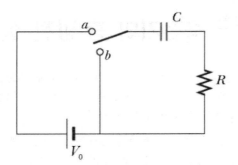

그림 1. RC 회로. 스위치를 a로 연결하면 축전기를 충전하는 충전회로가 되고, 다시 b로 연결하면 방전회로가 된다.

먼저 축전기의 충전과정을 살펴보자. 그림 1의 회로에서 $t=0$인 순간에 스위치를 a로 연결하면 축전기에 전하가 충전되기 시작한다. 축전기에 충전되는 전하 Q는 시간의 함수로 다음과 같이 변한다.

$$Q(t) = Q_0(1 - e^{-t/\tau}) \ , \qquad \tau = RC \qquad\qquad (2)$$

여기서 Q_0는 축전기에 저장되는 최대전하량이다.

실제의 실험에서는 $Q = CV$의 관계에 있으므로 전압 V를 측정하게 된다.

$$V(t) = V_0(1 - e^{-t/\tau}) \qquad\qquad (3)$$

저항 R을 알면, 그림 2와 같은 실험 결과로 얻은 그래프와 식 (3)으로부터 축전기의 전기용량 C를 구할 수 있다. 예를 들어, 축전기가 충전을 시작해서 최대값의 $(1 - e^{-1}) = 0.632$ 만큼 충전될 때까지의 경과 시간(축전기의 단자 전압이 공급전압 V_0의 63.2%가 되는 시간) $t = t_1 = \tau$을 측정한 후, 식 (3)으로부터 유도된 다음 식을 이용한다.

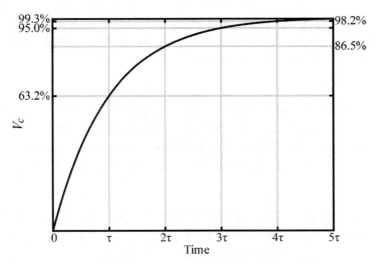

그림 2. 축전기의 충전. RC 충전 회로에서 축전기 양단에 걸리는 전압을 시간상수(τ)의 함수로 측정하였다.

$$V(t_1) = V_0(1 - e^{-t_1/RC}) = V_0(1 - e^{-1}) = 0.632\,V_0 \qquad (4)$$

t_1과 R을 알면, 전기용량은 식(5)와 같이 계산할 수 있다.

$$\frac{t_1}{RC} = 1 \ \text{또는} \ C = \frac{t_1}{R} \qquad (5)$$

(2) 축전기의 방전

다음은 축전기의 방전과정을 살펴보자. 축전기에 전하가 충전되고 충분한 시간이 경과하여 축전기에 $Q = Q_0$의 전하가 충전된 상태에서 스위치를 그림 1의 b로 전환하면 축전기에 충전된 전하는 저항 R을 통하여 방전되기 시작한다.

$t = 0$인 순간에 방전을 시작하여 t초 후 축전기에 양단에 걸리는 전압 V는 시간의 함수로 다음과 같이 구해진다.

$$V(t) = V_0 e^{-t/\tau} \qquad (6)$$

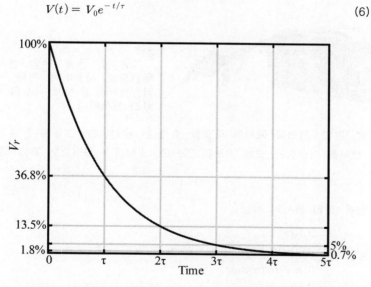

그림 3. 축전기의 방전. RC 방전 회로에서 축전기 양단에 걸리는 전압을 시간상수(τ)의 함수로 측정하였다.

저항 R을 알면, 그림 3과 같은 실험 결과 그래프와 식 (4) 로부터 축전기의 전기용량 C를 구할 수 있다. 예를 들어, 축전기가 완전히 충전된 상태로부터 $1/e = 36.8\%$ 방전될 때까지의 경과 시간 $t = \tau$를 측정하고, 식(6) 으로부터 유도된 식 (7)을 이용하여

$$V(t) = V_0 e^{-t/RC} = (1/e)\,V_0 = 0.368\,V_0 \qquad (7)$$

τ와 R을 알면, 전기용량은 다음과 같이 계산할 수 있다.

$$\frac{\tau}{RC} = 1 \quad \text{또는} \quad C = \frac{\tau}{R} \tag{8}$$

3. 실험 기구 및 장치

(1) 전자기학 실험 장비

- 전자회로 실험기판, 저항($1k\Omega$), 축전기($330\mu F$)

(2) 센서 실험 장비

- 컴퓨터, PASCO 550 Universal Interface, 연결 단자
- 전류 전압 센서 또는 무선 전압 센서(2), 아날로그 연결 단자(1쌍)

▶ 전류-전압 센서(PASPORT Voltage-Current Sensor, PS-2115)

그림 4. 전류 전압 센서. 유선으로 사용하며 전류, 전압, 전력을 동시에 측정할 수 있는 센서이다.

유선으로 사용하며 전류, 전압, 전력을 동시에 측정할 수 있는 센서이다. 과부하 전류가 흐르면 경고음이 울리면서 자동으로 센서를 차단하는 보호 기능이 있으며, 과부하가 제거되면 자동으로 재설정된다. 사양은 다음 표1과 같다.

표 1. 패스포트 전류-전압 센서의 사양

Voltage Range	±10V
	±50mV at 10 V accuracy
	5 mV resolution
Current Range	±1A
	±5mA at 1 A accuracy
	500µA resolution
Maximum Sample Rate	1 kHz
Maximum Voltage	10 V maximum common mode voltage
Maximum Input	Current: 1.1 A
	Voltage: 30 V
Length of voltage leads	40 inches

▶ 무선 전압 센서(Wireless Voltage Sensor, PS-3211)

그림 5. 무선 전압 센서.
무선으로 작동하며, 최대 15V
까지의 직류와 교류 전압을
측정할 수 있다.

무선으로 최대 15V까지의 전압을 측정할 수 있는 전압 센서이다. 과부하에 대비한 센서 보호 기능이 내장되어 있으며, 직류와 교류 전압 모두 측정 가능하다. 사양은 다음과 같다.

표 2. 무선 전압 센서의 사양

Range	± 15 V
Accuracy	± 1%
Max Sample Rate	1000 samples/second via Bluetooth
	100,000 samples/second via USB in burst mode
Input voltage protection	250 V AC
Input Resistance	> 1 MΩ
Battery	Rechargeable Lithium-Polymer. Expected life of 3-4 months on a single charge with normal use
Logging	Yes
Connectivity	Direct USB or via Bluetooth® Smart (Bluetooth 4.0)
Max wireless range	30 m (unobstructed)

▶ 무선 전류 센서(Wireless Current Sensor, PS-3211)

무선으로 최대 1A까지의 전류를 측정할 수 있는 센서이다. 과부하에 대비한 센서 보호 기능이 내장되어 있으며, 직류와 교류 전류 모두 측정 가능하다. 사양은 다음 표 3과 같다.

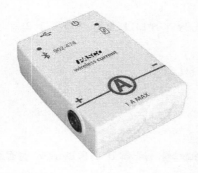

그림 6. 무선 전류 센서.
무선으로 작동하며, 최대 1A
까지의 직류와 교류 전류를
측정할 수 있다.

표 3. 무선 전류 센서의 사양

Range	Low Range± 0.1 A
	High Range ± 1 A
Max Sampling Rate	1000 samples/second via Bluetooth.
	100,000 samples/second via USB (burst mode)
Input Resistance	0.1Ω
Battery	Rechargeable Lithium-Polymer. Expected life of 3-4 months on a single charge with normal use
Logging	Yes
Connectivity	Direct USB or Bluetooth® Smart (Bluetooth 4.0)
Max wireless range	30 m (unobstructed)

4. 실험 방법

준비 1 실험 기구 설치

(1) 다음과 같은 RC 회로를 준비한다. 그림7 과 같이 브레드 보드에 저항(1 $k\Omega$)과 축전기(330 μF)를 끼우고, 점퍼 선을 연결한다.

그림 7. 브레드 보드. 저항 (1 $k\Omega$)과 축전기(330 μF)를 끼우고, 점퍼 선을 연결한다.

(2) PASCO 550 인터페이스의 output 단자에 한 쌍의 바나나 잭을 연결하고 각각 브레드 보드의 +와 − 전원부에 연결한다.

(3) 그림 7과 같이 저항과 축전기를 직렬로 연결한다.

준비 2 센서와 캡스톤 프로그램 설정

(1) 도구 팔레트에서 신호발생기 [Signal Generator]를 클릭하고 다음과 같이 설정한다.

파형: 사각파(square), 주파수(frequency): 0.1 Hz, 진폭: 2V로 설정하고, 전압 offset를 2V로 설정한다. 이렇게 하면 회로에 5초 동안 4V의 직류 전압이 공급되다가 다시 5초 동안 0V로 전압이 떨어지기를 10.0 초 주기로 반복해서 공급한다..

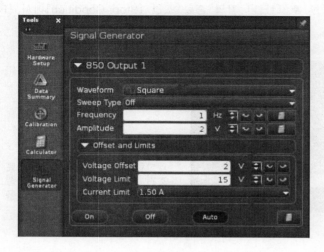

그림 8. 출력파형 설정. 파형은 Square(사각파), 주파수는 0.1 Hz, 진폭은 2V (-2V~2V)로 구성한다.

(2) 축전기에 걸리는 전압을 측정하기 위해 그림 9와 같이 첫 번째 전압 센서를 축전기 양단에 연결한다. 저항에 걸리는 전압을 측정하기 위해 두 번째 전압 센서를 저항 양단에 연결한다. 이때 빨간색 단자는 전원의 +에 가까운 쪽에 연결하고 검은색 단자는 전원의 -에 가까운 쪽에 연결한다. (전압 측정을 위해 전류 전압 센서를 써도 되고 Interface550의 Analog 채널에 연결해도 된다)

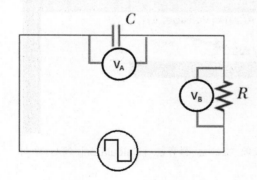

그림9. RC 회로에 사각파의 전원과 축전기와 저항에 전압센서를 설치한 개략도

(3) 단위 시간 당 측정 횟수를 설정한다. 연결된 모든 센서에 대해, 초당 데이터를 500회 측정하도록,

그림 10. 단위 시간 당 측정 횟수를 설정. 연결된 모든 센서에 대해 초당 측정회수를 똑같이 적용하려면 [common rate]를 선택하고 값을 설정한다.

[Controls] 메뉴에서 모든 센서(Common Rate)를 [500 Hz]로 설정한다. (그림10)

(4) 그림 11과 같이 프로그램이 자동으로 측정 완료하도록 자동 완료 조건을 구성한다. 수동으로 측정을 시작하고 측정이 시작된 후 16초가 지나면 측정을 종료하도록 설정한다. [Controls] 메뉴에서 [Recording Condition]을 클릭한 후 나타난 창의 종료 조건 [Stop Condition]에서 [Record Time]을 16 s로 설정한다.

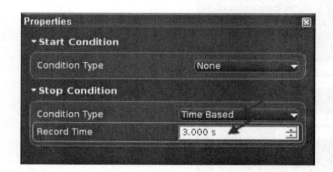

그림 11. 자동 측정 완료 조건. 시작 조건은 None, 종료조건은 [Record Time]을 16 s 로 설정한다.

(5) 그림 12와 같이 도구[Tools] 팔레트에서 [Calculator]를 클릭하여 수식을 생성한 후 그래프를 작성하여 확인할 수 있다. RC 회로에 흐르는 전류 I 는 $I = \dfrac{V_{저항}}{R} = \dfrac{V_B}{1000}$ 이다.

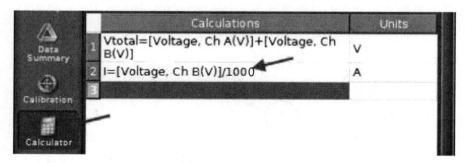

그림 12. 회로에 흐르는 전류. 회로에 흐르는 전류는 [Calculator] 에서 수식을 생성하여 계산할 수 있다.

(6) 그래프를 생성한다. 디스플레이 패널에서 드래그 하여 총 4개의 그래프를 생성한다. 각 그래프의 변수를 설정한다. 모든 그래프의 x 축은 경과시간 [Time, msec]으로 설정한다.

y 축의 변수는 각각 다음을 선택한다.

Voltage, Ch A : 축전기 단자 전압

Voltage, Ch B : 저항 단자 전압

V_total: 축전기와 저항에 걸리는 전압을 합한 전압=걸어준 전압

I(=V_B/1000): 회로에 흐르는 전류

실험 1 축전기 충전과 방전 실험

(1) [Record] 버튼을 클릭하여 데이터 측정을 시작한다.

그림 13. 측정 시작. [Record] 버튼을 클릭하면 측정이 시작된다.

(2) 데이터를 확인한다. 그래프를 적절히 확대하여 시간 경과에 따른 축전기와 저항의 단자 전압의 변화를 확인한다. 그래프에서 특정 시간의 데이터는 [Show coordinate…]을 사용하여 확인할 수 있다. .

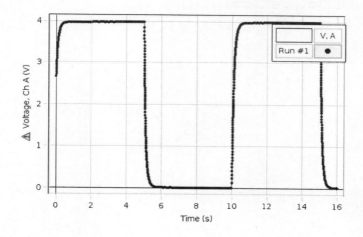

그림 14. 축전기에 걸리는 전압. 시간 경과에 따른 축전기 양단의 전압변화

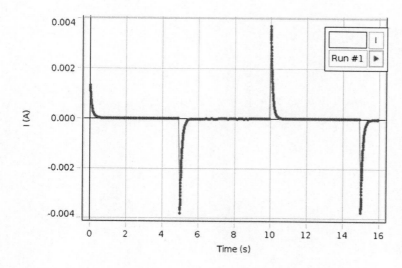

그림 15. RC 회로에 흐르는 전류.

(3) RC 회로에 흐르는 전류를 구한다. R-C 회로에 흐르는 전류 i 의 그래프는 저항의 단자 전압 [Voltage, Ch B (V)] 그래프와 식 $V=iR$ 로부터 유추할 수 있다. V 와 i 는 비례하므로 그래프 형태는 동일하다.

(4) RC 회로에 흐르는 전류는 [CALCULATOR]에서 생성한 $I = \dfrac{V_{저항}}{R} = \dfrac{V_B}{1000}$ 값을 불러와서 그래프를 그린다.

5. 질문사항

(1) RC 회로에서 회로에 전류가 흐르는 시점이 언제인가?

전류/전압 센서를 활용한 축전기의 충·방전 실험

학 과		학 번		이 름	
실 험 조		담당 조교		실험 일자	

실험 1 축전기 1

실험 결과 그래프

V축전기-t 그래프

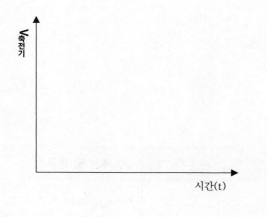

V저항-t 그래프

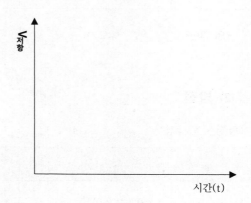

V걸어준 전압(=V총전압)-t 그래프

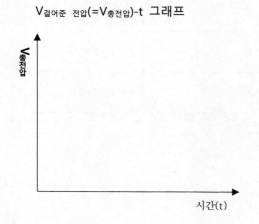

I -t 그래프

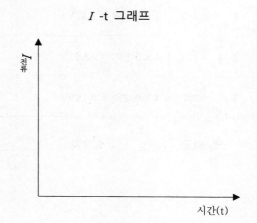

C=_____μF

1)충전

t'_o(충전시작시점)= _____ s,　　　V_{max}=_____ V

i	$1-e^{-t/\tau}$	V_i	t'_i	$t_i = t'_i - t'_i$	계산 및 평균
½	0.5	$4 \times 0.5 = 2V$			$\tau = t_{1/2}/\ln2 =$
1	0.632	$4 \times 0.632 = 2.528V$			$\tau = t_1 =$
2	0.865	$4 \times 0.865 = 3.46V$			$\tau = t_2/2 =$
3	0.950	$4 \times 0.950 = 3.8V$			$\tau = t_3/3 =$

τ의 평균: _____s , %오차: _____

2) 방전

t'_o(방전시작시점)= _____ s　,　V_{max}_____ V

i	$e^{-t/\tau}$	V_i	t'_i	$t_i = t'_i - t_o'$	계산 및 평균
½	0.5	$4 \times 0.5 = 2.0V$			$\tau = t_{1/2}/\ln2 =$
1	0.368	$4 \times 0.368 = 1.47V$			$\tau = t_1 =$
2	0.135	$4 \times 0.135 = 0.541V$			$\tau = t_2/2 =$
3	0.050	$4 \times 0.050 = 0.199V$			$\tau = t_3/3 =$

τ의 평균:_____ , %오차:_____

3) 충전곡선

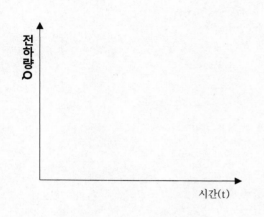

방전곡선

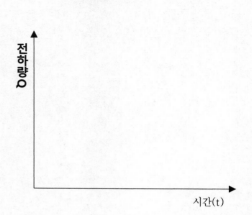

4) 시간상수

충전시:_____[s]

방전시:_____[s]

5) 전기용량 계산

$C = \dfrac{\tau}{R} =$ _____ [F]

실제 축전기의 전기용량과 비교활 때 상대오차:_____%

6) 전류-t 그래프

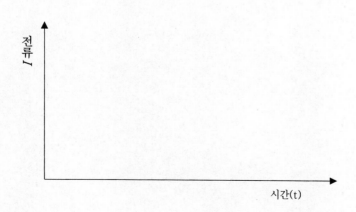

25. 자기장 센서를 활용한 전류가 만드는 자기장 측정

전하가 이동하면 그 주변에는 자기적 현상이 발생한다. 정지한 전하가 주변에 전기장을 형성하여 다른 전하에 전기력을 작용하는 것처럼, 이동하는 전하나 전류는 주위에 자기장을 형성하여 주변에서 이동하는 다른 전하에 자기력을 작용한다. 영구 자석에 의한 자기 현상은 전하의 이동과 무관해 보이지만, 실은 원자 주위를 도는 전자의 운동에 의한 결과이다.

이동하는 전하나 전류에 의해서 발생하는 자기장의 세기는 비오-사바르의 법칙이나 앙페르의 법칙으로 유도할 수 있다. 우리는 이것을 자기장 센서를 활용하여 여러 가지 도선 즉, 직선도선, 원형도선, 그리고 솔레노이드 코일을 따라 흐르는 전류 주위에서의 자기장의 세기를 측정하여, 이론적으로 유도된 자기장 분포 곡선과 잘 일치하는지 확인해 볼 것이다.

1. 실험 목적

솔레노이드에 흐르는 전류에 의해 발생하는 자기장의 세기의 분포를 측정하여, 앙페어의 법칙과 비오-사바르의 법칙으로 유도되는 자기장 분포 곡선과 일치하는지 확인한다.

2. 실험 원리

전하가 이동하면 그 주변에는 자기장이 형성된다. 이동하는 전하나 전류에 의해서 발생하는 자기장은 비오-사바르의 법칙이나 앙페르의 법칙으로 유도할 수 있다.

(1) 운동하는 전하가 만드는 자기장

그림 1과 같이 속도 $\vec{v}$로 전하 q가 이동할 때, $\vec{v}$와 각도 ϕ 방향으로 거리 $\vec{r}$ 만큼 떨어진 점에서 자기장의 세기 B 는 거리의 제곱에 반비례하며, 전하량의 크기 q, 속력 v, $\sin\phi$에 비례한다.

$$B = \frac{\mu_0}{4\pi} \frac{|q|v\sin\phi}{r^2} \tag{1}$$

여기서, $\mu_0 = 4\pi \times 10^{-10} Ns^2/C^2 = 4\pi \times 10^7 Tm/A$ 이다.

자기장도 전기장과 마찬가지로 벡터장이며 기호 $\vec{B}$ 로 표기한다. $\vec{B}$는 $\vec{v}$ 와 $\vec{r}$이 포함된 평면에 수직이며 방향은 오른손 법칙을 따른다. 따라서 식(1)을 벡터 식으로 표현하면 다음과 같다.

$$\vec{B} = \frac{\mu_0}{4\pi} \frac{q\vec{v} \times \hat{r}}{r^2} \tag{2}$$

자기장 B 의 SI 단위는 테슬라(tesla, T)이다.

$$1T = 1N \cdot s/C \cdot m = 1N/A \cdot m (= 10^4 gauss)$$

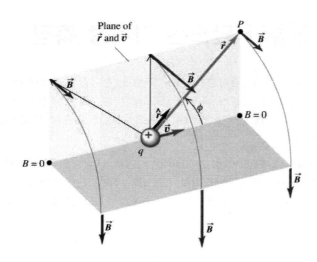

그림 1. 속도 $\vec{v}$로 움직이는 전하 q에 의한 자기장. 각 지점에서의 자기장 $\vec{B}$는 $\vec{r}$과 $\vec{v}$가 이루는 평면에 수직하고, $\vec{r}$과 $\vec{v}$가 이루는 각도의 sine 값에 비례한다.

(2) 전류 요소가 만드는 자기장

여러 전하가 이동할 때 발생하는 자기장은 한 전하에 의한 자기장의 벡터합과 같다. 이 원리에 따라 전류에 의해 발생하는 자기장을 구할 수 있다.

그림 2와 같이 전류가 흐르는 도체의 작은 요소 $d\vec{l}$의 단면적을 A라고 하면, 도체 요소의 부피는 Adl 이다. 단위부피 당 흐르는 전하 q의 개수 밀도를 n이라고 하면, 도체 요소에서 이동하는 총 전하 dQ는 다음과 같다.

$$dQ = nqAdl \tag{3}$$

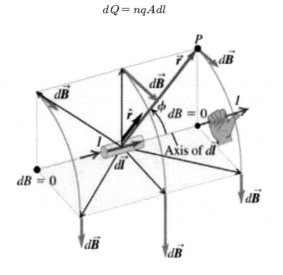

그림 2. 전류 요소 $d\vec{l}$에 의한 자기장. 각 지점에서의 자기장 $\vec{B}$는 $\vec{r}$과 $d\vec{l}$이 이루는 평면에 수직하고, $\vec{r}$과 $d\vec{l}$이 이루는 각도의 sine 값에 비례한다.

이 조각에서 n 개의 전하 q 가 유동 속도(drift velocity) $\vec{v_d}$로 이동한다고 하면, 이는 한 개의 전하 dQ 가 $\vec{v_d}$로 이동하는 것으로 간주할 수 있다. 따라서 식(3)을 식(1)에 대입하여

$$dB = \frac{\mu_0}{4\pi} \frac{|dQ||v_d\sin\phi}{r^2} = \frac{\mu_0}{4\pi} \frac{n|q|v_d A dl \sin\phi}{r^2} \qquad (4)$$

그런데 $n|q|v_d A = I$ 이므로, 위 식은 다음과 같은 벡터식으로 쓸 수 있다.

$$dB = \frac{\mu_0}{4\pi} \frac{Idl\sin\phi}{r^2} \quad \rightarrow \quad \vec{dB} = \frac{\mu_0}{4\pi} \frac{I\vec{dl} \times \hat{r}}{r^2} \qquad (5)$$

위 식을 비오-사바르 법칙(law of Biot and Savart)이라고 한다.

(3) 직선 도선에 흐르는 전류에 의한 자기장

직선 도선을 따라 흐르는 전류에 의한 자기장은 식(5)를 사용하여 구할 수 있다.

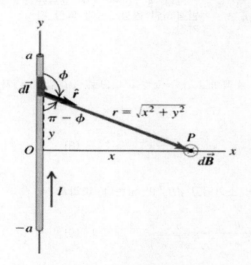

그림 3. 직선 전류가 만드는 자기장. 전류 I가 흐르는 길이 $2a$인 직선도선으로부터 수직 거리 x 떨어진 지점의 자기장.

그림 3과 같이 길이가 $2a$ 인 도선으로부터 수직거리 x 만큼 떨어진 점에서의 자기장을 계산해 보면, 다음 결과를 얻을 수 있다.

$$B = \frac{\mu_0 I}{4\pi} \int_{-a}^{a} \frac{x\,dy}{(x^2 + y^2)^{3/2}} = \frac{\mu_0}{4\pi} \frac{2a}{x\sqrt{x^2 + a^2}} \qquad (6)$$

만약 도선의 길이 $2a$가 도선까지의 수직거리 x에 비해 매우 클 때 무한히 긴 직선 도선에서의 자기장이 된다. 다시 말해, $a\rightarrow\infty$ 이면 $\sqrt{x^2+a^2}\rightarrow a$ 이므로, 위 식은 다음과 같이 쓸 수 있다.

$$B = \frac{\mu_0 I}{2\pi x} \qquad (7)$$

위 식에서 직선 도선으로부터 같은 거리에 있는 동심원 상의 점들은 모두 같은 크기의 자기장의 세기를 갖는 것을 알 수 있고, 자기장의 방향은 동심원의 접선 방향이 된다.

(4) 원형 도선에 흐르는 전류가 만드는 자기장

그림 4 와 같이 전류 I 가 흐르는 반경 a인 원형 도선에 의한 자기장도 식(5)를 이용하여 구할 수 있다.

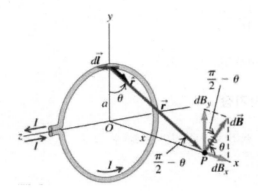

그림 4. 전류 I가 흐르는 반경 a인 원형도선에 의한 자기장.

도선의 중심축상의 점 P에 대해 $d\vec{l}$과 $\hat{r}$ 은 수직이고, $r^2 = x^2 + a^2$이므로, $d\vec{l}$에 의한 자기장 dB 는 다음과 같다.

$$dB = \frac{\mu_0 I}{4\pi} \frac{dl}{(x^2 + a^2)} \tag{8}$$

$d\vec{B}$ 에서 dB_y는 계산 과정에서 서로 상쇄되어 소거되고 dB_x 만 남는다. 따라서

$$dB_x = dB\cos\theta = \mu_0 \frac{I}{4\pi} \frac{dl}{(x^2 + a^2)} \frac{a}{\sqrt{(x^2 + a^2)}} \tag{9}$$

위 식을 적분하면

$$B_x = \int \frac{\mu_0 I}{4\pi} \frac{adl}{(x^2 + a^2)^{3/2}} = \frac{\mu_0 Ia}{4\pi (x^2 + a^2)^{3/2}} \oint dl \tag{10}$$

그런데 $\oint dl = 2\pi a$ 이므로, 원형 도선을 흐르는 전류에 의한 중심축 상의 자기장은 다음과 같다.

$$B_x = \frac{\mu_0 Ia^2}{2(x^2 + a^2)^{3/2}} \tag{11}$$

자기장은 $x = 0$인 위치, 즉 원형 도선의 중심에서 최대가 되며 다음과 같다.

$$B(x = 0) = \frac{\mu_0 I}{2a} \tag{12}$$

(5) 솔레노이드에 흐르는 전류가 만드는 자기장

솔레노이드(Solenoid)는 그림 5와 같이 도선을 나선형으로 촘촘히 원통모양으로 길게 감아 놓은 것이다. 도선을 감은 원통의 길이가 원통의 반경보다 충분히 크면 원통 내부의 자기장이 일정해지는 성질이 있다. 그리고 원통 바깥쪽의 자기장은 서로 상쇄되는 효과 때문에 매우 약해지고, 내부에서는 자기장이 서로 합쳐져서 강해진다.

그림 5. 솔레노이드. 도선을 나선형으로 촘촘히 원통모양으로 감아 놓은 것이다.

길이가 긴 이상적인 솔레노이드의 경우, 내부의 자기장은 앙페르의 법칙으로 쉽게 구할 수 있다. 앙페르의 법칙(Ampere's Law)은 특정 경로의 자기장과 경로 내부의 알짜 전류의 관계에 대한 법칙인데, 다음과 같이 표현된다.

"임의의 폐곡선에 대한 자기장의 선적분은 이 폐곡선 곡면 내부를 통과하는 전류와 같다"

앙페르의 법칙을 수식으로 표현하면 다음과 같다.

$$\oint \vec{B} \cdot d\vec{l} = \mu_0 I_{tot} \tag{13}$$

여기서 μ_0는 자유공간의 투자율이고, I_{tot}는 폐곡선 내부를 지나는 전류의 총합이다.

비오-사바르의 법칙이 전류가 주변 공간에 자기장을 어떻게 만드는가를 설명해준다면, 앙페르의 법칙은 어떤 공간에 분포하는 전류와 그 공간에 형성되는 자기장의 연관성을 설명해준다.

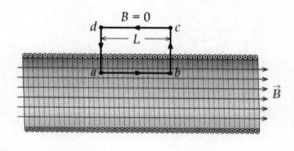

그림 6. 앙페르의 법칙을 적용하기 위한 적분 경로. 솔레노이드 내부와 외부를 둘러싸는 직사각형 경로 $a{\to}b{\to}c{\to}d{\to}a$ 를 선택한다.

앙페르의 법칙을 적용하여 솔레노이드 내부의 자기장을 구해 보자. 편의상 길이가 무한히 이상적인 솔레노이드를 생각하기로 하자. 그림 6과 같은 경로 $a{\to}b{\to}c{\to}d{\to}a$에 대해 앙페르의 법칙, 즉 식 (13)을 적용하면,

$$\oint \vec{B} \cdot \vec{dl} = \int_a^b \vec{B} \cdot \vec{dl} + \int_b^c \vec{B} \cdot \vec{dl} + \int_c^d \vec{B} \cdot \vec{dl} + \int_d^a \vec{B} \cdot \vec{dl}$$
$$= \mu_0 (nL) I$$

$c \rightarrow d$ 구간에서는 자기장 $B = 0$이고, $b \rightarrow c$와 $d \rightarrow a$ 구간에서는 자기장 $B = 0$ 또는 $\vec{B}$와 $\vec{dl}$은 서로 수직이므로 모두 적분값이 0이 된다. 따라서 위 식은

$$B \cdot L + 0 + 0 \cdot L + 0 = \mu_0 nLI$$

이 되므로

$$B = \mu_0 nI \tag{13}$$

여기서 I는 전류, n은 솔레노이드의 단위 길이 당 도선의 감은 횟수, 즉 $n = N / \ell$ 이다.

위 식은 솔레노이드 내부의 자기장의 세기는 솔레노이드의 반경이나 코일 내부의 위치와 상관없이 일정함을 보여준다. 하지만 위 식은 솔레노이드의 길이가 무한히 긴 경우에만 성립한다.

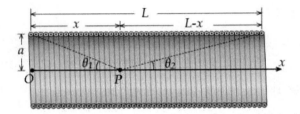

그림 7. 길이 L인 솔레노이드.

실제 실험에 사용하는 솔레노이드는 무한하지 않기 때문에 길이가 L 인 솔레노이드 중심축 상의 점 P의 자기장은 비오-사바르의 법칙을 이용하여 구할 수 있다. 그 결과는 다음과 같다.

$$B_x = \frac{1}{2} \mu_0 nI \left(\frac{x}{\sqrt{x^2 + a^2}} + \frac{L - x}{\sqrt{(L-x)^2 + a^2}} \right) \tag{14a}$$

또는

$$B_x = \frac{1}{2} \mu_0 nI \left(\cos\theta_1 + \cos\theta_2 \right) \tag{14b}$$

위 식에서 솔레노이드의 길이가 매우 길 때, $\cos\theta_1 = \cos\theta_2 \approx 1$이므로, 식 (14b)로부터 식(13)의 결과가 얻어진다.

제 VI 부 : 전자기학 실험

3. 실험 기구 및 장치

(1) 전자기학 실험 장치

– 직선 도선, 원형 도선, 솔레노이드 3종 (감은 횟수와 길이가 각각 다른), 전선
– 도선 베이스(직선도선과 원형 도선 고정용), A 베이스, 스탠드 봉, 리드선
– 버니어 캘리퍼, 자

(2) 센서 실험 장치

– 컴퓨터, 550 인터페이스, 캡스톤 프로그램
– 자기장 센서, 홀더, 회전 센서, 톱니 막대(Rack)

▶ 자기장 센서(PASPORT Magnetic Field Sensor, PS-2112)

자기장을 측정하는 센서이다. 자기장을 측정하기를 원하는 위치에 원하는 방향으로 센서를 놓으면 그 방향과 그에 수직 방향의 자기장의 세기를 모두 측정한다. 최대 0.1T(1000gauss)의 자기장을 측정할 수 있다. 표 1은 자기장 센서의 사양이다.

그림 7. 자기장 센서. 측정 하기를 원하는 위치와 방향으로 센서를 놓으면 그 방향과 수직 방향의 자기장의 세기를 측정한다.

표 1. 자기장 센서의 사양

Range	±1000 gauss
Accuracy	±3 gauss or 5% or reading (whichever is greater) @ 25 °C (after 4 minute warm-up)
Resolution	<0.1 gauss (0.01% full-scale)
Units of measure	Displays in gauss and millitesla
Maximum Sample Rate	20 Hz
Default Sample Rate	10 Hz
Operating Temperature	0 – 40 °C
Relative Humidity	5 – 95 %, non-condensing
Repeatability	0.05%

자기장 센서는 **홀 효과(Hall effect)**를 이용하여 자기장을 측정한다. 그림 7과 같이 전류가 흐르는 전도체 또는 반도체에서 전류의 방향에 수직으로 자기장이 작용하면, 자기력에 의해 전하 운반자(charge carrier)가 한 쪽으로 몰리는 현상이 발생한다. 그 결과 전도체 또는 반도체 양단의 전하 밀도가 달라져

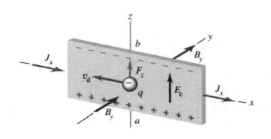

그림 8. 홀 효과. 자기장 안에 있는 도체 내의 전하 운반자에 작용하는 힘은 도체의 폭을 가로 질러 전위차를 발생시킨다.

서 전위차가 발생한다. 이를 홀 효과(Hall effect)라고 한다.

따라서, 전도체 또는 반도체에 흐르는 전류의 크기와 양단의 전위차를 측정하면 홀효과를 이용하여 자기장의 세기를 측정할 수 있다. 자기장 센서의 프로브(probe) 내부에는 두 개의 측정 소자가 위치하고 있는데, 이들은 각각 프로브의 수직 방향과 축 방향의 자기장을 측정한다. 프로브 표면의 하얀색 점은 각 소자의 측정 중심을 표시한다.

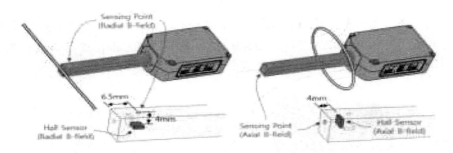

그림 9. 자기장 센서의 작동 원리. 자기장 센서의 프로브(probe) 내부에는 두 개의 측정 소자가 위치하며 각각 프로브의 수직 방향과 축 방향의 자기장을 측정한다.

4. 실험 방법

준비 1 실험 기구 설치

그림 10과 같이 실험 장치를 설치한다.

(1) 550 인터페이스 출력단자를 솔레노이드에 연결하여 전원으로 사용한다.

(2) 랙에 자기장 센서를 고정한 후, 랙을 회전운동 센서 옆 홈에 삽입한다.

센서 클램프를 사용하여 랙(Rack)의 끝 부분에 자기장 센서를 고정한 다음, 랙을 회전운동 센서 옆면의 홈에 삽입한다.

(3) 회전 운동 센서를 스탠드에 고정하고, 자기장 센서와 솔레노이드 사이의 거리와 높이를 조정한다.

자기장 센서의 끝부분이 솔레노이드 안으로 들어갈 수 있도록 스탠드와 솔레노이드 사이의 거리와 방

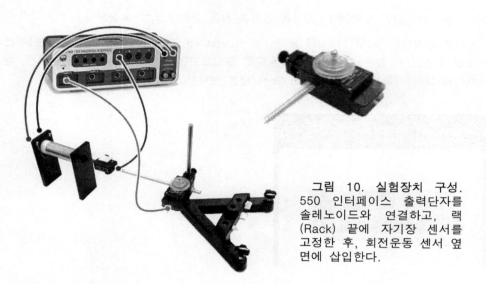

그림 10. 실험장치 구성. 550 인터페이스 출력단자를 솔레노이드와 연결하고, 랙 (Rack) 끝에 자기장 센서를 고정한 후, 회전운동 센서 옆 면에 삽입한다.

향, 높이를 조절한다.

(4) 솔레노이드에 공급되는 전압을 측정하기 위해 PASCO 550 인터페이스의 output 단자에 첫 번째 무선 전압센서의 단자를 연결한다. 양극과 음극이 바뀌지 않도록 단자의 색깔을 같은 색으로 맞추 어 연결한다.

준비 2 센서 및 컴퓨터 프로그램 설정

(1) 컴퓨터 전원을 켜고 캡스톤 프로그램을 실행한다.

(2) 도구 [Tools] 팔레트에서 신호발생기 [Signal Generator]를 클릭하고 다음과 같이 설정한다.

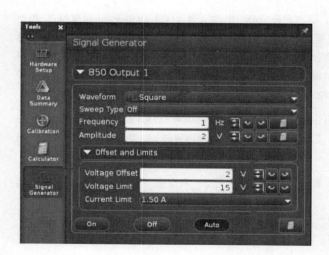

그림 11. 출력파형 설정. 파형: 직류 DC, 직류전압: 10V, Auto로 설정한다.

파형: 직류 DC, 직류전압: 10V, Auto(측정 시작과 동시에 자동 전압공급)로 설정한다.

(3) 회전운동 센서를 설정한다. 도구 [Tools] 팔레트의 [Hardware Setup]을 클릭하여 회전운동 센서가 설치된 것을 확인한다. 회전운동 센서는 자동으로 설치되지만 설치되지 않았을 경우에는, 실제로 연결된 포트를 클릭한 후 [Rotary Motion Sensor]를 선택한다.

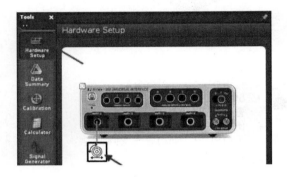

(4) 자기장 센서를 설치한다.

자기장 센서가 연결된 포트를 클릭한 후 [Magnetic Field Sensor]를 선택한다.

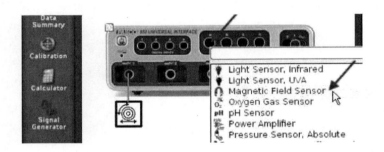

(5) 회전운동 센서를 설정한다. 회전운동 센서 아이콘을 선택한 후, 설정(☼) 아이콘을 클릭하면 회전운동 센서 세부 설정 창이 열린다. 회전운동 센서는 회전축 회전 각도의 변화를 감지하는 방법으로 물리량을 측정하므로, 선형 운동을 측정할 때에는 특정 방법을 사용하여 회전 운동으로 변환하여야 한다. 이 실험에서는 랙(Rack)과 센서에 내장된 피니언(Pinion) 기어를 사용하여 선형 운동을 회전 운동으로 변환한다. 따라서, [Linear Accessory]를 [Rack & Pinion]으로 설정한다.

[Change Sign]은 측정값의 부호를 바꾼다. 변위의 부호는 랙의 이동 방향(회전축 회전 방향) 또는 센서의 설치 방법에 따라 달라진다. 그래프를 확인한 후 변위의 부호를 바꾸어야 할 때 [Change Sign]을 활성 상태로 설정한다.

[Zero Sensor Measurements at Start]는 활성 상태로 설정한다. 측정을 시작할 때마다 초기값을 0 으로 리셋한다.

(6) Sample rate를 100 Hz로 맞춘다.

실험 1 자기장 세기 측정

(1) 버니어 캘리퍼를 사용하여 솔레노이드의 안쪽 반지름 R_1, 바깥쪽 반지름 R_2을 측정하고, 자를 사용하여 길이를 측정한다.

(2) 자기장 센서의 Range Select를 1X로 맞추고, Radial Axial의 방향을 자기장 센서의 움직이는 방향으로 맞춘다.

(3) 자기장 센서를 솔레노이드 끝 쪽에 맞춘 후 Tare 버튼을 누른다.(지구 자기장을 배제하기 위함) Tare 버튼을 매 실험시 마다 누른다.

(4) Start 버튼을 누른 후 자기장 센서를 솔레노이드 안쪽으로 천천히 밀어 넣으며 측정을 시작한다.

(5) 그래프가 매끄럽게 나올 때까지 실험을 여러 번 반복한다. 이때 나온 전류값을 기록한다.

(6) Smart Tool을 사용하여 그래프에서 코일의 끝, 중앙값들을 기록한다.

(7) 자기장 센서를 솔레노이드 중앙위치까지 밀어 넣은 후 지름 방향으로 움직이면서 자기장의 변화에 대한 그래프를 얻는다.

(8) 솔레노이드를 두 번째 솔레노이드로 바꾸고 위의 (1)~(6) 과정을 반복한다.

(9) 솔레노이드를 세 번째 솔레노이드로 바꾸고 위의 (1)~(6) 과정을 반복한다.

5. 질문 사항

(1) 암페어 법칙과 비오사바르 법칙에 대해 알아보자

(2) 솔레노이드가 무한히 길다고 가정했을 때, 코일의 중앙에서 자기장센서를 반경 방향으로 움직일 때의 자기장의 변화는 어떠한가?

(3) 코일의 중심선 상에서 한쪽 끝에서의 자기장은 중앙에서의 자기장 값과 얼마나 차이가 나는가?

(4) 코일의 중앙 위치에서 자기장센서를 지름 방향으로 움직일 때의 자기장의 변화는 어떠 한가?

자기장 센서를 활용한 전류가 만드는 자기장 측정

학 과		학 번		이 름	
실 험 조		담당 조교		실험 일자	

실험 1 솔레노이드의 자기장

실험결과 그래프

1) 솔레노이드 깊이에 따른 자기장

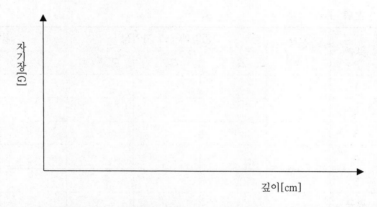

2) 깊이 6.5cm 밀어 넣은 지점에서 6.5cm 지점에서 좌우로 움직인 경우 자기장의 변화

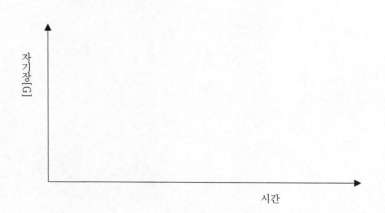

(1) 솔레노이드 1

코일을 감은 횟수 $N=$ _____

횟수	안쪽 반지름 R_1 [m]	바깥쪽 반지름 R_2 [m]	반경 R [m]	길이 l [m]	단위길이 당 감은 횟수 $n(=N/\ell)$
1					
2					
3					
4					
5					
평균					

전류 $I=$ _____ A

횟수	전류 I [A]	중앙에서의 자기장			끝에서의 자기장		
		$B_{측정}$	$B_{계산}$	오차 [%]	$B_{측정}$	$B_{계산}$	오차 [%]
1							
2							
3							
4							
5							
평균							

26. 전류 천칭을 이용한 자기력 측정

전류가 흐르는 솔레노이드는 내부에는 자기장이 생성되고, 이런 자기장 내에서 전류가 흐르는 도선은 힘을 받는다.

이 실험은 자기장 내에서 전류가 흐르는 도선이 받는 힘의 크기를 측정하여 이론적으로 유도할 수 있는 값과 비교하여 솔레노이드가 만들어내는 자기장과 투자율(μ_0)의 실험값을 구한다.

1. 실험 목적

전류가 흐르는 도선이 자기장 속에서 받는 힘을 측정하여, 솔레노이드가 만들어내는 자기장 B의 크기와 진공 중의 투자율 μ_0의 실험값을 구한다.

2. 실험 원리

어느 특정 위치를 전하 q가 속도 $\vec{v}$로 이동할 때 힘 $\vec{F}$를 받아 운동하는 방향이 바뀌면 이 위치에서는 자기장이 존재한다. 즉 자기장 $\vec{B}$에 의해 전하가 힘을 받는데 그 받는 힘은 다음과 같다.

$$\vec{F} = q(\vec{v} \times \vec{B}) \tag{1}$$

자기력의 방향은 $\vec{v}$와 $\vec{B}$가 이루는 평면에 수직이고 크기는 다음과 같다.

$$F = qvB\sin\phi \tag{2}$$

자기장 B내에서 전류 I가 흐르는 길이 l인 도선은 다음과 같은 힘을 받는다. 즉,

$$F = I\vec{l} \times \vec{B} \tag{3}$$

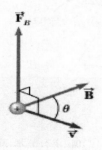

그림 1. 자기장 $\vec{B}$에 의하여 전하가 받는 힘

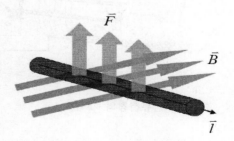

그림 2. 자기장 $\vec{B}$에 의해 전류가 흐르는 도선이 받는 힘

자기장에 의한 힘의 크기는

$$F = B \, I l \sin\theta \tag{4}$$

여기서 B는 자기장의 크기, l은 도선의 길이, I는 도선에 흐르는 전류의 세기, θ는 l에 흐르는 전류의 방향과 B방향 사이의 각이다.

전류가 흐르는 솔레노이드는 자기장을 발생한다. 솔레노이드에서 발생한 자기장 내에 전류가 흐르는 도선이 존재하면 도선은 식(3)과 같은 힘을 받는다.

한편, 솔레노이드 내의 자기장의 세기는

$$B = \mu_0 n I_s \tag{5}$$

여기서, μ_0는 진공 중에서의 투자율이고, n은 솔레노이드의 단위 길이 당 코일이 감긴 횟수이며, I_s는 이 솔레노이드에 흐르는 전류의 세기이다.

진공의 투자율 $\mu_0 = 4\pi \times 10^{-7} \, Wb/A \cdot m$로 알려져 있으며, 실질적으로 진공 중에서의 투자율 μ_0은 공기 중에서의 투자율 μ와 거의 동일하다. 솔레노이드 내의 자기장 B는 균일하며, 솔레노이드의 중심축에 평행하게 이루어진다.

전류 천칭을 사용하여 솔레노이드 내의 자기장에 의하여 전류가 흐르는 도선에 작용하는 힘을 구하고자 한다.

다음 그림은 솔레노이드형 전류천칭의 개략도이다. 'ㄷ'자형 회로의 양단에 붙어있는 동선을 접촉자에 걸고 솔레노이드에 전압을 걸어 전류를 흘려주면, 솔레노이드내의 bc 부분에 흐르는 전류 I에 수직한 방향으로 자기유도 B가 생긴다.

이때 전류천칭의 'ㄷ'자 모양의 회로의 양단자에 붙어 있는 뾰족한 칼날 못을 전기적 접촉이 잘 되게 하여 전류를 잘 흐르게 한다.

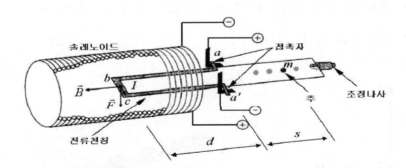

그림 3. 전류천칭의 개략도

솔레노이드에 걸어준 전류에 의하여 솔레노이드 내에서 bc 전류선 (I)에 수직하게 자기유도 B가 있게 된다. 따라서 B와 I는 서로 수직하게 된다. 그러므로, 식 (4)에서 $\sin\theta = \sin 90° = 1$ 이므로

$$B = \frac{F}{Il} \tag{6}$$

로 된다. 한편, 식(5)를 식(6)에 대입하면

$$\mu_0 = \frac{F}{nI_s \, Il} \qquad (7)$$

여기서 F, I, I_s를 측정함으로써 B및 μ_0를 측정할 수 있다.

3. 기구 및 장치

(1) 전자기학 실험 장치

- 솔레노이드형 전류천칭, 라이더(rider, 가는 철사로 만든 U자 모양, $0 \sim 500mg$)
- 질량(0~500mg), 전류계(2), 가변저항기(2), 가변 DC전원(0~15A, 솔레노이드용)

(2) 센서 실험 장치

- 없음

4. 실험 방법

준비 실험 기구 설치

(1) 그림 4와 같이 전기 회로를 구성한다. (전원공급 장치 2개를 사용해도 무방하다)

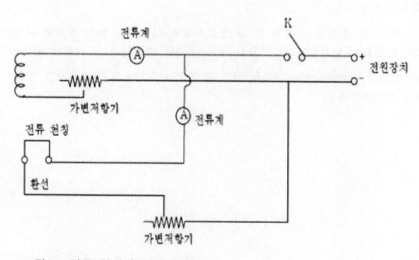

그림 4. 전류 천칭의 전기배선도

(2) 실험 받침대가 수평이 되도록 조절한다.

(3) 전류 천칭을 회전 고정 지지대 사이에 연결한다. 회전이 수월하도록 고정나사를 적당히 조인다. 전류 천칭에 부착된 균형 조정 나사를 이용하여 전류 천칭이 수평이 되도록 조절한다.

(4) 전류 천칭과 실험대에 설치된 솔레노이드 코일에 전원 장치를 연결한다. 별도의 전류계가 있는 경우에는 전류계를 같이 연결한다. (그림 4 참조)

실험 1 유도 전류 측정

(1) 전류천칭과 코일에 전류를 흘려보아 전류천칭의 조정나사 쪽이 올라가는 방향으로 전원을 연결하고 전류를 0으로 하였을 때, 전류천칭이 원래의 위치로 되돌아오는지 확인한다.

(2) 솔레노이드 코일에 전류를 일정량 흐르도록 조정한다.

(3) 전류천칭에 무게를 가하기 위한 추를 전류천칭의 추걸이 홈 중에서 1번에 놓고 전류천칭이 다시 수평이 되도록 전류천칭에 흐르는 전류를 조정한다. 회전축으로부터 전류천칭의 추의 위치를 s라 하고 bc 전류가 흐르는 곳의 거리를 d라 하면 평형 조건에서 $Fd = mgs$가 성립하기 때문에 F를 구할 수 있다.

(4) 나사 추를 바꾸고 전류천칭의 전류를 조절하여 (6)을 반복한다.

(5) 솔레노이드 코일의 전류를 바꾸어 위 실험을 반복한다.

5. 질문 사항

(1) 도선 기판에 전류가 균일하게 흐른다고 가정하면, 힘이 작용하는 도선은 어느 부분이며 도선의 길이는 얼마로 잡아야 하는가?

(2) 전류의 흐름과 자기장의 방향을 고려해 볼 때 전자저울에 나타나는 힘의 방향을 나타내는 부호는 오른나사의 법칙과 정확히 일치하는가? 그렇지 않은 것처럼 보인다면 그 이유는 무엇인가?

(3) 플레밍의 왼손 법칙과 오른손 법칙은 각각 어떤 경우에 사용되는지 구별해보고 전동기의 원리와 발전기의 원리를 설명해보라.

전류 천칭을 이용한 자기력 측정

학 과		학 번		이 름	
실 험 조		담당 조교		실험 일자	

실험 결과 및 분석

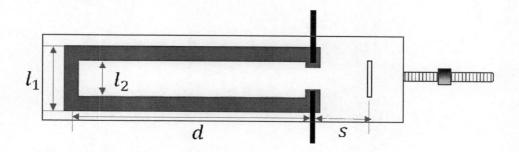

▶ 전류천칭 크기 측정

횟수	l_1	l_2	전류천칭의 bc의 길이	d	S	솔레노이드의 길이 L
1						
2						
3						
평균						

전류천칭의 bc의 길이 = _____ m

솔레노이드의 단위길이(m) 당 감긴 수 n = _____ 회 /m

접촉자에서 bc까지의 거리 = _____ m

칼날 접촉자에서 라이더까지의 거리 S = _____ m

실험 1   토크 평형 전류 측정

	솔레노이드 전류 (고정) [A]	라이더 질량(kg)	전류천칭[A]	$F = \dfrac{mg}{d} S$	$B = \dfrac{F}{Il}$	$\mu_0 = \dfrac{F}{n I_s Il}$	μ_0의 % 오차
1	3.0						
2	3.0						
3	5.0						
4	5.0						

27. 자기장/전압 센서를 활용한 유도기전력 측정

1820년에 외르스테드(Oersted)는 전류가 흐르는 도선에 의하여 자기가 만들어진다는 사실을 발견하였다. 이에 따라 자기로부터 전기를 만드는 가능성에 대한 가설을 세우게 되었다.

패러데이(Faraday)와 헨리(Henry)는 코일에 단순히 자석을 넣었다 뺐다 함으로서 도선에 전류가 흐를 수 있다는 사실을 발견하였다. 이와 같이 코일내의 자기장을 변화시켜 전압이 유도되는 현상을 전자기 유도라고 한다.

1. 실험 목적

자기장이 있는 영역을 통과해 움직이는 코일에 유도되는 기전력과 자기장의 상관관계를 측정하여 패러데이 법칙을 확인한다.

2. 실험 원리

자기력선(magnetic field lines)은 자기장의 방향을 시각적으로 표현한 가상의 선이다. 자기력선은 자기력의 방향이 아니라 자기장의 방향을 나타낸다. 자기력선 위의 점에서 자기장의 방향은 자기력선의 접선 방향이며, 자기력선이 밀집할수록 자기장의 세기가 커진다. 막대자석의 자기력선은 그림1과 같다. 자기력선은 N 극에서 나와서 S 극으로 들어가며, 자석의 외부뿐만 아니라 자석의 내부도 통과한다.

자기선속(magnetic flux)이란 개념적으로는 어떤 면적을 가진 곡면을 통과하는 자기력선의 총량을 의

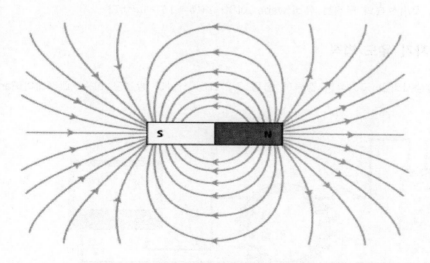

그림 1. 자기력선. 자기력선은 자기장의 방향을 시각적으로 표현한 가상의 선이다.

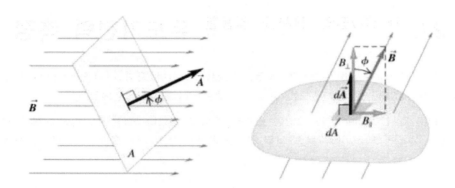

그림 2. 자기선속. 자기선속은 어떤 곡면을 통과하는 자기력선의 총량을 의미하는 물리량으로, 곡면의 면적과 곡면에 수직인 자기장 성분의 곱과 같다.

미하는 물리량이며, 수학적으로는 곡면의 면적과 곡면에 수직인 자기장 성분의 곱과 같다. 일정한 자기장의 영향 하에서 곡면의 면적이 바뀌거나, 일정한 면적을 가진 곡면에 작용하는 자기장이 변하거나 또는 자기장의 방향에 대해 곡면의 방향이 바뀌면 자기선속이 달라지게 된다.

자기장 $\vec{B}$가 작용하는 공간에서, 면적 성분 $d\vec{A}$를 통과하는 자기선속 $d\Phi_B$는 다음과 같이 정의된다.

$$d\Phi_B = \vec{B} \cdot d\vec{A} \tag{1}$$

따라서 어떤 곡면 S을 통과하는 자기선속 Φ_B

$$\Phi_B = \int_S \vec{B} \cdot d\vec{A} \tag{2}$$

로 정의할 수 있다. 자기선속의 단위는 웨버(weber)이며, $1\,Wb = 1\,T \cdot m^2$이다.

패러데이의 전자기 유도 법칙

전류가 자기장을 발생시키고 자기장이 전류에 힘을 가한다는 사실이 발견된 이후, 패러데이(Faraday)

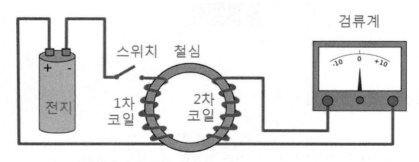

그림 3. 패러데이의 실험장치

는 이와 반대로 자기장에 의해서도 전류가 발생할 수 있지 않을까 하는 의문을 갖게 되었다.

패러데이는 그림 3과 같은 장치에서 전류가 발생하는 것을 발견하였다. 그는 최초의 발전기를 구성하여 연속적인 전류를 발생시키는 데 성공하였으며, 이를 정리한 전자기 유도 법칙을 발표하였다.

그림 4는 자기장의 변화에 의해 전류가 유도되는 현상을 보여주는 대표적인 사례이다. 자석이 코일근처에 멈춰 있을 때에는 코일에 전류가 흐르지 않으나, 자석이 코일 방향이나 코일 반대 방향으로 움직이는 동안에는 코일에 전류가 흐른다. 이 전류를 유도 전류(induced current)라고 하며, 유도 전류를 발생시키는데 필요한 기전력을 유도 기전력(induced emf)이라고 한다.

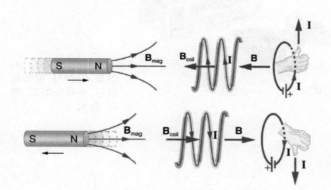

그림 4. 유도전류. 자석의 움직임을 방해하는 방향으로 코일에 유도전류가 흐른다.

이 실험에서는 자석이 코일을 빠르게 통과할 때 코일 내에 자기장을 변화(자기선속의 변화)시켜 유도기전력을 발생시킨다.

유도기전력에 관한 패러데이 법칙에 의하면, 코일에 유도되는 기전력은 코일을 통과하는 자기선속의 변화율 $\frac{\Delta\Phi}{\Delta t}$에 비례한다. 다시 말해 기전력 ε은

$$\varepsilon = -N\frac{\Delta\Phi}{\Delta t} \ \text{또는} \ \varepsilon\Delta t = -N\Delta\Phi \tag{3}$$

여기서 N는 코일의 감은 수이다.

음의 부호는 유도 기전력의 방향에 대해 알려준다

렌츠의 법칙(Lenz's Law)에 따라 유도 기전력은 항상 유도 전류를 생기게 하는 원래 자기 선속의 변화를 방해하는 방향으로 유도된다.

이번 실험의 경우 코일의 면적은 일정하고 코일이 자기장 안팎으로 지나갈 때

$$\varepsilon = -N\frac{d\Phi}{dt} = -NA\frac{dB}{dt}$$

와 같이 표현된다. 여기서 A는 코일의 평균 단면적이다.

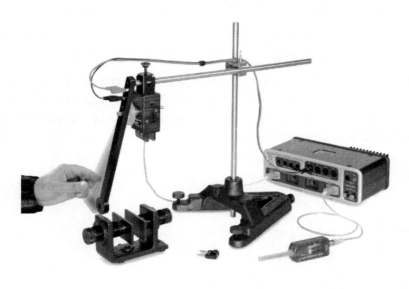

그림5. 자기장 사이를 단진자 운동을 하는 솔레노이드 막대 장치

3. 실험 기구 및 장치

(1) 전자기학 실험 장치

- 간격 조절 가능 자석 세트 와 극판,
- 십자 클램프, 스탠드, 회전 운동 센서,
- 자기유도 막대 진자

자기유도 막대 진자는 코일이 200번 감겨 있고 코일 최대 단면적은 최소 단면적의 2배 이상이다. 자기장 가운데를 움직이는 동안 자기장을 동시 측정하기 위해 자기장 센서를 막대진자와 함께 테잎으로 고정시킨다. 자석 극판사이의 간격은 3.5cm 이상이어야 한다.

(2) 센서 실험 장치

- 컴퓨터, 550 인터페이스, 자기장 센서
- 아날로그 연결단자(1쌍)

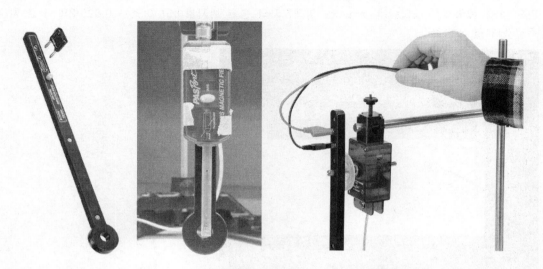

그림 6. 자기장 사이를 단진자 운동을 하는 솔레노이드 막대 장치와 자기장 센서

4. 실험 방법

준비 1 실험기구 장치

(1) 막대를 스탠드에 놓고 그림 5와 같이 십자 막대를 고정한다. 회전 운동 센서를 십자 막대 끝에 끼운다.

(2) 3단계 도르래의 탭을 사용하여 막대 측면에 코일 막대진자를 회전 운동 센서에 부착한다.

(3) 그림 6과 같이 자기장 센서의 흰색 점이 표시된 부분이 막대의 코일 중앙에 최대한 가까운 위치가 되도록 테이프로 고정하여 유도 막대에 장착한다

(4) 그림 6과 같이 자석에 극판을 붙인다. 극판사이의 간격을 3.5cm로 정렬하여 막대가 똑바로 매달렸을 때 막대의 코일 중앙에 자석이 있는 틈을 통해 막대가 자유롭게 흔들리도록 한다. 막대가 좌우로 흔들릴 때에 자석과 부딪히지 않도록 잘 맞춘다. 판의 장축은 수평이므로 진자가 스윙하는 곳의 자기장은 더 균일하다.

(5) 바나나 플러그를 코일 막대 끝에 있는 바나나 잭에 꽂고 이것을 550 범용 인터페이스의 A 아날로그 입력에 연결한다. 자기장 센서를 PassPort 입력에 연결한다.

(6) 그림 6과 같이 전압 센서 와이어를 막대 위에 감아 와이어가 코일이 흔들릴 때 토크를 가하지 않도록 한다. 데이터를 기록하는 동안 와이어를 잡아주는 것도 도움이 된다.

(7) 캡스톤 에서 전압과 자기장센서는 1000Hz로 셈플링 rate를 설정 한다.

(8) 캡스톤에서 화면 좌측의 [CALCULATOR] 를 클릭해서 유도 기전력 EMF를 패러데이의 법칙에 따라 계산식을 입력한다. =200*p*[r avg]^2*dB/dt. 이때 미분함수를 special 항목에서 찾고 자기장과 시간은 ③을 클릭해서 대입한다. r avg는 막대진자의 평균 반지름이고 이것은 0.025/2의 값을 지정해 주고 단위를 입력한다.

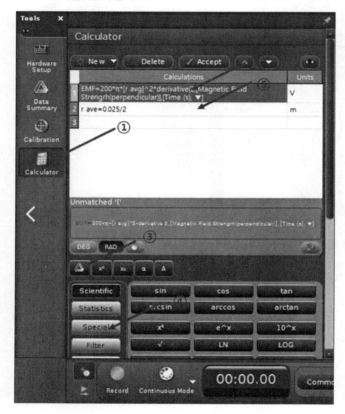

그림7. 패러데이 법칙 계산식 입력 방법

실험 자기장과 유도 기전력 측정

(1) 그래프를 2개 추가해서 하나는 <측정 유도전압(좌측축), 자기장(우측축) -시간>으로 세팅하고, 다른 하나는 <계산 EMF, 유도전압-시간>의 그래프로 세팅한다.

(2) 2축 자기장 센서의 영점조절(tare) 버튼을 누른다. 우리는 오직 자기장의 수직성분에만 관심이 있다. 실제 센서의 위치는 투명한 플라스틱 막대 끝 근처에 있는 흰색 점으로 표시되어 있다. 그림2과 같이 센서의 방향을 했을 때 자기장은 센서 표면에서 나오는 방향이고 이때 양의 값을 나타낸다. 그래서 자석의 S극을 해당 자석에 표시해 두라.

(3) 유도 막대 진자가 방해하지 않도록 잡고, 자극판 사이에 자기장 센서 프로브를 삽입한다. 표시된 대로 가까운 극판이 S극인 경우 자기장 센서는 양수인가 아니면 음수인가? 양수여야 한다고 생각했다면 제대로 한 것이다. 자기장은 N극에서 S극 방향으로 향하기 때문이다.

(4) 자기장이 0인 위치보다 코일 막대를 조금 더 당겨서 빼낸다. [RECORD]를 클릭하고 그래프에서 측정이 시작되면 막대를 놓고 자석을 통과하여 2~ 3회 스윙하도록 한다. 그런 다음 STOP을 클릭한다. 필요한 경우 그래프 도구 모음에서 Scale to Fit 아이콘을 클릭합니다. 눈금을 조정해서 그래프에 적어도 두 개의 업 펄스와 두 개의 다운 펄스를 보여야 한다.(그림8, 그림9)

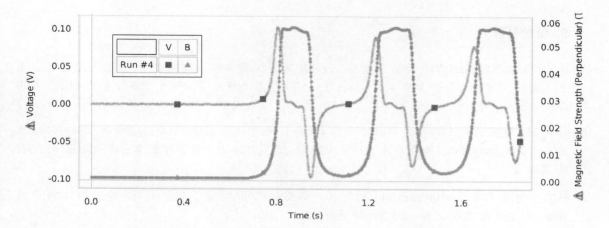

그림8 시간에 따른 자기장의 세기와 유도기전력

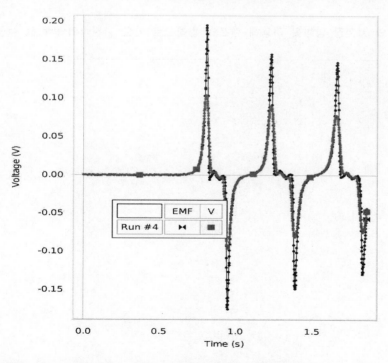

그림 9. 시간에 따른 계산한 EMF와 측정한 유도기전력

(5) 그림 8의 B 곡선 에서 보는 바와 같이 철판 사이의 자기장은 매우 균일하지만 센서가 자석의 극 사

이를 직접 통과함에 따라 필드 강도가 약간 증가한다. 코일이 중심점을 지날 때 전압 곡선에 계단이 나타나는 이유이다.

(6) 측정한 코일 전압과 패러데이의 법칙으로 계산한 EMF 사이의 정성적 일치를 논의하라.

5. 질문사항

(1) 패러데이 법칙의 관점에서 코일 전압 및 자기장 세기의 관계를 논의하세요 (코일의 전압이 가장 큰 지점이 자기장의 어떤 부분과 일치하는지…, 자기장이 최대인 지점에서 코일에 유도 전압은 어떤 값을 갖는지..등)

(2) EMF 데이터를 클릭하여 강조 표시한 후, 그래프 도구 모음의 슬라이더를 사용하여 EMF 데이터에 최대 평활화(smoothing)를 적용해 보세요. 전압과 더 유사해 지는지 여부를 확인해 보세요. (그래프를 붙일 것)

(3) EMF 구할때 사용한 식이 패러데이 법칙 $\mathcal{E} = -N\pi(r_{AVG})^2(dB/dt)$ 과 동일한지 확인하고 이 실험이 패러데이의 법칙을 얼마나 잘 설명하는지 논하세요.

(4) 진동의 완전 1회 진동할 때 4개의 피크가 있는 이유는 무엇인가?(즉 한주기에 위-아래-위-아래의 4개 피크)

(5) 나침반으로 측정한 자석의 자기장 방향을 이용해 렌쯔의 법칙으로 유도 기전력의 방향을 설명하세요.

자기장/전압 센서를 활용한 유도기전력 측정

학 과		학 번		이 름	
실 험 조		담당 조교		실험 일자	

실험 **자기장과 유도 기전력 측정**

1) 코일에 유도되는 전압과 자기장의 세기의 비교 그래프

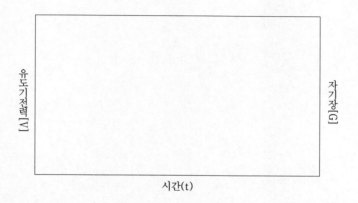

2) 패러데이 법칙으로 계산한 EMF 와 측정된 코일전압 비교 그래프

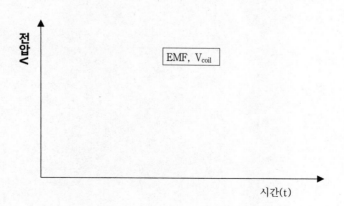

28. 역학적 에너지와 전자기 유도에서 에너지 보존

자기유도 막대 진자(코일)에 저항을 연결하여 폐회로를 만든 후 자기장속에서 진자 운동을 하게 하면 코일의 자기장변화에 의해 유도된 유도기전력에 의해 코일에 전류가 흐르게 되고 이 전류가 저항에서 열로 소모된다. 저항에서 소모한 에너지는 결국 진자를 진동시키기 위해 들어올렸던 위치에너지에서 온 것이고 진자는 진동하지 못하고 곧 멈추는데. 이를 통하여 중력위치에너지, 운동에너지, 전기에너지와 열네어지 사이에 에너지 보존법칙을 확인할 수 있다

1. 실험 목적

패러데이의 법칙에 따라 자기장을 통과해 움직이는 코일에 유도되는 기전력에 의해 전류가 흐를 때 직렬 연결된 부하 저항에서 소모되는 에너지와 코일 진자의 역학적 에너지 손실과 비교하여 에너지 보존의 법칙을 확인한다

2. 실험 원리

막대 진자가 흔들리는 상황에서 역학적 에너지를 표현해 보자. 진자의 질량 중심의 초기 높이 h_i에서 정지 상태로 출발하면, 최저점의 위치를 기준으로 진자의 처음 위치 에너지는

$$U_i = mgh_i = mgd(1 - \cos\theta_i) \qquad (1)$$

여기서, d는 회전축에서부터 자기유도 막대 진자의 질량 중심까지의 거리이다.

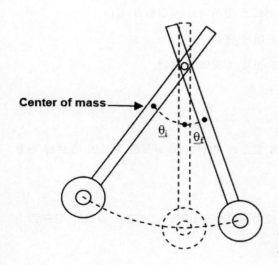

Center of mass

θ_i θ_f

그림1 코일이 진동할 때 코일
의 질량중심의 높이

코일에 저항을 연결해서 폐회로를 만들자. 진자가 스윙해서 자석을 통과할 때 일부 에너지는 공기 저

항 및 기계적 마찰열로 손실되고, 그 외 에너지는 저항에서 열 에너지로 변환된다. 따라서 진자의 질량 중심은 같은 높이로 올라가지 않고 더 낮은 최종 높이인 h_2까지 올라간다.

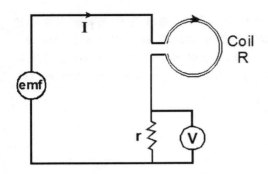

그림2 코일과 저항 회로.
자기장 영역을 진동하는 진자
막대의 동등 전기 회로. 유도
기전력과 저항으로 이루어진
회로로 생각할 수 있다.

코일에 저항을 연결하지 않아서 전류가 흐르지 않는 경우, 유일한 에너지 손실은 마찰에 의한 것이며 진자는 h_2보다 더 높은 높이 h_3까지 상승한다. (또는 자석을 제거한 상태에서 스윙시킨 경우와 같은 높이로 올라간다)

따라서, 전기적 열손실 에너지는 h_3와 h_2 높이에서의 중력위치 에너지의 차이와 같다.

$$\text{전기적 열손실 에너지} = \Delta U = mg(h_3 - h_2)$$

$$= mgd(\cos\theta_{h2} - \cos\theta_{h3}) \qquad (2)$$

회로에 전류가 흐를 때 진자가 높이 진동하지 않기 때문에 이동거리가 짧아서 마찰에 대한 손실이 조금 더 적긴 하지만 그 차이는 적을 것이다.

회로 전체의 순간전력을 P라고 하면 회로 전체에서 소산되는 열에너지는 다음과 같다.

열소산 에너지 $E = \int P\,dt = $ '전력 P – 시간'의 그래프에서 면적

R을 코일의 저항, r을 외부 연결 저항의 저항이라 하면 전체 회로의 전력은

$$P = I^2(R+r) = \left(\frac{V}{r}\right)^2 (R+r) \qquad (3)$$

여기서 는 외부 저항 r에 걸리는 전압이고, I는 코일에 흐르는 전류이고 이것은 회로에 흐르는 전류와 같다.

실험에서 $R = 1.9\Omega$ 이고 $r = 1.9\Omega$

에너지가 보존되므로 전기적 열로 변환된 에너지 E는 중력 위치 에너지의 감소량과 같아야 하므로

$$E = \Delta U$$

$$\int P \, dt = mgd(\cos\theta_{h2} - \cos\theta_{h3}) \tag{4}$$

이다. 따라서 유도 전류가 흐르지 않을 때와 흐를 때의 최종위치 에너지 차이만큼 전기에너지가 생성됨을 확인해봄으로써 에너지 보존의 우주적 원리를 이해할 수 있다.

3. 실험기구 및 장치

(1) 전자기학 실험 장비

- 십자 클램프, 스탠드, 회전 운동 센서,
- 자기유도 막대 진자

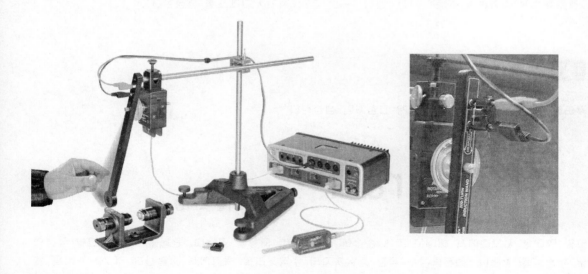

그림 3. 에너지 보존법칙 실험 장치. 진자의 역학적에너지는 전자기유도에 의해 전기에너지로 전환되며 이모든 과정에서 에너지는 보존된다.

(2) 센서 실험 장비

-컴퓨터, PASCO 550 Universal Interface

-전압센서(1)

4 실험방법

준비 센서와 켑스톤 프로그램 설정

(1) 캡스톤에서 화면 좌측의 [CALCULATOR]를 클릭해서 회로의 총 저항에서 소모하는 전력 계산식을 생성한다

$$P = \left(\frac{V}{r}\right)^2 (R+r) 이므로 다음과 같이 입력한다.$$

P=([voltage]/r)^2*(R+r)*1000   unit :mW

R=1.9   unit :Ω   ;;솔레노이드 저항

r=4.7   unit :Ω   ;;외부 저항자 저항

그래프를 3개 추가하여 <각도-시간, 전압-시간, 전력-시간> 그래프를 생성한다.

실험 에너지 보존

(1) 각도에 대한 디지털 표시창을 아래 그림처럼 생성한다.

Initial Angle

⚠ Angle (rad)   ⚠ Friction Run

-0.265rad

그림4. 디지털 표시창 설정

(2) 코일 막대를 지지대에서 빼내고 막대 손잡이 끝에 4.7Ω 저항을 꽂는다. 균형을 맞추어 코일 막대의 무게 중심을 찾는다. 회전축에서 질량 중심까지의 수직거리를 측정해서 기록한다. 4.7Ω 저항을 꽂은 상태에서 코일 막대의 질량을 측정한다 : 질량 중심의 위치는 회전축으로부터 9.0cm이고 질량은 90.9g 의 측정치를 사용하자.

(3) 자석의 금속판을 제거한다. 코일이 자유롭게 통과할 수 있도록 충분한 공간을 두고 자석을 가능한 한 서로 가깝게 이동한다. (간격 1.7cm 정도) 먼저 외부 저항을 코일에 연결하여 폐회로를 이루어 유도전류가 흐르는 상황에서 "Loss run" 실험을 시행한다. 코일 막대(4.7Ω 저항을 꽂은 상태)를 회전 운동 센서에 부착한다. 수직으로 걸 때 막대가 중앙에 오도록 코일의 위치를 조정한다. 그림 5와 같이 전압 센서를 연결한다. 여기서 주의점은 바나나 플러그를 연결해도 여전히 수직으로 매달려 있도록 두선의 방향을 서로 반대방향으로 향하도록 한다. 측정시 샘플링 rate는 1kHz 로 설정한다.

(4) 캡스톤 화면에서 표를 생성해서 시간, 각도, 전압을 지정하고 전압-시간 그래프도 생성한다. 막대를

수직으로 내려놓은 상태에서 [RECORD]을 클릭한다. 처음 각도가 '0'이되도록 0점 조절한다. (화면의 아랫부분)

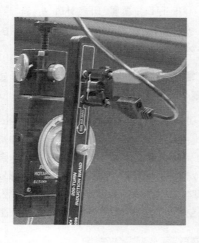

그림5. 코일에 저항을 연결하고 전압측정을 위해 바나나 플러그를 연결한 모습

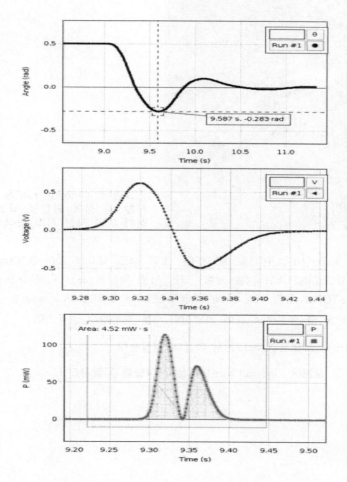

그림 6. 외부저항을 코일에 연결하여 폐회로를 이루어 유도전류가 흐르는 상황("Loss run")에서 측정한 코일진자의 진동각도(맨 위), 유도기전력(가운데), 회로의 총 소모전력(맨 아래)

(5) 막대를 옆으로 당겨서 디지털 표시창의 각도 값이 0.500rad에 가까워질 때까지 당긴 다음(음의 부호는 무시) 막대를 놓는다. 진자가 반대 쪽의 가장 높은 위치를 지나면 STOP을 클릭한다. (이때 측정되는 최대 높이는 $h_2 = mgd\,(1 - \cos\theta_{h2})$ 가 된다) 툴을 이용하여 θ_{h2}를 측정하여 표에 기입한다. 캡스톤 툴을 이용하여 전력곡선의 면적을 계산해서 표에 기록한다. 측정을 3회 반복한다. 그래프에서 처음에 당긴 각도가 0.500 rad 인지 확인한다. (아니면 다시 실험)

(6) 결과 보고서를 쓰기 위해 데이터와 그래프를 복사해서 엑셀에 저장한다. (또는 Data Summary를 클릭하고 이 실행에 "Loss run"이라는 레이블을 지정.)

(7) 저항의 영향을 배제한 공기저항과 기계적 마찰로 인해 손실된 에너지의 양을 측정하기 위해 "friction run" 실험을 진행한다. 그림과 같이 코일이 완전한 회로가 되지 않도록 하여 측정한다. 그림 7과 같이 저항 플러그를 뽑았다가 다시 바나나잭 위에 꽂는다. 이렇게 하면 질량 중심을 변경하거나 전압센서 와이어를 분리하지 않고 코일을 단전시킬 수 있다. 막대가 수직으로 매달리도록 전선의 각도를 조정한다. (또는 모든 것을 그대로 두고 자석을 치우고 동일하게 실험해도 된다. 그러면 유도기전력이 안 생기기 때문에 전류도 흐르지 않아 오직 마찰의 영향만을 측정할 수 있다)

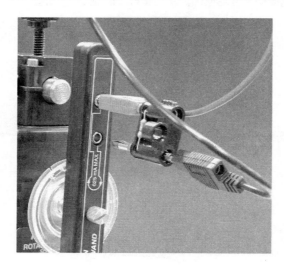

그림 7. "friction run"을 실시할 때 선의 영향을 최소화하기 위한 전선 처리 방식

(8) 막대를 수직 아래로 정지시켜 놓고 [RECORD]을 클릭한다. 초기 각도 상자의 값이 0.500rad에 도달할 수 있을 때까지 막대를 옆으로(3단계와 같은 방향) 당긴 다음 막대를 놓는다. 진자가 반대 쪽의 가장 높은 위치를 지나면 STOP을 클릭한다. (이때 측정되는 최대 높이는 $h_3 = mgd(1 - \cos\theta_{h3})$ 가 된다) 캡스톤 툴을 이용하여 θ_{h3}를 측정하여 표에 기입한다. 3회 측정하여 기록한다.

(9) 결과 보고서를 쓰기 위해 데이터와 그래프를 복사해서 엑셀에 저장한다.

(또는 Data Summary를 클릭하고 이 실행에 "friction run"이라는 레이블을 지정한다.)

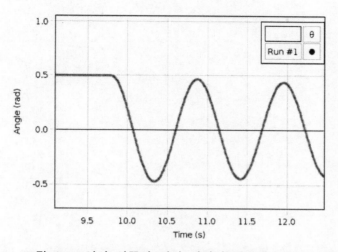

그림 8. 코일의 양끝이 열려 있어서 전류가 흐르지 않는 상황("Friction run")에서 측정한 코일진자의 진동각도. 이 경우는 유도 전류가 흐르지 않아 전력소모가 없다.

5. 질문 사항

(1) 에너지 보존이 얼마나 잘 맞는지 논하라. 전기적 열소실 량(전력 곡선 면적 (J))과 위치 에너지 차이를 비교하시오.

(2) 여기서 심각한 문제는 저항이 너무 낮아서 접촉 저항이 실제 문제가 된다는 것이다. 좋은 저항계를 사용하여 코일 저항을 확인할 수 있다. 제조업체에서 제공하는 코일의 저항값은 1.9Ω이지만 두 단자 사이의 실제 저항값은 약 3.3Ω으로 측정된다. R 값을 1.9Ω 대신 3.3Ω으로 바꾸어 보자. 이 값을 위의 곡선 면적 표의 두 번째 줄에 값을 기록한다. 오차가 더 줄어드는지 확인하시오.

역학적 에너지와 전자기유도에서 에너지 보존

학　과		학　번		이　름	
실 험 조		담당 조교		실험 일자	

실험 1 에너지 보존

1) 저항 열손실 실험 그래프

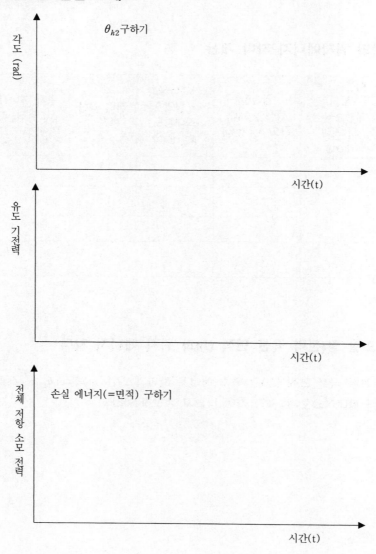

2) 공기, 기계마찰 영향실험 그래프

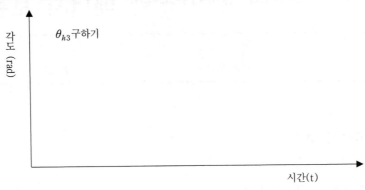

3) 두 조건 간의 위치에너지 차이 계산

	막대 질량m (g)	회전축으로 부터 질량중심까지 거리 d(cm)	열손실 측정의 최대 각도 θ_{h2} (rad)	기계마찰측정의 최대각도 θ_{h3} (rad)	전력 곡선 면적 (J)	위치 에너지 차이 $\Delta U = mgd(\cos\theta_{h2} - \cos\theta_{h3})$
1						
2	90.9	9.0				
3						
평균						

4) 전기적 열소실 량(전력 곡선 면적 (J))과 위치 에너지 차이

전기적 열소실량(전력 곡선 면적 (J))과 위치 에너지 차이 [$\Delta U = mgd(\cos\theta_{h2} - \cos\theta_{h3})$]를 서로 비교한다(열소실량에 대해 상대적으로 몇 %가 차이 나는지 계산하시오)

29. 빛의 속력 측정

빛의 속도는 자연을 이해하는 데 있어 매우 중요하고도 흥미로운 물리학 상수 중 하나이다. 빛은, 실험실의 레이저든 아니면 멀리 떨어진 별들로부터 발생하는 것이든 관계없이 어디서나 일정한 속도로 움직인다. 그뿐만 아니라 관측자나 광원의 상대운동에도 무관하게 일정한데, 이는 아인슈타인(A. Einstein)에 의해 상대성이론을 만들어내는 중요한 근거가 되었다. 이렇듯이 빛의 속도가 과연 일정한지 아니면 상대운동에 따라 변하는지를 포함하여, 속도 그 자체를 정밀하게 측정하는 것이 17세기 갈릴레오 이후 현재까지 물리학계의 주된 관심사였다. 지금은 상대성원리의 여러 결과가 거의 완벽하게 확인되고 있으므로, 아인슈타인이 빛의 속도가 진공 중에서는 관찰자의 속도에 관계없이 일정한 값을 갖는다고 가정했던 것은 정당하다고 인정되고 있다

1. 실험 목적

이번 실험에서는 길이를 아는 두개의 광섬유를 통과하는 시간을 오실로스코프로 측정함으로써 빛의 속도를 계산한다.

2. 실험 원리

갈릴레오는 두 산꼭대기 사이를 빛이 왕복하는 데 걸리는 시간을 측정하여 빛의 속력을 측정하려고 시도하였다. 그 시간은 너무 짧아서 갈릴레오는 그 시간 간격이 사람의 반응시간을 나타낼 뿐이고 빛의 속력은 엄청나게 빠르다는 결론을 내렸다.

빛의 속력이 유한하다는 확신을 하게 한 측정을 최초로 한 사람은 덴마크의 천문학자 뢰머(Ole Roemer, 1644~1710)이다. 뢰머는 평균 공전 주기가 42.5 시간인 목성의 위성 이오(Io)의 공전 주기를 매우 주의 깊게 측정한 결과 지구와 목성의 위치에 따라 약간의 차이가 있음에 특히 주목했다. 뢰머는 빛의 속력이 매우 빠르지만 유한하다는 결론을 내렸다.

그 이후 많은 사람들이 빛의 속력을 측정하기 위해 여러 가지 방법을 사용했다. 그 중 가장 진일보한 방법으로 측정한 사람은 미국인 마이컬슨(Albert A. Michelson, 1852~1931)이었다. 마이컬슨은 그림 1과 같은 회전 거울 장치를 사용했다. 광원에서 나온 빛은 면이 8개인 8각형 회전 거울의 한 면에 도달할 것이다. 반사된 빛은 정지해 있는 반대측 거울까지 이동하여 반사되어 되돌아온다. 회전 거울이 정확하게 회전한다면 정지 거울에서 반사되어 되돌아오는 빛은 회전 거울의 한 면에서 반사되어 그림과 같은 작은 망원경을 통해 관측자의 눈으로 들어간다.

오늘날 진공 중에서의 빛의 속력은 c = 2.99792458×10⁸ m/s 이다.

이 값은 길이의 단위인 미터를 정의하는 데 사용된다.

광섬유는 중심부에 가느다란 유리(굴절률이 큰)로 된 코어(core)와 이것을 둘러싸고 있는

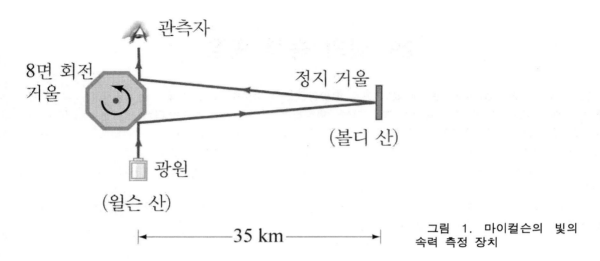

관측자

8면 회전
거울

정지 거울

(볼디 산)

광원

(윌슨 산)

|← —————— 35 km —————— →|

그림 1. 마이컬슨의 빛의
속력 측정 장치

클래딩 (cladding, 굴절률이 작은)으로 되어 있다. 코어의 지름은 1 ㎜의 천분의 일 정도이며, 두께가 머리카락 보다 더 가늘다. 광섬유의 한쪽 끝 속으로 레이저광을 보내면 코어와 클래딩의 경계면에서 전반사를 계속하면서 빛이 바깥쪽으로 새어 나가지 못하고 진행한다.

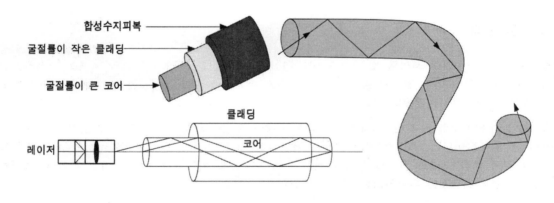

합성수지피복

굴절률이 작은 클래딩

굴절률이 큰 코어

클래딩

코어

레이저

그림 2. 광섬유의 구조

굴절률이 큰 물질에서 작은 물질로 빛이 나아갈 때에는 굴절각이 입사각보다 크며 광선의 일부는 굴절하고 일부는 반사한다. 이런 경우 입사각이 어느 각도(임계각) 이상을 넘으면 빛은 모두 반사하게 되는데 이것을 전반사라 한다.

광섬유는 위에서 본 바와 같이 중앙에 굴절률이 큰 유리로 된 코어와 이를 둘러싸고 있는 굴절률이 작은 클래딩으로 되어 있어 코어로 들어온 레이저 광선은 속유리와 겉유리의 경계에 입사하면 다시 속유리로 전반사 된다. 이와 같은 방법으로 빛은 속유리를 따라 전달된다.

빛이 광섬유와 같은 매질을 통과할 때 빛의 속도는 매질의 굴절률에 따라 진공 중의 속도 c 보다 더

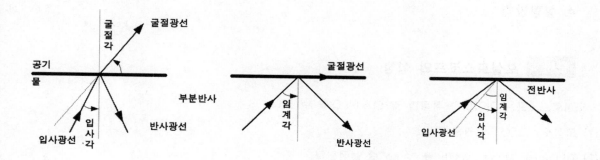

그림3. 빛의 굴절과 전반사

느려진다. 굴절률 n은 다음 식을 만족한다.

$$n = \frac{c}{v}, \qquad c = \frac{n \Delta L}{\Delta t} \tag{1}$$

여기서 n: 매질의 굴절률, c: 진공중의 빛의 속도, v: 매질에서 빛의 속도, $\triangle$L: 매질을 통과하는 길이, $\triangle$t : 매질을 통과하는 시간 간격이다. 몇몇 매질에서의 굴절률은 다음과 같다

공기: n=1.000, 물: n=1.333, 유리: n=1.50

3. 실험기구 및 장치

(1) 전자기학 실험장치

빛의 속도 측정장치, 15cm 광섬유, 20m 광섬유, 오실로스코프

그림 4. 광섬유를 이용한 빛의 속도 측정 장치

4. 실험방법

준비 1 오실로스코프의 설정

오실로스코프는 기기마다 작동법 및 명칭이 다를 수 있다.

(1) 오실로스코프의 전원을 켠다.

(2) Triggering Mode Switch 를 "Auto"로 설정한다.

(3) Triggering Source Switch 를 "채널 1"으로 설정한다.

(4) Triggering을 Positive Slope로 설정한다.

(5) 채널1의 Volts/Div를 1Volts/Div로 설정한다.

(6) 채널2의 Volts/Div 를 1Volts/Div로 설정한다.

(7) 각 채널의 Input을 AC로 설정한다.

(8) Horizontal에서 Time/Div는 50ns/div로 설정한다.

(9) Vertical Panel에서 채널 1, 채널 2를 ON으로 하고, ALT로 설정한다.

(10) 위의 전압과 시간 스케일은 예시이고, 사용자가 관측하기 편한 값을 지정한다.

준비2 케이블 연결

(1) 채널1을 BNC 케이블로 빛의 속도 측정장치의 "Reference" 단자에 연결한다.

(2) 채널2를 BNC 케이블로 "Delay" 단자에 연결한다.

(3) 빛의 속도 측정 장치용 아답터를 전원 잭에 연결하고, 파란색 LED에 불이 들어오는지 확인한다.

(4) "Calibration Delay"손잡이를 12시 방향으로 돌린다.

실험1 15cm 광섬유를 통과한 광신호 기준 잡기

길이 15cm 의 광섬유를 이용하여 기준점을 잡아준다. 15cm 광섬유의 한쪽 끝을 C1에, 다른 쪽 끝을 C2에 연결한다.

(1) 채널 1의 입력신호를 접지에서 AC Coupling으로 전환한다. 앞의 과정대로 했다면 오실로스코프에 약 3V의 크기를 가지는 신호가 채널 1에 나타날 것이다. 이 펄스 신호는 앞으로 행해질 측정의 기준신호가 된다.

(2) 채널2의 입력신호를 AC Coupling으로 전환한다. 약 4V의 크기를 가지는 두번째 펄스 신호를 볼 수 있을 것이다. 이 신호는 15cm의 광섬유를 통과하여 수신한 펄스 광신호이다.

(3) Vertical Position 손잡이를 돌려서 채널1의 전기신호와 채널 2의 광신호의 피크가 정렬되도록 조절한다.

(4) Horizontal Position 손잡이를 사용하여 채널 1 신호의 피크를 중앙선에 오도록 한다.

(5) 빛의 속도 측정장치의 Calibration Delay 손잡이를 돌려서 채널2의 수신된 신호의 피크가 채널1의 기준신호의 피크와 같은 시간 위치에 와서 시간 차이가 없도록 조절한다. 이렇게 함으로써 15cm 광섬유를 통과한 광신호의 피크위치가 채널1의 전기신호의 피크 위치와 일치하여 잡아줄 수 있다. (그림 5)

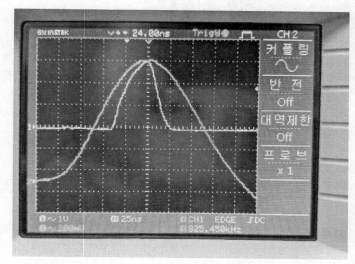

그림 5. 기준 전기신호와 15cm 광섬유 통과신호의 피크위치를 Calibration Delay 손잡이를 돌려서일치 시켜준다

(6) 조심스럽게 C1 와 C2 에서 15cm 광섬유를 제거한다.

실험2 20m 광섬유를 통과한 광신호 측정

(1) 20m 광섬유의 한쪽 끝을 C1에, 다른 쪽 끝을 C2 에 연결한다.

(2) 오실로스코프 스크린을 관찰한다. 그림 6처럼 채널 2에 수신된 신호의 펄스 가 기준신호의 오른쪽으로 이동되었음을 볼 수 있다. 정확한 피크의 위치를 찾기 위해서 채널 2 의 Volt/Div를 변동시켜도 좋을 것이다.

(3) 채널1의 기준 전기신호와 채널2의 수신된 광신호의 피크들 사이의 시간 간격을 ns 단위까지 정확하게 측정하고, 기록한다. 여기서 시간 간격을 측정하기 위해 커서 기능을 이용하면 편리하다. 커서를 누르면 두 개의 수직선이 나타나고 두 수직선 간의 시간 간격을 측정해 준다.

(4) 빛의 속도로 보고된 값들은 일반적으로 진공에서의 빛의 속도이다. 매질 내에서의 빛의 속도는 $v = \dfrac{c}{n} = \dfrac{\Delta L}{\Delta t}$ 이다.

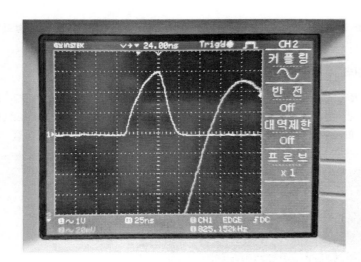

그림 6. 기준 전기신호와 20m 광섬유 통과신호. 두 신호의 피크간의 시간을 측정한다.

(5) 위의 (3)에서의 측정값을 식 (1)을 사용하여 빛의 속도를 계산해 낸다 ($c = \dfrac{n \Delta L}{\Delta t}$)

여기서 c는 진공에서의 빛의 속도, n은 광섬유의 굴절률, ΔL은 두 광섬유의 길이 차이, Δt는 두 광섬유를 통과하는 동안 걸린 시간의 차이이다. 본 실험에서 사용한 광섬유의 굴절률은 약 1.49 이다.

▶ 광섬유 사용상 주의 사항

수신된 신호의 정확한 관찰을 위해서는 광섬유의 끝단 마무리가 필수적이다. 광섬유의 끝이 깨끗하거울면을 형성할 수 있도록 유지해야 하며, 끝이 마모되었을 때는 제공된 사포를 사용하여 아래그림과 같은 방법으로 곱게 갈아 끝단 마무리를 하도록 한다.

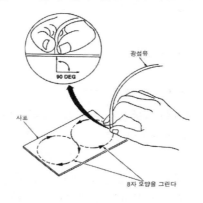

그림7. 광섬유 끝단 마무리 방법

5. 질문 사항

(1) 이번 실험에서 사용한 빛의 속도 측정 방법과 마이켈슨의 회전거울을 이용하는 방법의 공통점과 차이점이 무엇인지 설명하시오.

빛의 속력 측정

학 과		학 번		이 름	
실 험 조		담당 조교		실험 일자	

실험 **빛의 속력 측정**

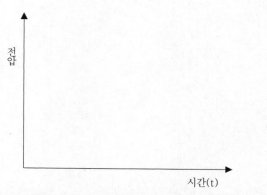

15cm 광섬유로 기준 잡은 오실로스코프 사진

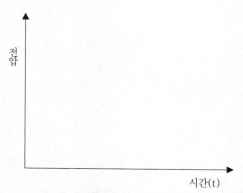

20m 광섬유를 통과한 광펄스의 오실로스코프 사진

1) 측정값

(20m-0.15m) 의 광섬유를 통과하는 데 걸린 시간

오실로스코프의 설정: Time/Div=_____ns/ Div

피크의 이동 간격:_____Div ∴ 광섬유 통과 시간 $\triangle t=$_____ns

2) 계산값

빛의 속도 실험값 : =1.49*(20-0.15)/$\triangle t$ =_____m/s

빛의 속도 이론값 : 2.99792458×10^8 m/s

상대 오차= (2.998- 실험값)/2.998 × 100% =_____%

첨단 센서 기술로 탐험하는
물리학실험

인쇄 | 2024년 3월 2일
발행 | 2024년 3월 5일

지은이 | 김충섭·전계진·이규행
펴낸이 | 조승식
펴낸곳 | (주)도서출판 북스힐

등 록 | 1998년 7월 28일 제22-457호
주 소 | 서울시 강북구 한천로 153길 17
전 화 | (02) 994-0071
팩 스 | (02) 994-0073

홈페이지 | www.bookshill.com
이메일 | bookshill@bookshill.com

정가 15,000원

ISBN 979-11-5971-587-7